泛函分析讲义

黎永锦 编著

科学出版社

北京

内 容 简 介

本书是作者根据十几年来在中山大学数学系讲授泛函分析课程的讲义基础上写成的, 共分 7 章, 主要内容包括度量空间、赋范线性空间、有界线性算子、共轭空间、Hilbert 空间、线性算子的谱理论、凸性与光滑性等. 书中附有习题和部分解答.

本书是泛函分析的一本入门教材, 可作为高等院校数学专业高年级本科生、研究生教材或教师的教学参考书.

图书在版编目 (CIP) 数据

泛函分析讲义/黎永锦编著. —北京: 科学出版社, 2011
ISBN 978-7-03-029561-3

Ⅰ. ①泛… Ⅱ. ①黎… Ⅲ. ①泛函分析-教材 Ⅳ. ①O177

中国版本图书馆 CIP 数据核字 (2010) 第 226990 号

责任编辑: 赵彦超 / 责任校对: 张凤琴
责任印制: 徐晓晨 / 封面设计: 王 浩

斜 学 出 版 社 出版
北京东黄城根北街 16 号
邮政编码: 100717
http://www.sciencep.com

北京九州迅驰传媒文化有限公司 印刷
科学出版社发行 各地新华书店经销
*
2011 年 1 月第 一 版 开本: B5 (720×1000)
2021 年 1 月第七次印刷 印张: 11 3/4
字数: 198 000
定价: 48.00 元
(如有印装质量问题, 我社负责调换)

前　　言

　　泛函分析是现代数学中的重要分支之一, 它综合运用分析、代数和拓扑的观点、方法来研究数学中的问题, 它在抽象空间上研究类似于实数上的分析问题, 形成了综合运用代数和拓扑来分析处理问题的方法. 通过这一课程, 能使学生了解泛函分析的基本思想、原理及其在其他学科中的应用, 掌握泛函分析的基本概念和重要的定理, 弄清有限维空间与无穷维空间的差别, 学会运用代数、分析和拓扑知识综合处理问题的方法.

　　本书是作者根据 1994 年在中山大学数学系讲授泛函分析课程时的讲稿, 在十几年来教学的过程中不断修改而成. 在早期的泛函分析教学中, 由于泛函分析比较抽象, 总觉得学生学起来有点吃力, 因此一直想写一本比较容易读和有点趣味的教材. 书中介绍了泛函分析中一些概念和定理的来历, 使学生能够了解一些泛函分析的发展和历史, 提高他们的学习兴趣. 只要有数学分析和线性代数的基础, 阅读本书是不会有困难的, 书中的例子较为简明, 便于学生理解, 还刻意地加强了泛函分析和数学分析的联系. 全书分为 7 章. 第 1 章是度量空间, 考虑到很多学生可能没有学过点集拓扑学, 因此对度量拓扑作了介绍. 第 1 ~ 6 章都是线性泛函分析的基本内容, 数学专业的学生都应该掌握这些内容. 第 7 章介绍了凸性与光滑性, 主要是考虑到很多大学教材都与数学研究离得比较远, 本章内容可以让学生了解一些 Banach 空间理论的研究, 也可以作为毕业论文写作的基础.

　　本书可作为泛函分析的一本入门教材, 每章末附有习题. 由于本书的初稿是在十几年前完成的, 近年来泛函分析有了很多的习题解答出版, 因此在修订书中的习题时, 参考了相关书籍, 如孙清华和孙昊著的《泛函分析疑难分析与解题方法》, 印度数学家 V. K. Krishnan 著、步尚全和方宜译的《泛函分析习题集及解答》等. 由于长期不断的修改, 有些习题已很难搞清其出处, 因此不再一一列出. 为了教学的方便, 书内的双数序号的习题都有解答, 单数序号的习题一般不再给出答案.

　　在此向我的学生们表示衷心的感谢, 张余帮忙画了数学家的头像, 特别是李维, 张为正和胡震禹等, 他们对本书的校对做了很多的工作. 在十几年的教学过程中, 我从学生身上学到了很多东西, 本书正是在他们的帮助下不断修改完成的.

黎永锦

2010 年 10 月于中山大学

目　　录

符 号 表

A_x	x 的支撑泛函全体
B_X	空间 X 中, 以 0 为球心、1 为半径的闭单位球
$B(x_0, r)$	以 x_0 为球心、r 为半径的闭球
C	复数域
$C[a, b]$	$[a, b]$ 上的连续函数空间
$C^n[a, b]$	$[a, b]$ 上的 n 阶连续可导函数空间
$C(M)$	M 上的连续函数空间
c	所有收敛数列组成的空间
c_0	所有收敛到 0 的数列组成的空间
$\dim X$	空间 X 的维数
$d(x, E)$	从 x 到 E 的距离
$d(x, y)$	从 x 到 y 的距离
E^0	集合 E 的内部
$E^\perp$	E 的正交补
$E \perp F$	E 和 F 正交
$E + F$	E 与 F 的和
e_i	第 i 个单位向量
$\|f\|$	线性泛函 f 的范数
$G(T)$	算子 T 的图像
K	数域, 可以是实数域也可以是复数域
$L(X, Y)$	从 X 到 Y 的线性有界算子组成的空间
$L^p[a, b]$	$[a, b]$ 上 p 阶可积函数组成的 Lebesgue 空间
l_p	p 阶可和数列组成的序列空间
l_∞	有界数列组成的序列空间
$\overline{M}$	集合 M 的闭包
N	自然数集
Q	有理数集
R	实数域
Re	实部

S_X	空间 X 中, 以 0 为球心、1 为半径的单位球面
span M	M 生成的子空间
$\overline{\text{span}}\, M$	M 生成的闭子空间
T^*	T 的共轭算子
U_X	空间 X 中, 以 0 为球心、1 为半径的开单位球
$U(x_0, r)$	以 x_0 为球心、r 为半径的开球
$\xrightarrow{w}$	弱收敛
$\xrightarrow{w^*}$	弱 $*$ 收敛
X^*	X 的共轭空间
X^{**}	X 的二次共轭空间
$X \times Y$	X 与 Y 的笛卡儿乘积
X/M	商空间
$x \perp M$	x 和 M 正交
$x \perp y$	x 与 y 正交
(x, y)	x 与 y 的内积
$X \setminus M$	$x \in X$ 且 $x \notin M$

第 1 章 度 量 空 间

在 1900 年巴黎数学家大会上我曾毫不犹豫地把 19
世纪称为函数论的世纪.

Volterra (1860—1940, 意大利数学家)

泛函分析这一名称是由法国数学家 Levy 引进的. 19
世纪后期, 许多数学家已经认识到数学中许多领域处理的
是作用在函数上的变换或者算子, 推动创立泛函分析的根
本思想是这些算子或变换可以在作用于某一类函数上的
算子的一种抽象形式下加以研究, 然后把这类函数全体看
成空间, 而每个函数就是空间的点, 算子或变换就把点变
成点. 函数变成实数或复数的算子就称为泛函, 泛函的抽
象理论是由 Volterra 在关于变分法的工作中最先研究的,
但在建立函数空间和泛函的抽象理论中, 第一个卓越的成
果是由法国数学家 Fréchet 于 1906 年在他的博士论文中
得到的.

Levy(1886—1971)

1.1 度 量 空 间

Fréchet 是法国数学家, 1906 年获得博士学位. Fréchet 的博士论文开创了一般
拓扑学, Cantor, Jordan, Peano, Borel 和其他数学家发展了有限维空间的点集理论.
Volterra, Ascoli 和 Hadamard 等开始把实值函数作为空间的点来考虑. Fréchet 的
博士论文统一了这两种思想, 并建立了一个公理结构. 他给出收敛序列的极限的一
组公理, 然后定义了闭集、内点和完备集等基本概念, 还引入了相对列紧性和列紧
性, 并得到了列紧集的基本性质, Fréchet 在其博士论文中第一次给出了度量空间的
公理.

定义 1.1.1 若 X 是一个非空集合, $d : X \times X \to R$ 是满足下面条件的实值
函数, 对于任意 $x, y, z \in X$, 有

(1) $d(x, y) = 0$ 当且仅当 $x = y$;

(2) $d(x, y) = d(y, x)$;

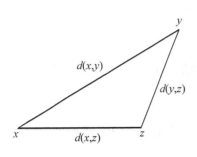

(3) $d(x,y) \leqslant d(x,z) + d(y,z)$.

则称 d 为 X 上的度量, 称 (X,d) 为度量空间.

明显地, 由 (3) 可知 $d(x,y)+d(y,x) \geqslant d(x,x)$, 故由 (2) 可知 $d(x,y) \geqslant 0$, 因此 d 是一个非负函数.

若 X 是一个度量空间, E 是 X 的非空子集, 则 (E,d) 也是度量空间, 称 (E,d) 为 (X,d) 的度量子空间.

例 1.1.1　若 R 是实数集, 定义 $d(x,y)=|x-y|$, 则容易看出 (R,d) 是度量空间.

例 1.1.2　对于任意一个非空集合 X, 只需定义

$$d(x,y) = \begin{cases} 0, & \text{当 } x=y \text{ 时}, \\ 1, & \text{当 } x \neq y \text{ 时}. \end{cases}$$

则 (X,d) 是一个度量空间, 称 d 为 X 上的平凡度量或离散度量.

度量不是唯一的, 在一个非空集合上, 可以定义几种完全不同的度量.

例 1.1.3　对于 R^n, 可以定义几种不同的度量, 对于 $x=(x_i), y=(y_i)$, 有

$$d(x,y) = \left[\sum_{i=1}^{n} (x_i - y_i)^2 \right]^{1/2},$$

$$d_1(x,y) = \sum_{i=1}^{n} |x_i - y_i|,$$

$$d_2(x,y) = \max_{1 \leqslant i \leqslant n} \{|x_i - y_i|\}.$$

容易验证 (R^n,d), (R^n,d_1) 和 (R^n,d_2) 都是度量空间, 一般称 (R^n,d) 为欧几里得空间.

以下的例子是 Fréchet 于 1906 年提出的.

例 1.1.4　如果用 s 记所有实数列形成的集合, 对于任意 $x=(x_i), y=(y_i)$, 定义

$$d(x,y) = \sum_{i=1}^{\infty} \frac{|x_i - y_i|}{i!(1 + |x_i - y_i|)}.$$

容易知道 d 满足度量定义 1.1.1 中的 (1) 和 (2), 由函数 $\varphi(x) = \dfrac{x}{1+x}$ 在 $(0,+\infty)$ 是单调增加的可知, 对于 $|a+b| \leqslant |a| + |b|$, 有

$$\frac{|a+b|}{1+|a+b|} \leqslant \frac{|a|+|b|}{1+|a|+|b|} = \frac{|a|}{1+|a|+|b|} + \frac{|b|}{1+|a|+|b|} \leqslant \frac{|a|}{1+|a|} + \frac{|b|}{1+|b|}.$$

令 $a = x_i - z_i, b = z_i - y_i$, 则可得到 $d(x,y) \leqslant d(x,z) + d(y,z)$, 所以 (s,d) 是一个度量空间.

常见的实序列空间还有如下几个空间:

例 1.1.5 $l_\infty = \{(x_i) | \sup |x_i| < +\infty\}$, 对于任意的 $(x_i), (y_i) \in l_\infty$, 定义 $d(x, y) = \sup |x_i - y_i|$, 即 l_∞ 为所有有界数列所形成的空间, 如 $x = \left(\frac{1}{i}\right)$, $y = (1 + (-1)^i) \in l_\infty$, 但 $z = (i) \notin l_\infty$.

例 1.1.6 $c_0 = \{(x_i) | \lim\limits_{i \to \infty} x_i = 0\}$, 对于任意的 $(x_i), (y_i) \in c_0$, 定义 $d(x, y) = \sup |x_i - y_i|$, 即 c_0 为所有收敛于 0 的数列所成的空间, 如 $x = \left(\frac{1}{2^i}\right)$, $y = \left(\frac{1 + (-1)^i}{3^i}\right) \in c_0$, 但 $z = (1 + (-1)^i) \notin c_0$.

例 1.1.7 $l_1 = \left\{(x_i) \middle| \sum\limits_{i=1}^{\infty} |x_i| < +\infty\right\}$, 对于任意的 $(x_i), (y_i) \in l_1$, 定义 $d(x, y) = \sum\limits_{i=1}^{\infty} |x_i - y_i|$, 即 l_1 为所有绝对收敛数列所成的空间, 如 $x = \left(\frac{1}{3^i}\right) \in l_1$, 但 $z = \left(\frac{1}{i}\right) \notin l_1$.

度量就是 R^3 中距离的推广, 在给定的集合上定义了度量, 就可以讨论点列的收敛性.

定义 1.1.2 设 (X, d) 是度量空间, $\{x_n\} \subset X$, 若存在 $x_0 \in X$, 使得 $\lim\limits_{n \to \infty} d(x_n, x_0) = 0$, 则称序列 $\{x_n\}$ 按度量 d 收敛于 x_0, 记为 $\lim\limits_{n \to \infty} x_n = x_0$, 或 $x_n \to x_0(n \to \infty)$, 此时称 $\{x_n\}$ 为收敛点列, 称 x_0 为 $\{x_n\}$ 的极限.

由数学分析可知, 若数列 $\{x_n\}$ 是收敛的, 则其极限是唯一的. 类似地, 在度量空间也有下面的结论:

定理 1.1.1 在度量空间 (X, d) 中, 若 $\{x_n\}$ 是收敛点列, 则 $\{x_n\}$ 的极限一定唯一.

证明 用反证法. 假设有 $x, y \in X$, 使得 $\lim\limits_{n \to \infty} x_n = x$, $\lim\limits_{n \to \infty} x_n = y$, 但 $x \neq y$, 则由 $d(x, y) \leqslant d(x_n, x) + d(x_n, y)$ 可知 $d(x, y) \leqslant 0$. 又由于 $d(x, y) \geqslant 0$, 因此 $d(x, y) = 0$, 但这与假设 $x \neq y$ 矛盾, 所以由反证法原理可知 $\{x_n\}$ 的极限唯一.

另外, 容易看出, 在度量空间 (X, d) 中, 若 $\{x_n\}$ 是收敛点列, 则 $\{x_n\}$ 的任意子列也是收敛点列, 并且极限是一样的.

定理 1.1.2 若 $x_n \to x_0$, $y_n \to y_0$, 则 $d(x_n, y_n) \to d(x_0, y_0)$, 即 $d(x, y)$ 是 x 和 y 的二元连续函数.

证明 由于

$$d(x_n, y_n) \leqslant d(x_n, x_0) + d(x_0, y_n)$$

$$\leqslant d(x_n, x_0) + d(x_0, y_0) + d(y_0, y_n),$$

因此
$$d(x_n, y_n) - d(x_0, y_0) \leqslant d(x_n, x_0) + d(y_n, y_0).$$

同样地, 有
$$d(x_0, y_0) - d(x_n, y_n) \leqslant d(x_n, x_0) + d(y_n, y_0).$$

因而
$$|d(x_n, y_n) - d(x_0, y_0)| \leqslant d(x_n, x_0) + d(y_n, y_0).$$

所以 $d(x_n, y_n) \to d(x_0, y_0)$.

如果考虑如下的问题呢?

问题 1.1.1　若 X 是线性空间, (X, d) 为度量空间, 加法是否连续呢?

不一定, 下面的例子是 Rothmann(1974) 给出的.

例 1.1.8　设 $R = (-\infty, +\infty)$, 对于任意 $x, y \in R$, 定义

$$d(x, y) = \begin{cases} 0, & \text{当 } x = y \text{ 时}, \\ \max\{|x|, |y|\}, & \text{当 } x \neq y \text{ 时}. \end{cases}$$

则容易验证 (R, d) 是度量空间.

其实, 只要取 $x_n = 1$, $y_n = -\dfrac{1}{n}$, $x_0 = 1$, $y_0 = 0$, 则

$$d(x_n, x_0) = d(1, 1) = 0 \to 0, \quad d(y_n, y_0) = d\left(-\frac{1}{n}, 0\right) = \frac{1}{n} \to 0.$$

但 $d(x_n + y_n, x_0 + y_0) = d\left(1 - \dfrac{1}{n}, 1\right) = 1$, 因此 $d(x_n + y_n, x_0 + y_0)$ 不收敛于 0. 所以, 虽然 $x_n \to x_0$, $y_n \to y_0$, 但是 $\{x_n + y_n\}$ 不收敛于 $x_0 + y_0$.

在空间解析几何中, 称 $\left\{(x_1, x_2, x_3) \Big| \left(\sum\limits_{i=1}^{3} |x_i - x_i^{(0)}|^2\right)^{1/2} \leqslant r\right\}$ 是 R^3 中一个以 x_0 为中心、r 为半径的球. 同样地, 球的概念可以推广到一般的度量空间.

定义 1.1.3　若 (X, d) 为度量空间, r 为大于 0 的实数, 则称 $U(x_0, r) = \{x \in X | d(x_0, x) < r\}$ 是以 x_0 为中心、r 为半径的开球, 记为 $U(x_0, r)$. 而称 $B(x_0, r) = \{x \in X | d(x_0, x) \leqslant r\}$ 是以 x_0 为中心、r 为半径的闭球.

抽象的度量空间与现实的世界有着较大的区别, 下面的问题是很有意思的.

问题 1.1.2　在度量空间中, 一个半径较小的开球能否真包含一个半径较大的开球?

度量空间的开球与真实世界的球有着本质的区别, 一个半径为 6 的开球, 可能会真包含在一个半径为 4 的开球内 (如下图).

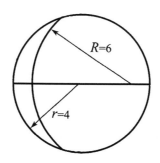

例 1.1.9 设 $X = \{(x_1, x_2) | x_1, x_2$ 为实数, $|x_1|^2 + |x_2|^2 < 16\}$, 在 X 上定义度量 $d(x, y) = (|x_1 - y_1|^2 + |x_2 - y_2|^2)^{1/2}$, 则以 $x_0 = (0, 0)$ 为球心 4 为半径的小球真包含以 $y_0 = (3, 0)$ 为球心, 6 为半径的大球.

进一步, 还可以考虑下面的问题:

问题 1.1.3 对于任意 $r_2 > r_1 > 0$, 是否都可找到一个度量空间, 存在大小不同的两个球, 使得小球 $U(x_0, r_1)$ 真包含大球 $U(y_0, r_2)$ 呢?

利用开球还可以刻画点列的收敛性, 类似于数学分析中的数列收敛与开区间的联系, 序列 $\{x_n\}$ 依度量收敛于 x_0 当且仅当对于任意 $\varepsilon > 0$, 存在 N, 使得 $n > N$ 时, x_n 都包含在开球 $U(x_0, \varepsilon)$ 中.

例 1.1.10 若 d 为非空集合 X 的平凡度量, 则对任意 $x_0 \in X$ 及 $0 < \varepsilon < 1$, $U(x_0, \varepsilon)$ 只包含一个点, 因此, 如果序列 x_n 收敛于 x_0, 则必有 N, 使得 $n > N$ 时, 一定有 $x_n = x_0$.

定义 1.1.4 设 M 是度量空间 X 的子集, 若存在 $x_0 \in X, r > 0$, 使得 M 包含在开球 $U(x_0, r)$ 中, 则称 M 是 (X, d) 的有界集.

明显地, M 是有界集当且仅当存在 x_0 及 $r > 0$, 使得对任意 $x \in M$, 有 $d(x, x_0) \leqslant r$.

定理 1.1.3 若 $\{x_n\}$ 为度量空间的收敛序列, 则 $\{x_n\}$ 是有界的.

证明 设 $\lim\limits_{n \to \infty} x_n = x_0$, 则对于 $\varepsilon = 1$, 存在 N, 使得 $n > N$ 时, 有 $d(x_n, x_0) < 1$. 令 $r = \max\{1, d(x_0, x_1), \cdots, d(x_0, x_N)\} + 1$, 则对任意的 n, 有 $d(x_0, x_n) < r$, 故 $\{x_n\} \subset U(x_0, r)$, 所以 $\{x_n\}$ 是有界的.

有界集是一个与度量有关的概念, 因为对于任意一个度量空间 (X, d), 都可以引入另一度量 ρ, 使任意子集 $M \subset X$ 都是有界集.

事实上, 只需令 $\rho(x, y) = \dfrac{d(x, y)}{1 + d(x, y)}$, 则容易看出对任意 $M \subset X$, M 都是 (X, ρ) 的有界集, 并且有 $d(x_n, x) \to 0$ 当且仅当 $\rho(x_n, x) \to 0$.

例 1.1.11 设 s 为全体实数列, 对于任意 $x = (x_i), y = (y_i) \in s$, $d(x, y) =$

$\sum\limits_{i=1}^{\infty} \dfrac{|x_i - y_i|}{i!(1 + |x_i - y_i|)}$, 试证明 (s, d) 中序列按度量 d 收敛当且仅当序列按坐标收敛.

证明   若 $x_n \in s$, $d(x_n, x_0) \to 0$, 则 $d(x_n, x_0) = \sum\limits_{i=1}^{\infty} \dfrac{|x_i^{(n)} - x_i^{(0)}|}{i!(1 + |x_i^{(n)} - x_i^{(0)}|)} \to 0$, 故对每一个固定的 i_0, 有

$$\frac{|x_{i_0}^{(n)} - x_{i_0}^{(0)}|}{i_0!(1 + |x_{i_0}^{(n)} - x_{i_0}^{(0)}|)} \leqslant d(x_n, x_0).$$

因而

$$|x_{i_0}^{(n)} - x_{i_0}^{(0)}| \leqslant \frac{i_0! d(x_n, x_0)}{1 - i_0! d(x_n, x_0)},$$

所以 $\lim\limits_{n \to \infty} x_{i_0}^{(n)} = x_{i_0}^{(0)}$, 即 $\{x_n\}$ 按坐标收敛于 x_0.

反过来, 若 $\{x_n\}$ 按坐标收敛于 x_0, 则对于任意 $0 < \varepsilon < 1$, 由于级数 $\sum\limits_{i=1}^{\infty} \dfrac{1}{i!}$ 收敛, 因此存在正整数 m, 使得 $\sum\limits_{i=m}^{\infty} \dfrac{1}{i!} < \dfrac{\varepsilon}{4}$.

对于每个 $i < m$, 有 N_i, 使得 $n > N_i$ 时, 有 $|x_i^{(n)} - x_i^{(0)}| \leqslant \dfrac{\varepsilon}{4}$. 令 $N = \max\{N_1, \cdots, N_{m-1}\}$, 则当 $n > N$ 时, 有

$$\sum\limits_{i=1}^{m-1} \frac{|x_i^{(n)} - x_i^{(0)}|}{i!(1 + |x_i^{(n)} - x_i^{(0)}|)} \leqslant \sum\limits_{i=1}^{m-1} \frac{\dfrac{\varepsilon}{4}}{i!\left(1 + \dfrac{\varepsilon}{4}\right)} \leqslant \frac{3\varepsilon}{4}.$$

因此

$$d(x_n, x_0) = \sum\limits_{i=1}^{m-1} \frac{|x_i^{(n)} - x_i^{(0)}|}{i!(1 + |x_i^{(n)} - x_i^{(0)}|)} + \sum\limits_{i=m}^{\infty} \frac{|x_i^{(n)} - x_i^{(0)}|}{i!(1 + |x_i^{(n)} - x_i^{(0)}|)}$$

$$< \frac{3\varepsilon}{4} + \frac{\varepsilon}{4} = \varepsilon.$$

所以 $\lim\limits_{n \to \infty} d(x_n, x_0) = 0$. 即 $\{x_n\}$ 依度量 d 收敛到 x_0.

1.2   度量拓扑

在数学分析中, 对实数集 R, 已经有了开区间、闭区间、开集和闭集等概念, 将这些概念推广到一般的度量空间, 就可以建立起度量空间 (X, d) 的拓扑结构.

定义 1.2.1   设 (X, d) 是度量空间, G 是 X 的子集, $x_0 \in G$ 称为 G 的内点, 若存在某个开球 $U(x_0, r)$, 使得 $U(x_0, r) \subset G$. 若 G 的每一个点都是 G 的内点, 则称 G 为开集.

另外, 规定空集 $\varnothing$ 是开集, 明显地, X 一定是开集.

定理 1.2.1 对于任意 $x_0 \in X, r > 0$, 开球 $U(x_0, r)$ 是度量空间 (X, d) 的开集.

证明 只需证明对于任意的 $x \in U(x_0, r)$, x 是 $U(x_0, r)$ 的内点.

对于 $x \in U(x_0, r)$, 有 $d(x, x_0) < r$, 令 $r' = r - d(x, x_0)$, 则 $r' > 0$ 且 $y \in U(x, r')$ 时, 有 $d(x, y) < r'$, 因而

$$d(x_0, y) \leqslant d(x_0, x) + d(x, y) < d(x_0, x) + r' = r,$$

所以, $U(x, r') \subset U(x_0, r)$, 即 x 是 $U(x_0, r)$ 的内点, 由 x 是任意的可知 $U(x_0, r)$ 是开集.

下面关于开集的基本性质就是一般拓扑学的公理基础.

定理 1.2.2 设 (X, d) 是度量空间, 则

(1) 任意个开集的并集是开集;

(2) 有限个开集的交集是开集.

证明 (1) 设 G_α 为 (X, d) 的一族开集, 则对任意 $x \in \bigcup_\alpha G_\alpha$, 有某个下标 α_0, 使 $x \in G_{\alpha_0}$, 由于 G_{α_0} 是开集, 因而有开球 $U(x, r) \subset G_{\alpha_0}$, 因此 $U(x, r) \subset \bigcup_\alpha G_\alpha$, 故 x 为 $\bigcup_\alpha G_\alpha$ 的内点, 由 x 是任意的可知 $\bigcup_\alpha G_\alpha$ 是开集.

(2) 设 $G_1, \cdots, G_n$ 为开集, 对于任意 $x \in \bigcap_{i=1}^n G_i$, 对 $i = 1, 2, \cdots, n$, 有 $x \in G_i$, 由于 G_i 是开集, 因此有 r_i 使得 $U(x, r_i) \subset G_i$, 令 $r = \min\{r_i | i = 1, 2, \cdots, n\}$, 则 $U(x, r) \subset G_i$, 因而 $U(x, r) \subset \bigcap_{i=1}^n G_i$, 所以, x 为 $\bigcap_{i=1}^n G_i$ 的内点, 从而 $\bigcap_{i=1}^n G_i$ 为开集.

例 1.2.1 设 X 是非空集合, d 为 X 上的平凡度量, 则对任意 $x_0 \in X$, 开球 $U(x_0, 1) = \{x | d(x, x_0) < 1\} = \{x_0\}$, 因而 $\{x_0\}$ 是开集, 所以, X 的任意子集 $G = \bigcup_{x \in G} \{x\}$ 都是开集.

问题 1.2.1 任意多个开集的交集是否一定为开集?

任意多个开集的交集不一定是开集.

例 1.2.2 在实数空间 R 中, $d(x, y) = |x - y|$, 对于任意自然数 n, $G_n = \left(-\dfrac{1}{n}, \dfrac{1}{n}\right)$ 是 R 的开集, 但 $\bigcap_{n=1}^{\infty} G_n = \bigcap \left(-\dfrac{1}{n}, \dfrac{1}{n}\right) = \{0\}$ 不是开集.

定义 1.2.2 度量空间 (X, d) 的子集 F 称为闭集 (closed set), 若 F 的余集 $F^C = X \backslash F$ 是开集.

由上面的定理, 容易看出下面定理成立.

定理 1.2.3 设 (X, d) 是度量空间, 则

(1) $\varnothing$ 和 X 是闭集;

(2) 任意个闭集的交集是闭集;

(3) 有限个闭集的并集是闭集.

与闭集有着密切联系的概念是极限点.

定义 1.2.3 设 F 是 (X,d) 中的集合, $x \in X$, 若包含 x 的任意开集都含有不同于 x 的 F 的点, 则称 x 为 F 的极限点.

明显地, x 为 F 的极限点时, x 不一定属于 F. 例如在实数空间 R 中, 0 是 $F = \left\{\frac{1}{k} | k = 1, 2, \cdots, n, \cdots\right\}$ 的极限点, 但 $0 \notin F$.

容易看出, 有几种方法可以判断一个点 x 是否为 F 的极限点.

定理 1.2.4 设 (X,d) 为度量空间, $F \subset X$, $x_0 \in X$, 则下列条件等价:

(1) x_0 为 F 的极限点;

(2) 包含 x_0 的任何一个开集都含有 F 异于 x_0 的无穷多个点;

(3) 在 F 中存在序列 $x_n, x_n \neq x_0$, 且 $\lim\limits_{n \to \infty} x_n = x_0$.

定义 1.2.4 设 (X,d) 是度量空间, $F \subset X$, 称 F 的极限点全体为 F 的导集, 记为 F'. $\overline{F} = F \bigcup F'$ 称为 F 的闭包.

例 1.2.3 在实数空间 R 中, 若 $F = [1,2] \bigcup \{3,4\}$, 则 $F' = [1,2]$, 且 $\overline{F} = F$.

定理 1.2.5 设 (X,d) 是度量空间, F 为 X 的子集, 则下列条件等价:

(1) F 是闭集;

(2) $F' \subset F$;

(3) $\overline{F} = F$.

证明 (1)$\Rightarrow$(2) 若 F 是闭集, 则 F^C 是开集. 如果 $F' = \varnothing$, 则 $F' \subset F$. 如果 $F' \neq \varnothing$, 则对任意 $x \in F'$, 必有 $x \in F$.

不然, 假设 $x \notin F$, 则有 $x \in F^C$, 由于 F^C 是开集, 且 $F^C \bigcap F = \varnothing$, 但这与 $x \in F'$ 矛盾.

(2)$\Rightarrow$(3) 若 $F' \subset F$, 则 $\overline{F} = F \bigcup F' = F$.

(3)$\Rightarrow$(1) 若 $\overline{F} = F \bigcup F' = F$, 则 $F' \subset F$. 如果 $F^C = \varnothing$, 则 $F = X$ 是闭集; 如果 $F^C \neq \varnothing$, 则对任意 $x \in F^C$, 由 $F' \subset F$ 可知 $x \notin F'$, 因而存在开球 $U(x,r) \bigcap F = \varnothing$, 故 $U(x,r) \subset F^C$, 即 x 是 F^C 的内点, 因此 F^C 是开集, 所以 F 是闭集.

定理 1.2.6 设 (X,d) 是度量空间, $F \subset X$, $x \in X$, 则下列条件等价:

(1) $x \in \overline{F}$;

(2) x 的每个开球都包含有 F 的点;

(3) 有序列 $\{x_n\} \subset F$, 使得 $\lim\limits_{n \to \infty} x_n = x$.

证明 (1)$\Rightarrow$(2) 对任意 $x \in \overline{F} = F \bigcup F'$, 若 $x \in F$, 则明显地对 x 的每个开球 $U(x,r)$, $U(x,r)$ 包含有 F 的点. 若 $x \in F'$, 则对于 x 的每个开球 $U(x,r)$, $U(x,r)$ 必

含有 F 的异于 x 的点, 所以 $U(x, r)$ 一定含有 F 的点.

(2)⇒(3) 对于任意正整数 n, $U\left(x, \dfrac{1}{n}\right)$ 中含有 F 的点 x_n, 因而 $d(x_n, x) < \dfrac{1}{n}$, 所以 $\lim\limits_{n \to \infty} x_n = x$.

(3)⇒(1) 设存在 $\{x_n\} \subset F$, 使得 $\lim\limits_{n \to \infty} x_n = x$. 如果 $x \in F$, 则明显地有 $x \in \overline{F}$. 如果 $x \notin F$, 则由 $\{x_n\} \subset F$ 可知 $x_n \neq x$, 因而由 $\lim\limits_{n \to \infty} x_n = x$ 可知 $x \in F'$, 所以 $x \in \overline{F}$.

容易证明, F 的闭包就是包含 F 的最小闭集, 因此需要考虑下面的问题.

问题 1.2.2 在度量空间 (X, d) 中, 开球 $U(x_0, r)$ 的闭包是否一定是闭球 $B(x_0, r)$?

在度量空间 (X, d) 中, 都以 x_0 为中心、r 为半径的开球 $U(x_0, r)$ 和闭球 $B(x_0, r)$ 虽然半径一样, 但开球的闭包不一定是闭球.

例 1.2.4 在 $R = (-\infty, +\infty)$ 上, 定义平凡度量

$$d(x, y) = \begin{cases} 0, & \text{当 } x = y \text{ 时}, \\ 1, & \text{当 } x \neq y \text{ 时}. \end{cases}$$

则对于开球 $U(0, 1)$, 由于 $U(0, 1) = \{0\}$ 是闭集, 因此它的闭包仍是 $\{0\}$, 不是闭球 $B(0, 1) = (-\infty, +\infty)$.

定义 1.2.5 设 (X, d) 是度量空间, $G \subset X$, 称 G 的内点全体为 G 的内部, 记为 G^0.

容易证明, 对于 G 的内部和闭包, 有下面的定理成立:

定理 1.2.7 设 (X, d) 为度量空间, $G \subset X$, $F \subset X$, 则

(1) G 是开集当且仅当 $G = G^0$;

(2) $G^0 \subset G \subset \overline{G}$;

(3) 当 $G \subset F$ 时, 一定有 $G^0 \subset F^0$, $\overline{G} \subset \overline{F}$.

利用闭包这一概念, 还可以引进一些与闭包有关的概念.

定义 1.2.6 设 F 为度量空间 (X, d) 的子集, 若 $\overline{F} = X$, 则称 F 在 X 中稠密.

定义 1.2.7 设 F 为度量空间 (X, d) 的子集, 若 $\overline{F}$ 不包含任何内点, 则称 F 在 X 中是疏朗的.

例 1.2.5 全体有理数 Q 在实数空间 $R = (-\infty, +\infty)$ 中是稠密的, 而全体自然数 N 在 R 中是疏朗的.

在度量空间 (X, d) 中, 利用度量 d, 可以定义开集、闭集、闭包、内部等概念, 也可以利用开集来刻画序列 $\{x_n\}$ 依度量 d 收敛于 x_0.

Hausdorff (1868—1942) 发现对于一个给定的点集, 可以不必引进度量, 也能用某种方式来确定某些子集为开集, 然后利用开集就可以建立闭集、闭包和序列收敛等概念, Hausdorff 利用这些概念建立了拓扑空间的完整理论.

定义 1.2.8   设 X 是一个非空集合, τ 是 X 的一族子集, 若 τ 满足下面的三个公理, 则称 (X,τ) 是拓扑空间:

(1) $\varnothing \in \tau$, $X \in \tau$;

(2) τ 中任意个集合的并集属于 τ;

(3) τ 中任意有限个集合的交集属于 τ.

此时称 τ 中每一个集合为开集, 称 τ 为拓扑.

明显地, 若 (X,d) 是度量空间, τ 为度量空间中的全体开集, 则 (X,τ) 为拓扑空间, 称 τ 为度量 d 产生的拓扑.

例 1.2.6   设 X 是一个非空集合, τ 为 X 的子集的全体, 则 (X,τ) 是一个拓扑空间, 称 τ 为 X 的离散拓扑. 此时, 对于任意 $x \in X$, $\{x\}$ 都是开集. 若 d 为 X 上的平凡度量, 则度量 d 产生的拓扑就是 X 的离散拓扑.

例 1.2.7   设 $X = \{x,y,z\}$, $\tau = \{\varnothing, X, \{x\}, \{x,y\}, \{x,z\}\}$, 则 (X,τ) 为一拓扑空间. 但在 (X,τ) 中, 对含有 y 点和含有 z 点的任意开集 U_y 和 U_z, 都有 $U_y \bigcap U_z \neq \varnothing$.

明显地, 在度量空间 (X,d) 中, 对于任意 $x,y \in X$, 只需取 $r = \frac{1}{4}d(x,y)$, 则 $U(x,r) \bigcap U(y,r) = \varnothing$, 具有这种性质的拓扑空间称为 Hausdorff 空间.

定义 1.2.9   拓扑空间 (X,τ) 称为 Hausdorff 空间, 若对于 X 中的任意 x,y, $x \neq y$, 存在两个开集 U_x 和 U_y, 使得 $x \in U_x$, $y \in U_y$, 且 $U_x \bigcap U_y = \varnothing$.

另外, 度量空间 (X,d) 还具有下例中的性质, 称具有这种性质的拓扑空间为正规空间.

例 1.2.8   设 F_1, F_2 是度量空间 (X,d) 中的两个闭集, 且 $F_1 \bigcap F_2 = \varnothing$, 试证明存在开集 U_1, U_2, 使得 $F_1 \subset U_1$, $F_2 \subset U_2$, 且 $U_1 \bigcap U_2 = \varnothing$.

证明   由于 $F_1 \bigcap F_2 = \varnothing$, 因此 $F_1 \subset F_2^c$. 由 F_2 是闭的可知 F_2^c 是开集, 故对于任意 $x \in F_1$, 存在 $r_x > 0$, 使 $U(x,r_x) \subset F_2^c$.

令 $U_1 = \bigcup_{x \in F_1} U\left(x, \frac{r_x}{2}\right)$, 则 U_1 是开集, 且 $F_1 \subset U_1$.

类似地, 对于任意 $y \in F_2$, 存在 $r_y > 0$, 使得 $U(y,r_y) \subset F_1^c$, 令 $U_2 = \bigcup_{y \in F_2} U\left(y, \frac{r_y}{2}\right)$, 则 U_2 是开集, 且 $F_2 \subset U_2$.

如果存在 $z \in U_1 \bigcap U_2$, 则由 $\bigcup_{x \in F_1} U\left(x, \frac{r_x}{2}\right) \bigcap \bigcup_{y \in F_2} U\left(y, \frac{r_y}{2}\right) \neq \varnothing$ 可知一定有

$x \in F_1, y \in F_2$, 使 $z \in U\left(x, \dfrac{r_x}{2}\right)$ 且 $z \in U\left(y, \dfrac{r_y}{2}\right)$. 因此

$$d(x,y) \leqslant d(x,z) + d(y,z) < \frac{r_x}{2} + \frac{r_y}{2} \leqslant \max\{r_x, r_y\},$$

但这是不可能的, 因为若 $d(x,y) < r_x$, 则 $y \in U(x, r_x) \subset F_2^c$, 与 $y \in F_2$ 矛盾; 若 $d(x,y) < r_y$, 则 $x \in U(y, r_y) \subset F_1^c$, 与 $x \in F_1$ 矛盾.

因此由上面讨论可知 $U_1 \bigcap U_2 = \varnothing$, 所以存在开集 $F_1 \subset U_1$, $F_2 \subset U_2$ 且 $U_1 \bigcap U_2 = \varnothing$.

Urysohn (1892—1924) 还证明了每一个正规的拓扑空间 (X, τ) 都可以引进度量 d, 使得产生的拓扑与 τ 是一致的, 即每一个正规的拓扑空间都是可度量化的.

1.3　连　续　算　子

Fréchet 在其博士论文中考察了一类 L 空间, 在 L 空间中定义了泛函的连续性和一致收敛性等, 引进并研究了列紧性, 证明了在列紧集上的连续泛函是有界的, 并在列紧集上达到它的极大 (小) 值, 这样就将实变函数的许多结果进行了推广.

其实, 依照数学分析中函数的连续性, 在度量空间中很容易引入算子的连续性.

定义 1.3.1　设 (X, d) 和 (Y, ρ) 都是度量空间, T 为 X 到 Y 的算子, $x_0 \in X$, 若对任意 $\varepsilon > 0$, 存在 $\delta > 0$, 使得 $d(x, x_0) < \delta$ 时, 有 $\rho(Tx, Tx_0) < \varepsilon$, 则称算子 T 在点 x_0 连续, 若 T 在 X 上的任意点都连续, 则称 T 在 X 上连续.

例 1.3.1　设 c_0 为所有收敛于 0 的实数列的全体, 在度量 $d(x, y) = \sup |x_i - y_i|$ 下是度量空间, 若 T 为 c_0 到 c_0 的算子, $Tx = 3x + y_0$, 这里 y_0 为 c_0 的一个固定元, 则 T 为连续映射.

事实上, 由于 c_0 是线性空间, 且由 d 的定义可知 $d(x, y) = d(x - y, 0)$, 因而对任意 $\varepsilon > 0$, 只需取 $\delta = \dfrac{\varepsilon}{6}$, 则当 $d(x, x_0) < \delta$ 时, 有 $d(Tx, Tx_0) = d(3x + y_0, 3x_0 + y_0) = 3d(x, x_0) < \varepsilon$, 因而 T 在 x_0 点连续, 而 x_0 是 c_0 的任意点, 所以 T 在 X 上连续.

容易看出, 若 T 是 (X, d) 到 (Y, ρ) 的算子, 则 T 在 x_0 点连续当且仅当对于任意收敛于 x_0 的序列 $\{x_n\}$, 有 $\lim\limits_{n \to \infty} Tx_n = Tx_0$.

另外, 还可以利用开集来刻画 T 的连续性.

定理 1.3.1　设 (X, d) 和 (Y, ρ) 是度量空间, 则 T 在 X 上连续当且仅当 Y 中每个开集的逆象在 X 中是开集.

证明　若 G 是 Y 的开集, 则不妨设 $T^{-1}(G) \neq \varnothing$, 对任意 $x_0 \in T^{-1}(G)$, 有 $Tx_0 \in G$, 由于 G 是开集, 因此存在 $U(Tx_0, \varepsilon) \subset G$, 因为 T 是连续的, 所以存在 $\delta > 0$, 使得 $x \in U(x_0, \delta)$ 时, 有 $Tx \in U(Tx_0, \varepsilon)$, 因而 $U(x_0, \delta) \subset T^{-1}(U(Tx_0, \varepsilon)) \subset$

$T^{-1}(G)$, 故 x_0 是 $T^{-1}(G)$ 的内点, 所以, 由 x_0 是 $T^{-1}(G)$ 的任意点可知, $T^{-1}(G)$ 是开集.

反之, 若对于 Y 中的每个开集 G, $T^{-1}(G)$ 都是 X 的开集, 则对于任意 $x_0 \in X$ 和任意 $\varepsilon > 0$, $T^{-1}(U(Tx_0, \varepsilon))$ 为 X 的开集, 因此存在 $U(x_0, \delta) \subset T^{-1}(U(Tx_0, \varepsilon))$, 即对于任意 $\varepsilon > 0$, 存在 $\delta > 0$, 使得 $d(x, x_0) < \delta$ 时, 有 $\rho(Tx, Tx_0) < \varepsilon$, 所以 T 在 x_0 点连续, 因而 T 在 X 上连续.

在实数空间 R 中, $[a, b]$ 上的连续函数一定有界并达到它的上下确界. 但在度量空间中, 有界闭集上的连续函数不一定能达到它的上、下确界, 因此需要引入列紧性这一概念, 列紧性是 Fréchet 于 1904 年发表在 *Comptes Rendus* 的论文中引进的.

下面的列紧性与紧性在实数 R 中可由 Heine-Borel-Lebesgue 定理和 Bolzano-Weierstrass 定理来表现.

Heine-Borel-Lebesgue 定理指的是闭区间 $[a, b]$ 为一族开区间所覆盖时, 它一定为这一族中的有限个开区间所覆盖, 而 Bolzano-Weierstrass 定理指的是有限区间中每个点列必有子列收敛于区间中的一点.

定义 1.3.2 设 (X, d) 为度量空间, F 为 X 的子集, 若 F 的任何序列都存在 X 中收敛的子序列, 则称 F 为相对列紧集; 若 F 还是闭的, 则称 F 为列紧集.

定义 1.3.3 设 (X, d) 为度量空间, X 的子集 F 称为紧的, 若 F 的每个开覆盖都有有限的子覆盖, 即如果 G_α 是 X 的一族 (可列或不可列) 开集, 且 $\bigcup\limits_\alpha G_\alpha \supset F$, 则一定存在有限个开集 $G_{\alpha_1}, G_{\alpha_2}, \cdots, G_{\alpha_n}$, 使得 $\bigcup\limits_{i=1}^{n} G_{\alpha_i} \supset F$.

在度量空间 (X, d) 中, X 的子集的列紧性与紧性是一致的.

定理 1.3.2 设 (X, d) 是度量空间, $F \subset X$, 则 F 是列紧的当且仅当 F 是紧的.

由紧集的定义容易得到下列的简单性质:

定理 1.3.3 设 (X, d) 是度量空间, 则

(1) 只有有限个点的子集是紧集;

(2) 紧集是有界闭集;

(3) 紧集的任意闭子集是紧的;

(4) 任意一族紧集的交集是紧集.

但度量空间的有界闭集不一定是紧的, 如在 $X = \{1, 2, 3, \cdots, n, \cdots\}$ 中, 定义平凡度量 $d(x, y)$, 则 $F = \{2, 4, 6, \cdots, 2k, \cdots\}$ 为 X 的有界集, 且是闭的, 但 F 不是紧集.

度量空间 (X, d) 的紧集上的连续函数具有许多闭区间上连续函数所具有的性质.

定理 1.3.4 设 (X,d) 和 (Y,ρ) 为度量空间, F 为 X 的紧集, T 为 X 到 Y 的连续算子, 则 $T(F)$ 是 Y 的紧集.

证明 设 $\{y_n\}$ 为 $T(F)$ 的任意序列, 则有 $\{x_n\} \subset F$, 使得 $y_n = Tx_n$. 由于 F 是紧的. 因此存在 $\{x_{n_k}\}$, 使得 $\lim_{k\to\infty} x_{n_k} = x_0$, 且 $x_0 \in F$. 因为 T 在 x_0 点连续, 所以 $\lim_{k\to\infty} y_{n_k} = \lim_{k\to\infty} Tx_{n_k} = y_0 \in T(F)$, 故 $T(F)$ 为紧集.

定理 1.3.5 若 (X,d) 为度量空间, F 为 X 的紧集, f 为 F 到实数 R 的连续函数, 则 f 一定是在 F 上有界的函数, 并且在 F 上达到上、下确界.

证明 由上面的定理可知, $f(F)$ 为实数 R 的紧集, 因此 $f(F)$ 有界, 故存在 $M > 0$, 使得对任意 x, 有 $|f(x)| \leqslant M$. 由于 $f(F)$ 为实数 R 的紧集, 因而 $f(F)$ 包含上确界 y_1 和下确界 y_2, 所以存在 $x_1, x_2 \in F$, 使得 $f(x_1) = y_1, f(x_2) = y_2$.

由上面定理可知, 若 (X,d) 为度量空间, F 为紧集, 则 F 上每个实值连续函数都是有界的, 但下面的问题又如何呢?

问题 1.3.1 设 (X,d) 为度量空间, 若 X 上的每个实值连续函数都是有界的, 则 X 是否一定是紧的呢?

Hewitt 在 1948 年肯定地回答了上述问题, 他证明了 X 是紧的当且仅当 X 上的每个实值连续函数都是有界的.

Borel 在 1895 年首先给出并证明了现在的 Heine-Borel 定理, Pierre(1895), Lebesgue (1898) 和 Schoenflies (1900) 推广和完善了该定理.

定理 1.3.6 (Heine-Borel 定理) 空间 R^n 中的子集 F 是紧的当且仅当 F 是有界闭集.

证明 当 F 是紧集时, 明显地, F 是有界闭集.

反过来, 若 F 是 R^n 的有界闭集, 则存在 $M > 0$, 使得对于任意 $x \in F$, 有 $d(x, 0) = \left(\sum_{i=1}^{n} |x_i|^2 \right)^{1/2} \leqslant M$. 故对于 F 中的任意序列 $\{x_k\}$, 有 $d(0, x_k) = \left(\sum_{i=1}^{n} |x_i^{(k)}|^2 \right)^{1/2} \leqslant M$, 因而对于每个固定的 i, 有 $|x_i^{(k)}| \leqslant M$ 对任意 k 成立, 由 $\{x_i^{(k)}\} \subset R$ 及 $\{x_i^{(k)}\}$ 为有界数列可知, 它一定有收敛子序列. 对于 $i = 1$, $\{x_1^{(k)}\}$ 在 R 中一定有收敛的子序列 $\{x_1^{(k_m)}\}$; 同样, 对于 $i = 2$, $\{x_2^{(k_m)}\}$ 在 R 中一定有收敛的子序列, 不妨仍记为 $\{x_2^{(k_m)}\}$, 依照同样的方法, 可以找到 n 个子序列, 即 $\{x_1^{(k_m)}\}$, $\{x_2^{(k_m)}\}, \cdots, \{x_n^{(k_m)}\}$ 都收敛. 由 R^n 中度量的定义容易知道 $\{x_k\}$ 的子序列 $\{x_{k_m}\}$ 一定收敛, 所以, F 是紧集.

紧集上的连续算子还具有一些关于不动点的性质. 下面先看看不动点的定义和一个非常简单的例子.

定义 1.3.4   设 (X, d) 为度量空间, $F \subset X$, T 为 F 到 F 的映射, 若 $x_0 \in F$, 使得 $Tx_0 = x_0$, 则称 x_0 为 T 的不动点.

先看看下面很有意思的例子:

例 1.3.2   若 f 是 $[0, 1]$ 到 $[0, 1]$ 的连续函数, 则 f 在 $[0, 1]$ 一定有不动点 x_0, 使得 $f(x_0) = x_0$.

实际上, 如果 $f(0) = 0$ 或 $f(1) = 1$, 则明显地, f 在 $[0, 1]$ 一定有不动点. 假如 $f(0) = 0$ 和 $f(1) = 1$ 都不成立, 那么对于 $g(x) = f(x) - x$, 有 $g(0) > 0$, 并且 $g(1) < 0$, 由连续函数的中值定理可知, 存在 $x_0 \in (0, 1)$, 使得 $g(x_0) = f(x_0) - x_0 = 0$, 所以, f 在 $[0, 1]$ 一定有不动点.

容易知道, $[0, 1]$ 是 R 上的闭凸集, 将上面的结果推广到 R^n 上的紧凸集, 就得到了 Brouwer 不动点定理, Brouwer 在 1912 年证明了欧几里得空间 R^n 的不动点定理.

定理 1.3.7 (Brouwer 不动点定理)   设 R^n 为欧几里得空间, F 为 R^n 的紧凸集, 若 T 为 F 到 F 的连续映射, 则存在 $x_0 \in F$, 使得 $Tx_0 = x_0$.

设 X 为线性空间, $F \subset X$, 则 F 是凸集指的是对于任意的 $x, y \in F$, 及任意 $\lambda \in (0, 1)$, 有 $\lambda x + (1 - \lambda)y \in F$.

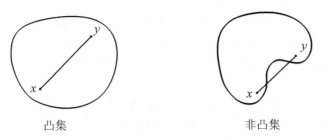

凸集   非凸集

1922 年, Birkhoff 和 Kellogg 证明在 l_2 中不动点定理成立. Schauder 在 1930 年还把上述不动点定义推广到赋范空间, 即赋范空间中的任一紧凸集具有不动点性质, 而 Tychonoff 进一步证明局部凸空间的任一紧凸集也具有不动点性质.

1.4   完备性与不动点定理

由数学分析中实数列的极限知识可知, 数列 $\{x_n\}$ 是 Cauchy 列当且仅当 $\{x_n\}$ 为收敛数列, Cauchy 列这一概念亦可推广到度量空间.

定义 1.4.1   设 (X, d) 是度量空间, $\{x_n\}$ 为 X 的序列, 若对任意 $\varepsilon > 0$, 存在正整数 N, 使得 $m, n > N$ 时, 有 $d(x_m, x_n) < \varepsilon$, 则称 $\{x_n\}$ 为 Cauchy 列.

明显地, 若 $\{x_n\}$ 为度量空间 (X, d) 的收敛列, 则 $\{x_n\}$ 一定是 Cauchy 列, 但反之不然.

例 1.4.1 设 Q 为全体有理数, $d(x,y) = |x - y|$, 则 (Q, d) 为度量空间, 且 $\left\{\left(1 + \dfrac{1}{n}\right)^n\right\}$ 是 Cauchy 列, 但 $\left\{\left(1 + \dfrac{1}{n}\right)^n\right\}$ 在度量空间 (Q, d) 中不是收敛列.

定义 1.4.2 若度量空间 (X, d) 的每一个 Cauchy 列都收敛于 X 中的点, 则称 (X, d) 为完备的度量空间.

完备的度量空间具有很好的性质, Fréchet 在他的博士论文中就已经仔细地区别完备与非完备的度量空间了.

例 1.4.2 所有实数收敛数列全体 c, 在度量 $d(x,y) = \sup |x_i - y_i|$ 下是一个完备的度量空间.

例 1.4.3 欧几里得空间 R^n 是完备的度量空间, 事实上, 如果 $\{x_k\}$ 是 Cauchy 列, 则对于每个固定的 i, 由

$$|x_i^{(l)} - x_i^{(m)}| \leqslant d(x_l, x_m)$$

可知 $\{x_i^{(k)}\}$ 是 R 中的 Cauchy 列, 因而存在 x_i, 使得 $\lim\limits_{k \to \infty} x_i^{(k)} = x_i$. 令 $x = (x_i)$, 则 $\lim\limits_{k \to \infty} x_k = x$, 所以, R^n 是完备的度量空间.

常见的序列空间 $c_0, l_\infty, l_p (1 \leqslant p < \infty)$ 都是完备的度量空间.

在数学分析中, 大家都知道闭区间套定理: 如果闭区间列 $\{[a_n, b_n]\}$ 满足如下条件:

(1) $[a_{n+1}, b_{n+1}] \subset [a_n, b_n]$, $n = 1, 2, 3, \cdots$;

(2) $\lim\limits_{n \to \infty} |a_n - b_n| = 0$.

则存在唯一的 $\xi \in [a_n, b_n](n = 1, 2, 3, \cdots)$, 使得 $\lim\limits_{n \to \infty} a_n = \lim\limits_{n \to \infty} b_n = \xi$.

在完备的度量空间, 有类似的结论:

定理 1.4.1 设 (X, d) 是完备的度量空间, $B_n = \{x | d(x, x_n) \leqslant r_n\}$, $B_1 \supset B_2 \supset \cdots \supset B_n \supset B_{n+1} \supset \cdots$, 并且 $\lim\limits_{n \to \infty} r_n = 0$. 则必有唯一的 $x \in \bigcap\limits_{n=1}^{\infty} B_n$.

证明 由于 $\lim\limits_{n \to \infty} r_n = 0$, 因此对于任意的 $\varepsilon > 0$, 存在 N, 使得 $n > N$ 时, 有 $r_n < \varepsilon$. 对于 $m > n > N$, 由 $B_m \subset B_n$ 可知 $d(x_m, x_n) \leqslant r_n < \varepsilon$, 因而 $\{x_n\}$ 是 Cauchy 列. 因为 X 是完备的度量空间, 所以有 $x \in X$, 使 $\lim\limits_{n \to \infty} x_n = x$.

由 $d(x_{n+p}, x_n) < r_n$ 可知 $d(x, x_n) \leqslant r_n$ 对任意 n 成立, 因此 $x \in \bigcap\limits_{n=1}^{\infty} B_n$.

假设 $y \in \bigcap\limits_{n=1}^{\infty} B_n$, 则由 $d(y, x_n) \leqslant r_n$ 可知 $\lim\limits_{n \to \infty} x_n = y$, 所以 $x = y$, 即 $\bigcap\limits_{n=1}^{\infty} B_n$ 中只含有一点.

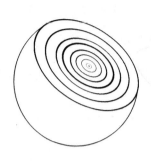

该定理的几何意义是很明显的, 如果有一列闭球, 像洋葱一样, 闭球内还有闭球, 并且半径越来越小趋于 0, 则一定有一点在所有的球里面 (如左图所示).

例 1.4.4　设 (X, d) 是一个度量空间, 若对 X 中任意一列闭球 $B_1 \supset B_2 \supset \cdots \supset B_n \supset B_{n+1} \supset \cdots$, 这里 $B_n = \{x | d(x, x_n) \leqslant r_n\}$, 当 $\lim\limits_{n \to \infty} r_n = 0$ 时, 一定有唯一的 $x \in \bigcap\limits_{n=1}^{\infty} B_n$, 试证明 (X, d) 是完备的度量空间.

证明　设 x_n 是 X 的 Cauchy 列, 则对 $\varepsilon_k = \dfrac{1}{2^{k+1}}$, 存在 N_k, 使得 $n_k > N_k$ 时, 有 $d(x_{n_k}, x_{n_{k+1}}) < \varepsilon_k$. 不妨把 n_k 取为 $n_1 < n_2 < \cdots < n_k < \cdots$.

令 $B_k = \left\{x | d(x, x_{n_k}) \leqslant \dfrac{1}{2^k}\right\}$, 则当 $y \in B_{k+1}$ 时, 有

$$d(y, x_{n_k}) \leqslant d(y, x_{n_{k+1}}) + d(x_{n_{k+1}}, x_{n_k}) \leqslant \frac{1}{2^{k+1}} + \frac{1}{2^{k+1}} = \frac{1}{2^k},$$

因而 $B_k \supset B_{k+1}$.

由 $\lim\limits_{k \to \infty} r_k = \dfrac{1}{2^k} = 0$ 可知存在唯一的 $x \in \bigcap\limits_{k=1}^{\infty} B_k$, 从而 $d(x_{n_k}, x) \leqslant \dfrac{1}{2^k}$, 因此 $\lim\limits_{k \to \infty} x_{n_k} = x$, 由 $\{x_n\}$ 是 Cauchy 列可知 $\lim\limits_{n \to \infty} x_n = x$, 所以度量空间 (X, d) 是完备的.

思考题 1.4.1　在上面定理中, 若去掉条件 $\lim\limits_{n \to \infty} r_n = 0$, 定理是否成立?

实际上, 设 X 为所有的正整数全体, 对任意 $x, y \in X$, 定义

$$\rho(x, y) = \begin{cases} 1 + \dfrac{1}{x + y}, & \text{当 } x \neq y \text{ 时}, \\ 0, & \text{当 } x = y \text{ 时}. \end{cases}$$

则 ρ 是 X 上的一个度量, 容易验证 (X, ρ) 是完备的度量空间. 对任意正整数 n, 取 $B_n = \left\{x | \rho(n, x) \leqslant 1 + \dfrac{1}{2n}\right\} = \{n, n+1, n+2, \cdots\}$, 就有 $B_1 \supset B_2 \supset \cdots \supset B_n \supset B_{n+1} \supset \cdots$, 但 $\bigcap\limits_{n=1}^{\infty} B_n$ 为空集.

思考题 1.4.2　在上面定理中, 若去掉度量空间完备的条件, 定理是否成立?

一个度量空间如果不是完备的, 则用起来比较困难, 好在 Hausdorff 早就证明任意一个度量空间都能够扩展成一个完备的度量空间.

把某些方程写成 $x = f(x)$ 的形式, 把求解问题转化为求算子的不动点, 然后利用逐次逼近法来求不动点, 是一种很早就使用的方法, 牛顿求代数方程的根时用的

切线法就是这种方法, 后来 Picard 用逐次逼近来求解常微分方程, Banach 在 1922 年用度量空间及压缩算子描述这个方法, 这就是 Banach 不动点定理.

定义 1.4.3 设 (X, d) 是度量空间, T 是 X 到 X 的算子, 若存在实数 $\alpha \in [0, 1)$, 使得对一切 $x, y \in X$, $x \neq y$, 都有

$$d(Tx, Ty) \leqslant \alpha d(x, y),$$

则称 T 为压缩算子.

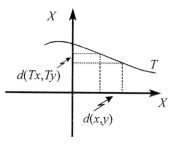

压缩算子的几何意义是明显的, 如右图所示, Tx 到 Ty 的距离要比 x 到 y 的距离一致的小.

在下面 R 的例子中, 更容易理解, 如果 f 的斜率的绝对值小于某个固定的 $\alpha \in [0, 1)$, 则 $f(x)$ 到 $f(y)$ 距离一定小于 x 到 y 的距离的 α 倍.

例 1.4.5 设 f 为实数 R 上的可微函数, 且在 R 上有 $|f'(x)| \leqslant \alpha < 1$, 则 $d(f(x), f(y)) = |f(x) - f(y)| = |f'(\zeta)||x - y| \leqslant \alpha d(x, y)$, f 为 R 到 R 的压缩算子, 如 $f(x) = \dfrac{x}{3} + 1$ 就是 R 到 R 的压缩算子.

反过来, 若 f 为实数 R 上的可微函数, f 为 R 到 R 的压缩算子, 则一定有 $|f'(x)| \leqslant \alpha < 1$ 对所有的 $x \in R$ 成立. 实际上, 由于

$$|f'(x)| = \lim_{\Delta x \to 0} \frac{|f(x + \Delta x) - f(x)|}{\Delta x} \leqslant \lim_{\Delta x \to 0} \frac{\alpha|(x + \Delta x) - x|}{\Delta x} = \alpha < 1,$$

因此, $|f'(x)| \leqslant \alpha < 1$ 对所有的 $x \in R$ 都成立.

明显地, 若 T 是度量空间 (X, d) 的压缩算子, 则 T 一定是连续的. 事实上, 若 $x_n \to x_0$, 则 $d(Tx_n, Tx_0) \leqslant \alpha d(x_n, x_0) \to 0$, 因而 T 是连续的.

压缩算子最重要的性质是它在完备度量空间的 Banach 不动点定理.

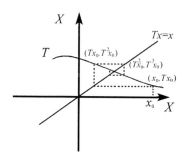

定理 1.4.2 设度量空间 (X, d) 是完备的, T 是压缩算子, 则 T 有唯一的不动点, 即存在唯一的 x, 使得 $Tx = x$.

分析 在 X 上取一固定的点 x_0, 令

$$x_1 = Tx_0, \ x_2 = T^2 x_0, \cdots, \ x_n = T^n x_0.$$

如右图所示, 容易看到 $(T^n x_0, T^{n+1} x_0)$ 越来越接近 (x, Tx), 因此 $T^n x_0$ 就越来越接近 T 的不动点.

如果注意到 $(T^n x_0, T^{n+1} x_0)$ 越来越接近 (x, Tx) 意味着 $T^n x_0$ 与 $T^{n+1} x_0$ 也越来越相互靠近, 那么就比较容易理解

$$d(T^n x_0, T^{n+1} x_0) \leqslant \alpha^n d(x_0, Tx_0) \to 0.$$

证明　在 X 上取一固定的点 x_0, 令

$$x_1 = Tx_0,\ x_2 = Tx_1 = T^2 x_0,\ \cdots,\ x_n = Tx_{n-1} = T^n x_0,$$

则对正整数 $n \geqslant 1$ 及 $p \geqslant 1$, 有

$$
\begin{aligned}
d(x_{n+p}, x_n) \leqslant & d(x_{n+p}, x_{n+p-1}) + d(x_{n+p-1}, x_n) \\
\leqslant & d(x_{n+p}, x_{n+p-1}) + d(x_{n+p-1}, x_{n+p-2}) + d(x_{n+p-2}, x_n) \\
& \cdots\cdots \\
\leqslant & d(x_{n+p}, x_{n+p-1}) + d(x_{n+p-1}, x_{n+p-2}) + \cdots + d(x_{n+1}, x_n) \\
= & d(T^{n+p} x_0, T^{n+p-1} x_0) + d(T^{n+p-1} x_0, T^{n+p-2} x_0) \\
& + \cdots + d(T^{n+1} x_0, T^n x_0) \\
\leqslant & \alpha d(T^{n+p-1} x_0, T^{n+p-2} x_0) + \alpha d(T^{n+p-2} x_0, T^{n+p-3} x_0) \\
& + \cdots + \alpha d(T^n x_0, T^{n-1} x_0) \\
& \cdots\cdots \\
\leqslant & \alpha^{n+p-1} d(Tx_0, x_0) + \alpha^{n+p-2} d(Tx_0, x_0) + \cdots + \alpha^n d(Tx_0, x_0) \\
\leqslant & \frac{\alpha^n}{1-\alpha} d(x_1, x_0).
\end{aligned}
$$

由 $0 \leqslant \alpha < 1$ 可知 $\{x_n\}$ 为 Cauchy 列, 因为 (X, d) 是完备的, 所以存在 $x \in X$, 使 $\lim\limits_{n \to \infty} x_n = x$. 由 $x_{n+1} = Tx_n$ 可知 $x = Tx$, 因此 x 为 T 的不动点.

假设 y 是 T 的另一个不动点, 并且 $x \neq y$, 则 $d(x, y) = d(Tx, Ty) \leqslant \alpha d(x, y) < d(x, y)$, 矛盾, 所以 x 是 T 唯一的不动点.

容易看出, 若 T 是压缩算子, 则 T^2 也是压缩算子. 但 T^2 是压缩算子时, T 不一定是压缩算子.

例 1.4.6　T 不是压缩算子时, 可能存在 $n \in N$, 使得 T^n 是压缩算子.

设 T 是从空间 $C[0,1]$ 到 $C[0,1]$ 内的映射, 对于 $x \in C[0,1]$, $Tx(t) = \int_0^t x(u)\mathrm{d}u$, $0 \leqslant t \leqslant 1$. 这里 $C[0,1]$ 的度量为 $d(x, y) = \max |x(t) - y(t)|$.

明显地, 有

$$d(Tx, Ty) = \max \left| \int_0^t x(u)\mathrm{d}u - \int_0^t y(u)\mathrm{d}u \right| \leqslant d(x, y).$$

令 $x(t) = A, y(t) = B$, 这里 A 和 B 为常数, 则

$$d(Tx, Ty) = \max_{0 \leqslant t \leqslant 1} \left| \int_0^t A \mathrm{d}u - \int_0^t B \mathrm{d}u \right|$$

$$= |A - B| = d(x, y),$$

因此, 不存在 $\alpha \in [0, 1)$, 使得

$$d(Tx, Ty) \leqslant \alpha d(x, y),$$

从而 T 不是压缩算子.

对任意 $x, y \in C[0, 1]$, 有

$$d(T^2 x, T^2 y) = \max_{0 \leqslant t \leqslant 1} \left| \int_0^t \int_0^u [x(v) - y(v)] \mathrm{d}v \mathrm{d}u \right|$$

$$\leqslant \max_{0 \leqslant t \leqslant 1} \left| \int_0^t u d(x, y) \mathrm{d}u \right| = \frac{1}{2} d(x, y).$$

所以, T^2 是压缩算子.

推论 1.4.1 设 (X, d) 是完备度量空间, A 为 X 到 X 的算子, 若存在某个正整数 $n \geqslant 1$, 使得 A^n 是压缩算子, 则 A 有唯一的不动点.

证明 若 $d(A^n x, A^n y) \leqslant \alpha d(x, y)$, 对任意的 $x, y \in X$, $x \neq y$ 成立, 则令 $T = A^n$, 由上面定理可知 T 存在唯一的 $x \in X$, 使得 $Tx = x$.

假如 $x \neq Ax$, 则由 $Tx = x = A^n x$ 及 $TAx = A^{n+1} x = Ax$ 可知

$$d(x, Ax) = d(Tx, TAx) \leqslant \alpha d(x, Ax) < d(x, Ax),$$

矛盾, 从而 $x = Ax$, 即 x 为 A 的不动点, 并且当 y 是 A 的另一个不动点时, y 一定是 T 的不动点, 因而 $x = y$, 所以 A 只有唯一的不动点 x.

另外, 明显地, 若 x_0 是 A 的不动点, 则对于任意正整数 $n \geqslant 1$, x_0 也是 A^n 的不动点.

例 1.4.7 试求方程 $x = \sqrt{2 + \sqrt{2 + \sqrt{2 + x}}}$ 的根.

解 令 $X = [0, +\infty), d(x, y) = |x - y|$, 则 (X, d) 是完备的度量空间, 定义 $T : X \to X, Tx = \sqrt{2 + x}$, 容易验证

$$d(Tx, Ty) \leqslant \frac{1}{2} d(x, y),$$

因而, 存在不动点 x_0, 使得 $Tx_0 = x_0$, 并且 $x_0 = 2$.

明显地, $x_0 = 2$ 也是 $T^3 : X \to X, T^3 x = \sqrt{2 + \sqrt{2 + \sqrt{2 + x}}}$ 的不动点, 所以,

方程 $x = \sqrt{2 + \sqrt{2 + \sqrt{2 + x}}}$ 有根 $x_0 = 2$.

思考题 1.4.3　在不动点定理中, 若将条件 "度量空间 (X, d) 完备" 去掉, 定理成立否?

思考题 1.4.4　在不动点定理中, 若将条件 "存在 $0 \leqslant \alpha < 1$ 使得 $d(Tx, Ty) \leqslant \alpha d(x, y)$ 对任意 $x \neq y$ 都成立" 换为 "$d(Tx, Ty) < d(x, y)$ 对任意 $x \neq y$ 都成立", 定理成立否?

容易找到反例证明上面两个问题的答案都是否定的.

在证明不动点定理时, 采用 $x_{n+1} = Tx_n$ 进行逐次迭代的方法, 这是一种在近似计算中很常用并且很有效的方法, 利用逐次迭代法, 就可以很容易地估计 x_n 与不动点 x 的误差, 只需在

$$d(x_{n+p}, x_n) \leqslant \frac{\alpha^n}{1 - \alpha} d(x_1, x_0)$$

中令 $p \to \infty$, 则可得到误差估计式

$$d(x, x_n) \leqslant \frac{\alpha^n}{1 - \alpha} d(x_1, x_0).$$

根据 Banach 不动点定理, 不但可以知道不动点的存在性和唯一性, 而且可以容易地构造出迭代程序 $x_{n+1} = Tx_n$, 由

$$d(x, x_n) \leqslant \frac{\alpha^n}{1 - \alpha} d(x_1, x_0),$$

可以逼近不动点到任意精确的程度, 因此在 Banach 提出不动点定理半个多世纪以来, 压缩算子和不动点定理得到了深入的研究, 许多有关不动点的结果已经成功地应用于 Banach 空间中非线性 Volterra 积分方程、非线性积分方程和非线性泛函微分方程解的存在性与唯一性的研究.

Banach 不动点定理有着非常广泛的应用, 但压缩算子的条件却太强了. 从 Banach 不动点定理的证明不难看出下面关于 Picard 迭代的结果.

例 1.4.8　设度量空间 (X, d) 是完备的, T 是连续算子, $x_0 \in X$, $x_{n+1} = Tx_n$, 满足 $\sum\limits_{n=0}^{\infty} d(x_n, x_{n+1}) < \infty$, 则序列 $\{x_n\}$ 收敛到 T 的某个不动点 x, 并且

$$d(x, x_n) \leqslant \sum\limits_{i=n}^{\infty} d(x_i, x_{i+1}).$$

证明　对于任意的 $m, n \in N, 0 \leqslant n < m$, 有

$$d(x_n, x_m) \leqslant \sum\limits_{i=n}^{m-1} d(x_i, x_{i+1}).$$

因而 $\{x_n\}$ 为 Cauchy 列, 因此, 对 $\lim\limits_{n\to\infty} x_n = x$, 有 $x = Tx$.

令 $m \to \infty$, 有

$$d(x, x_n) = \lim_{m\to\infty} d(x_n, x_m) \leqslant \sum_{i=n}^{\infty} d(x_i, x_{i+1}).$$

不动点定理在代数方程、微分方程、积分方程等的求解问题上有着非常重要和广泛的应用.

例 1.4.9   试用不动点定理证明方程 $x^6 + 12x - 11 = 0$ 在 $[0,1]$ 上有实根.

证明   令 $f(x) = \dfrac{1}{12}(11 - x^6)$, 则方程 $x^6 + 12x - 11 = 0$ 有解等价于 $f: [0,1] \to [0,1]$ 有不动点 $x \in [0,1]$, 使得 $f(x) = x$.

明显地, 取 $X = [0,1]$, $d(x, y) = |x - y|$ 时, (X, d) 是完备的度量空间.

由于对任意 $x, y \in X$, 有

$$
\begin{aligned}
d(f(x), f(y)) &= |f(x) - f(y)| \\
&= \left|\frac{1}{12}(11 - x^6) - \frac{1}{12}(11 - y^6)\right| \\
&= \frac{1}{12}|(y^3 - x^3)(y^3 + x^3)| \\
&= \frac{1}{12}|(y^3 + x^3)(y^2 + xy + x^2)(x - y)| \\
&\leqslant \frac{1}{12}|(1^3 + 1^3)(1^2 + 1 \times 1 + 1^2)(x - y)| \\
&= \frac{1}{2}d(x, y).
\end{aligned}
$$

因此 f 为压缩算子, 因而由 Banach 不动点定理可知存在唯一的 $x_0 \in X$, 使得 $f(x_0) = x_0$, 所以方程 $x^6 + 12x - 11 = 0$ 在 $[0,1]$ 上有实根 x_0.

德国数学家 Lipschitz 在 1876 年给出了关于微分方程的初值问题有唯一解的结果.

例 1.4.10   对于微分方程 $\begin{cases} \dfrac{\mathrm{d}x}{\mathrm{d}t} = f(t, x), \\ x(t_0) = x_0, \end{cases}$ 若 $f(t, x)$ 在矩形 $M = \{(t, x) \mid |t - t_0| \leqslant a, |x - x_0| \leqslant b\}$ 上连续, 并且在 M 上关于 x 满足 Lipschitz 条件, 即存在 $K > 0$, 使得

$$|f(t, x) - f(t, y)| \leqslant K|x - y| \quad \text{对任意} \quad (t, x), (t, y) \in M \text{ 成立}.$$

试证明微分方程的初值问题有唯一解 $x(t), t \in [a', b']$, 其中

$$h < \min\left[a, \frac{b}{H}, \frac{1}{K}\right], \quad H = \max_{(t,x)\in M}|f(t,x)|, \quad a' = t_0 - h, \quad b' = t_0 + h.$$

证明　(1) 构造一个合适的完备的度量空间. 令 $C[a', b']$ 为 $[a', b']$ 上的所有连续函数全体, 定义

$$d(x, y) = \max_{a' \leqslant t \leqslant b'}|x(t) - y(t)|,$$

则 $(C[a', b'], d)$ 为完备的度量空间.

对 $x_0(t) = x_0 \in C[a', b']$, 取 $Y = \{x \in C[a', b']| d(x, x_0) \leqslant Hh\}$, 则 Y 为 $(C[a', b'], d)$ 的闭子集, 因此 (Y, d) 是完备的度量空间.

(2) 定义 Y 到 Y 的算子 T. 由于上面微分方程的初值问题可以用等价的积分方程表示为

$$x(t) = x_0 + \int_{t_0}^{t} f(s, x(s))\mathrm{d}s, \quad x \in C[a', b'],$$

定义 $T : Y \to Y$ 为

$$(Tx)(t) = x_0 + \int_{t_0}^{t} f(s, x(s))\mathrm{d}s, \quad x \in Y,$$

容易验证 T 将 Y 映到 Y.

(3) 下证 T 为 Y 到 Y 的压缩算子. 对于任意 $x, y \in Y$, 由于 f 在 M 上关于 x 满足 Lipschitz 条件, 故

$$|(Tx)(t) - (Ty)(t)| = \left|\int_{t_0}^{t}[f(s, x(s)) - f(s, y(s))]\mathrm{d}s\right|$$

$$\leqslant K\left|\int_{t_0}^{t}|x(s) - y(s)|\mathrm{d}s\right|$$

$$\leqslant K|t - t_0|d(x, y),$$

因此

$$d(Tx, Ty) \leqslant \alpha d(x, y),$$

这里 $0 \leqslant \alpha = Kh < 1$, 因此 T 为 Y 到 Y 的压缩算子.

(4) 由 Banach 不动点定理可知, 存在唯一的不动点 $x \in Y$, 使得 $Tx = x$. 其实 x 就是积分方程 $x(t) = x_0 + \int_{t_0}^{t} f(s, x(s))\mathrm{d}s$ 的唯一解, 所以微分方程的初值问题有唯一解 $x(t), t \in [a', b']$.

Volterra 积分方程是由意大利数学家 Volterra 引入, 并由 Lalescu 于 1908 年在论文 " Sur les équations de Volterra" 中研究的.

例 1.4.11 设 $K(x,y)$ 是矩形 $x,y \in [0,1]$ 上的连续函数, $\phi(x) \in C[0,1]$, $\sup\limits_{0 \leqslant x,y \leqslant 1} K(x,y) = M < +\infty$, 试证明 Volterra 积分方程

$$f(x) = \lambda \int_0^x K(x,y)f(y)\mathrm{d}y + \phi(x)$$

在 $C[0,1]$ 中有唯一解.

证明 对 Volterra 积分方程 $f(x) = \lambda \int_0^x K(x,y)f(y)\mathrm{d}y + \phi(x)$, 定义算子 T: $C[0,1] \to C[0,1]$ 为

$$(T(f))(x) = \lambda \int_0^x K(x,y)f(y)\mathrm{d}y + \phi(x),$$

则对于 $f_1, f_2 \in C[0,1]$, 有

$$\begin{aligned}
|T(f_1)(x) - T(f_2)(x)| &= \left| \lambda \int_0^x K(x,y)[f_1(y) - f_2(y)]\mathrm{d}y \right| \\
&\leqslant |\lambda| Mx \max_x |f_1(x) - f_2(x)|,
\end{aligned}$$

故

$$\begin{aligned}
|T^2(f_1)(x) - T^2(f_2)(x)| &= \left| \lambda \int_0^x K(x,y)[Tf_1(y) - Tf_2(y)]\mathrm{d}y \right| \\
&\leqslant \left| \lambda|M| \int_0^x yK(x,y) \max_{y \in [0,1]} |f_1(y) - f_2(y)|\mathrm{d}y \right| \\
&\leqslant |\lambda|^2 M^2 \max_{x \in [0,1]} |f_1(x) - f_2(x)| \int_0^x y\mathrm{d}y \\
&= |\lambda|^2 M^2 \frac{x^2}{2} \max_{x \in [0,1]} |f_1(x) - f_2(x)|.
\end{aligned}$$

类似地, 有

$$\begin{aligned}
|T^n(f_1)(x) - T^n(f_2)(x)| &\leqslant |\lambda|^n M^n \frac{x^n}{n!} \max_{x \in [0,1]} |f_1(x) - f_2(x)| \\
&\leqslant |\lambda|^n M^n \frac{1}{n!} \max_{x \in [0,1]} |f_1(x) - f_2(x)|,
\end{aligned}$$

从而

$$d(T^n f_1, T^n f_2) \leqslant |\lambda|^n M^n \frac{1}{n!} d(f_1, f_2).$$

由 $\lim\limits_{n \to \infty} |\lambda|^n M^n \dfrac{1}{n!} = 0$ 可知, 存在足够大的 n, 使得

$$|\lambda|^n M^n \frac{1}{n!} < 1.$$

所以, 由前面的推论可知 Volterra 积分方程 $f(x) = \lambda \int_0^x K(x,y)f(y)\mathrm{d}y + \phi(x)$ 有唯一解.

习　题　一

1.1. 设 $X = \{1,2,3\}$, 试在 X 上定义两种不同的度量, 使 X 成为度量空间.

1.2. 设 $l_1 = \left\{(x_i)|x_i \in R, \sum_{i=1}^{\infty}|x_i| < \infty\right\}$, 对任意 $x = (x_i), y = (y_i) \in l_1$, $d(x,y) = \sum_{i=1}^{\infty}|x_i - y_i|, \rho(x,y) = \sup|x_i - y_i|$, 试证明 d 和 ρ 为 X 上的两个度量, 且存在序列 $\{x_n\} \subset l_1, x_0 \in l_1$, 使得 $\rho(x_n, x_0) \to 0$, 但 $d(x_n, x_0) \to 0$ 不成立.

1.3. 设 (X,d) 为度量空间, 对任意 $x,y \in X$, 定义

$$\rho(x,y) = \begin{cases} d(x,y), & \text{当 } d(x,y) < 1 \text{ 时}, \\ 1, & \text{当 } d(x,y) \geqslant 1 \text{ 时}. \end{cases}$$

试证明 ρ 是 X 上的一个度量.

1.4. 试找出一个度量空间 (X,d), 在 X 中有两点 x,y, 但不存在 $z \in X$, 使得 $d(x,z) = d(y,z) = \frac{1}{2}d(x,y)$.

1.5. 设 (X,d) 为度量空间, 定义 $\rho(x,y) = \ln[1 + d(x,y)]$, 试证明 (X,ρ) 为度量空间.

1.6. 在 l_∞ 中, 设 F 为非空子集, G 为开集, 试证明 $F + G$ 为开集.

1.7. 设 (X,d) 为度量空间, 试证明对任意 $x_0 \in X, r > 0$, 闭球 $B(x_0, r)$ 是闭集.

1.8. 在 l_∞ 中, 设 $M = \{(x_i)|$ 只有限个 x_i 不为 $0\}$, 试证明 M 不是紧集.

1.9. 设 (X,d) 度量空间, $x_0, y_0 \in X$, 且 $U(x_0, 7) \subset U(y_0, 3)$, 试证明一定有 $U(x_0, 7) = U(y_0, 3)$ 成立.

1.10. 设 (X,d) 为度量空间, $F \subset X$, 试证明 $F^0 = (\overline{F^C})^C$.

1.11. 设 (X,d) 为度量空间, $F \subset X$, 试证明 $\overline{F}$ 是所有包含 F 的闭集的交集, 即 $\overline{F}$ 是包含 F 的最小闭集.

1.12. 设 (X,d) 为度量空间, $F \subset X$, 试证明 $d(x, F) = \inf\{d(x,y)|y \in F\}$ 为 X 到 $[0, +\infty)$ 的连续算子.

1.13. 设 (X,d) 为度量空间, $G \subset X$, 试证明 G^0 是 G 所包含的所有开集的并集, 即 G^0 为 G 所包含的最大开集.

1.14. 设 (X,d) 为度量空间, F 为闭集, 试证明存在可列个开集 G_n, 使 $F = \bigcap\limits_{n=1}^{\infty} G_n$.

1.15. 设 (X,d) 为度量空间, $F \subset X$, 试证明 $\{x|d(x,F) < \varepsilon\}$ 是开集.

1.16. 试证明 l_∞ 是完备的度量空间.

1.17. 设 (X,d) 为度量空间, $F_\alpha(\alpha \in \Lambda)$ 为 X 的一族子集, 试证明 $\left(\bigcap\limits_{\alpha \in \Lambda} F_\alpha\right)' \subset \bigcap\limits_{\alpha \in \Lambda} F_\alpha'$.

1.18. 证明 c_0 中的有界闭集不一定是紧集.

1.19. 设 (X,d) 为度量空间, $\rho(x,y) = \dfrac{d(x,y)}{1 + d(x,y)}$, 试证明 (X,ρ) 是完备的当且仅当 (X,d) 是完备的.

1.20. 设 $X = [1,+\infty), d(x,y) = |1/x - 1/y|$, 试证明 (X,d) 为度量空间, 但不是完备的.

1.21. 在 $C[0,1], d(x,y) = \sup|x(t) - y(t)|$ 中, 试证明

$$F = \{f \in C[0,1]|\ f([0,1]) \subset [0,1]\}$$

是 $C[0,1]$ 的有界闭集.

1.22. 试证明度量空间 (X,d) 上的实值函数 f 是连续的当且仅当对于任意 $\varepsilon \in R$, $\{x|f(x) \leqslant \varepsilon\}$ 和 $\{x|f(x) \geqslant \varepsilon\}$ 都是 (X,d) 的闭集.

1.23. 设 f,g 为度量空间 (X,d) 到 R 的连续泛函, 试证明 $\max\{f,g\}, \min\{f,g\}$ 都是 (X,d) 的连续泛函.

1.24. 设 R 为实数全体, 试在 R 上构造算子 T, 使得对任意 $x,y \in R, x \neq y$, 都有 $|Tx - Ty| < |x - y|$, 但 T 没有不动点.

1.25. 设函数 $f(x,y)$ 在 $H = \{(x,y)|x \in [a,b], y \in (-\infty,+\infty)\}$ 上连续, 处处都有偏导数 $f_y'(x,y)$, 且满足

$$0 < m \leqslant f_y'(x,y) \leqslant M < +\infty.$$

试证明 $f(x,y) = 0$ 在 $[a,b]$ 上有唯一的连续解 $y = \varphi(x)$.

1.26. 设 (X,d) 为度量空间, T 为 X 到 X 的算子, 若对任意 $x,y \in X, x \neq y$, 都有 $d(Tx,Ty) < d(x,y)$, 且 T 有不动点, 试证明 T 的不动点是唯一的.

1.27. 设 (X,d) 为度量空间, 且 X 为紧集, T 为 X 到 X 的算子, 且 $x \neq y$ 时, 有 $d(Tx,Ty) < d(x,y)$, 试证明 T 一定有唯一的不动点.

1.28. 试构造一个算子 $T: R^2 \to R^2$, 使得 T 不是压缩算子, 但 T^2 是压缩算子.

1.29. 试用迭代法求出方程 $x^3 + 8x - 4 = 0$ 在 $[0,1]$ 的近似解.

1.30. 设 $X = [1, +\infty), d(x, y) = |x - y|, T : X \to X, Tx = x/3 + 1/x$, 试证明 T 是压缩算子.

Fréchet(弗雷歇)

　　Fréchet, 1878 年 9 月 2 日出生于法国的 Maligny. 1906 年在巴黎高等师范学校获得博士学位, 博士论文为 "关于泛函演算若干问题"(surquelques pcincs du calcul fonctionne), 导师是 Hadamard. 1929 年, Fréchet 接受 Borel 的邀请到著名的巴黎大学执教, 在巴黎得到一个终生教授职位, 直到 1949 年退休.

　　Fréchet 的博士论文开创和发展了一般拓扑学. Cantor, Jordan, Peano, Borel 等发展了有限维 Euclid 空间的点集理论; Volterra 和 Ascoli 等数学家, 包括 Hadamard 也开始考虑把实值函数作为空间的点. Fréchet 的论文统一了这两种趋势并提供了一个公理性结构.

　　Fréchet 对收敛序列的极限概念给出一组公理, 在此基础上对导集、闭集、完备集和内点集基本拓扑概念给出了定义. 他还引入了重要的紧性概念, 并给出了紧集的基本性质.

　　Fréchet 在其博士论文中第一次给出度量空间的公理, 并讨论了一系列函数空间连续线性泛函的形式和性质. 1907 年, 他与 Riesz 相互独立地证明了平方可积函数空间中的线性泛函表示定理, 现在称之为 Fréchet-Riesz 定理. 1908 年, 他与 Schmidt 一起在 Hilbert 空间性质的研究中引进了几何语言. 1911 年, 他还研究了泛函的微分. Fréchet 还出版了几部著作, 如《Fredholm 方程》、《抽象空间》等.

　　退休以后, Fréchet 依然是一个活跃的数学家, 对广义相关系数、抽象空间中取值的随机变数, 以及测度为零的线性集的分类等, 还做出过贡献.

第 1 章学习指导

本章重点

　　1. 度量空间 X 的紧集 F 上的连续函数 f 一定可达到其最大值和最小值.

2. Banach 不动点定理: 若① X 是完备的度量空间; ② T 为 X 到 X 的压缩算子, 则①存在不动点 x, 使得 $Tx = x$, 并且②不动点 x 是唯一的.

基本要求

1. 熟练掌握度量、收敛和开集和闭集的定义和性质.
2. 掌握紧集、完备的定义及其性质.
3. 掌握离散度量的独特性质.
4. 理解完备的意义和刻画.
5. 深刻理解 Banach 不动点定理.
6. 熟练掌握 Banach 不动点定理的应用.

释疑解难

1. 对于任意非空集合 X, 一定可以定义度量 d, 使得 (X, d) 成为度量空间吗?

是的. 任意非空集合 X, 一定存在平凡度量.

2. 若 d 是非空集合 X 上的一个度量, 则对于任意的 $x, y \in X$, $d(x, y)$ 是一个固定的有限非负实数, 不能是无穷大.

3. 要理解在 c_0, l_1 和 l_∞ 等实序列空间中, R 中数列 $\{x_i\}$ 是看作空间的一个点 $x = (x_i)$, 此时 $(x_1, x_2, \cdots, x_i, \cdots)$ 可以看作点 x 的坐标.

4. 平凡度量 (离散度量) 是一个性质比较特异的度量, 可以用来构造很多反例.

(1) 平凡度量空间中, 每个子集既是开集, 又是闭集.

(2) 平凡度量空间中, 开球 $U(x_0, r)$ 的闭包不一定是半径一样的闭球 $B(x_0, r)$.

(3) 在平凡度量空间中, 若序列 $\{x_n\}$ 收敛到 x_0, 则一定存在足够大的 N, 使得 $n > N$ 时, 有 $x_n = x_0$ 都成立.

5. 为什么要强调在度量空间中, 收敛序列 $\{x_n\}$ 的极限 x_0 一定是唯一的?

这是因为在一般的拓扑空间 (X, τ), 收敛序列 $\{x_n\}$ 的极限 x_0 不一定是唯一的. 不过度量拓扑空间是 Hausdorff 空间, 在 Hausdorff 空间中, 收敛序列 $\{x_n\}$ 的极限 x_0 一定是唯一的.

6. Urysohn 引理: 若 C_1 和 C_2 是度量空间 X 的两个不相交的闭集, 则一定存在连续泛函 $f : X \to [0, 1]$, 使得 $x \in C_1$ 时, 有 $f(x) = 0$; $x \in C_2$ 时, 有 $f(x) = 1$. 实际上, 只需取 $f(x) = \dfrac{d(x, C_1)}{d(x, C_1) + d(x, C_2)}$.

7. 度量空间 (X, d) 的有界闭集 F 上的连续函数 f 一定有有限的上 (下) 界吗?

不一定. 实际上, 在 $R = (-\infty, +\infty)$ 上, 将度量定义为平凡度量 d, 则 $F = [0, +\infty)$ 为有界闭集, 令 $f(x) = x^2 + 1$, 则 f 在 F 的上界不是有限的.

8. 度量空间 (X, d) 的有界闭集 F 上的连续函数 f 有有限的上 (下) 界时, f 一定在有界闭集 F 上可以达到它的上 (下) 界吗?

不一定. 实际上, 在 $R = (-\infty, +\infty)$ 上, 对于平凡度量 d, $F = [0, +\infty)$ 是有界闭集, 令 $f(x) = -\dfrac{1}{x^2 + 1}$, 则 f 在 F 的上界是 0, 但不存在 $x_0 \in F$, 使得 $f(x_0) = 0$.

9. 对于不完备的度量空间 (X, d), 一定存在完备度量空间 (Y, ρ), 使得 (X, d) 与 (Y, ρ) 的某个稠密子空间 (M, ρ) 是等距同构的. 这里的等距同构是指: T 是度量空间 (X, d) 到度量空间 (M, ρ) 的映射, 对于任意的 $x, y \in X$, 都有 $\rho(Tx, Ty) = d(x, y)$. 在将等距同构看作一样的意义下, 度量空间 (X, d) 的完备化空间还可以认为是唯一的.

10. 设 $P[0, 1]$ 为 $[0, 1]$ 上所有的实系数多项式, 则它在度量 $d(x, y) = \max\{|x(t) - y(t)| \mid t \in [0, 1]\}$ 下不是完备的, 容易证明 $C[0, 1]$ 是 $P[0, 1]$ 的完备化空间.

11. 非空子集在不同的度量下, 它的完备性是一样吗?

不一定. 实际上, $C[0, 1]$ 在度量 $d(x, y) = \max\{|x(t) - y(t)| \mid t \in [0, 1]\}$ 下是完备度量空间, 但它在度量 $\rho(x, y) = \displaystyle\int_0^1 |x(t) - y(t)| \mathrm{d}t$ 下不是完备度量空间.

12. 紧和完备有什么关系呢?

(1) 如果 (X, d) 是度量空间, 并且 X 是紧的, 那么 (X, d) 一定是完备度量空间.

(2) 当 (X, d) 是完备度量空间时, X 不一定是紧的. 例如 $R = (-\infty, +\infty)$ 是完备度量空间, 但 R 不是紧集.

13. 压缩算子一定是线性算子吗?

不一定. 如 $T : R \to R$, $Tx = \dfrac{x}{3} + 1$, 则 T 是压缩算子, 但 T 不是线性的.

14. 设 (X, d) 是度量空间, T 是 X 到 X 的算子, 若对一切 $x, y \in X, x \neq y$, 都有 $d(TX, Ty) \leqslant d(x, y)$(或 $d(Tx, Ty) < d(x, y)$) 时, T 不一定是压缩算子.

15. 若 T 是压缩算子, 则 T 一定是连续算子. 反过来, 容易知道 T 是连续算子时不一定 T 是压缩算子.

解题技巧

1. 非空集合 X 上不同度量收敛性强弱的比较.

2. 判断某个集合是不是紧集的技巧. 例如证明 c_0, l_1 和 l_∞ 等序列空间的闭单位球不是紧集. 实际上, 只需令 $x_n = (0, 0, \cdots, 0, 1, 0, \cdots)$, 则 x_n 都在闭单位球上, 但它没有任何收敛子序列, 因此 c_0, l_1 和 l_∞ 的闭单位球不是紧集.

3. 证明度量空间是完备的一些技巧.

4. 利用 Banach 不动点定理求方程的解的技巧.

(1) 构造完备空间 (X, d).

(2) 构造算子, $T : X \to X$, 但要保证 T 将 X 映到 X.

(3) 验证 T 是压缩算子.

从而存在唯一不动点 x_0, 使得 $Tx_0 = x_0$, 所以方程 $Tx - x = 0$ 有解 x_0.

5. 求不动点时, 取定 x_0 后, 采用 $x_{n+1} = Tx_n$ 进行逐次迭代的方法, 可以很容易地估计 x_n 与不动点 x_0 的误差.

$$d(x, x_n) \leqslant \frac{\alpha^n}{1 - \alpha} d(x_1, x_0).$$

从而选取适当的 n, 就可以逼近不动点到需要的精确程度.

可供进一步思考的问题

1. 设 $R = (-\infty, +\infty)$, 对于任意 $x, y \in R$, 定义当 $x = y$ 时, $d(x, y) = 0$; 当 $x \neq y$ 时, $d(x, y) = \max\{|x|, |y|\}$. 试讨论度量空间 (R, d) 的性质.

2. 设 $R = (-\infty, +\infty)$, 试讨论 R 上的平凡度量的性质.

3. 有大量的论文讨论如何利用迭代序列求出算子的不动点, 如 Mann 迭代

$$x_{n+1} = (1 - \alpha_n)x_n + \alpha_n Tx_n, \quad \{\alpha_n\} \subset [0, 1]$$

和 Ishikawa 迭代

$$y_{n+1} = (1 - \alpha_n)y_n + \alpha_n Tz_n, z_n = (1 - \beta_n)y_n + \beta_n Ty_n, \quad \alpha_n, \beta_n \in [0, 1]$$

等, 不过这些迭代一般都是在线性度量空间、赋范空间或 Hilbert 空间中讨论.

第2章 赋范线性空间

> 虽然不允许我们看透自然界本质的秘密, 从而认识现
> 象的真实原因, 但仍可能发生这样的情形: 一定的虚构假
> 设足以解释许多现象.
>
> Euler(1707—1783, 瑞士数学家)

1908 年, Schmidt 讨论由复数列组成的空间 $\left\{(z_i)|\ \sum\limits_{i=1}^{\infty}|z_i|^2 < \infty\right\}$ 时引入记号 $\|z\|$ 来表示 $\left(\sum\limits_{i=1}^{\infty}z_i\overline{z_i}\right)^{\frac{1}{2}}$, $\|z\|$ 后来就称为 z 的范数. 赋范空间的公理最早出现在 1918 年 Riesz 关于 $C[a,b]$ 上紧算子的工作中, 不过赋范空间的定义是在 1920—1922 年间由 Banach, Hahn, Helly 和 Wiener 给出的, 在这些工作中, Banach 的工作最具影响.

2.1 赋范空间的基本概念

线性空间是 Peano 在 *Geometrical Calculus* (1888 年出版) 中引进的. Banach 在 1922 年的工作主要是建立具有范数的完备空间, 以后为了纪念他, 称之为 Banach 空间. 他定义的空间满足三组公理, 第一组公理定义了线性空间, 第二组公理定义了范数, 第三组公理给出了空间的完备性.

定义 2.1.1 设 K 是实数域 R 或复数域 C, X 是数域 K 上的线性空间, 若 $\|\cdot\|$ 是 X 到 R 的映射, 且满足下列条件:

(1) $\|x\| \geqslant 0$, 且 $\|x\| = 0$ 当且仅当 $x = 0$;

(2) $\|\lambda x\| = |\lambda|\,\|x\|$, 对任意 $x \in X$ 和任意 $\lambda \in K$;

(3) $\|x + y\| \leqslant \|x\| + \|y\|$, 对任意 $x, y \in X$.

则称 $\|\cdot\|$ 为 X 上的范数, 而 $\|x\|$ 称为 x 的范数, 这时称 $(X, \|\cdot\|)$ 为赋范线性空间.

明显地, 若 $(X, \|\cdot\|)$ 为赋范线性空间, 则对任意 $x, y \in X$, 定义 $d(x,y) = \|x - y\|$ 时, (X, d) 为度量空间, 但对一般的度量空间 (X, d), 当 X 为线性空间时,

若定义 $||x|| = d(x,0)$, 则 $||x||$ 不一定就是 X 上的范数.

例 2.1.1 设 s 实数列全体, 则明显地, s 为线性空间, 对任意的 $x,y \in s$, 定义

$$d(x,y) = \sum_{i=1}^{\infty} \frac{|x_i - y_i|}{i!(1 + |x_i - y_i|)},$$

则

$$d(x,0) = \sum_{i=1}^{\infty} \frac{|x_i|}{i!(1 + |x_i|)},$$

但不一定有

$$d(\lambda x,0) = \sum_{i=1}^{\infty} \frac{|\lambda|\,|x_i|}{i!(1 + |\lambda|\,|x_i|)} = |\lambda| d(x,0)$$

若 $x_0 = (1,\,0,\,\cdots,\,0)$, $\lambda_0 = \dfrac{1}{2}$, 则

$$d(\lambda_0 x_0, 0) = \frac{\dfrac{1}{2}}{1 + \dfrac{1}{2}} = \frac{1}{3},$$

而

$$|\lambda_0| d(x_0, 0) = \frac{1}{2} \times \frac{1}{2} = \frac{1}{4},$$

因此

$$d(\lambda_0 x_0, 0) \neq |\lambda_0| d(x_0, 0),$$

所以, $d(x_0, 0)$ 不是 s 上的范数.

问题 2.1.1 对于线性空间 X 上的度量 d, 它满足什么条件时, $||x|| = d(x,0)$ 才能成为范数?

定理 2.1.1 设 X 是线性空间, d 是 X 上的度量, 在 X 上规定 $||x|| = d(x,0)$, 则 X 成为赋范线性空间的条件是

(1) $d(x,y) = d(x-y,0)$, 对任意 $x,\,y \in X$;

(2) $d(\lambda x,0) = |\lambda| d(x,0)$, 对任意 $x \in X$ 和任意 $\lambda \in K$.

下面举出赋范线性空间的一些例子.

例 2.1.2 对于 $l_1 = \left\{ (x_i) | x_i \in K, \sum_{i=1}^{\infty} |x_i| < \infty \right\}$, $||x|| = \sum_{i=1}^{\infty} |x_i|$ 是 l_1 的范数, 即 $(l_1, ||\cdot||)$ 是赋范线性空间.

例 2.1.3 对于 $1 \leqslant p < \infty$, $l_p = \left\{ (x_i) | x_i \in K, \sum_{i=1}^{\infty} |x_i|^p < \infty \right\}$ 在范数

$$||x|| = \left(\sum_{i=1}^{\infty} |x_i|^p \right)^{\frac{1}{p}}$$

下是赋范线性空间.

例 2.1.4　$l_\infty = \{(x_i)|x_i \in K, \sup|x_i| < \infty\}$ 在范数 $||x|| = \sup|x_i|$ 下是赋范线性空间.

例 2.1.5　$c_0 = \{(x_i)|x_i \in K, \lim\limits_{i \to \infty} x_i = 0\}$ 在范数 $||x|| = \sup|x_i|$ 下是赋范线性空间.

例 2.1.6　$C[a,b] = \{x(t)|x(t)$ 为 $[a,b]$ 上的连续函数$\}$在范数 $||x|| = \sup|x(t)|$ 下是赋范线性空间.

由于赋范空间在度量 $d(x,y) = ||x-y||$ 下是度量空间, 因此, 在度量空间所引入的序列收敛, 开 (闭) 集、稠密和紧集等概念都可以在赋范线性空间中使用.

定义 2.1.2　设 X 是赋范空间, $\{x_n\} \subset X$, $x_0 \in X$, 若 x_n 依度量 $d(x,y) = ||x-y||$ 收敛于 x_0, 即 $\lim\limits_{n\to\infty} ||x_n - x_0|| = 0$, 则称 x_n 依范数 $||\cdot||$ 收敛于 x_0, 记为

$$x_n \xrightarrow{||\cdot||} x_0.$$

在赋范线性空间中, 仍然用 $U(x_0, r) = \{x \in X|\ ||x - x_0|| < r\}$ 记以 x_0 为球心、r 为半径的开球, 用 $B(x_0, r) = \{x \in X|\ ||x - x_0|| \leqslant r\}$ 记以 x_0 为球心、r 为半径的闭球. 为了方便, 用 $S_X = \{x \in X|\ ||x|| = 1\}$ 记以 0 为球心、1 为半径的闭单位球面. 用 $B_X = \{x \in X|\ ||x|| \leqslant 1\}$ 记以 0 为球心、1 为半径的闭单位球. 用 $U_X = \{x \in X|\ ||x|| < 1\}$ 记以 0 为球心、1 为半径的开单位球.

例 2.1.7　在 Euclid 空间 R^2 中, 对于 $x = (x_1, x_2)$ 可以定义几种不同的范数:

$$||x||_1 = |x_1| + |x_2|,$$

$$||x||_2 = (|x_1|^2 + |x_2|^2)^{\frac{1}{2}},$$

$$||x||_3 = \max\{|x_1|, |x_2|\}.$$

则对 $x_0 = (0, 0)$, $r = 1$, 闭球 $B(x_0, 1)$ 在不同范数下的形状为

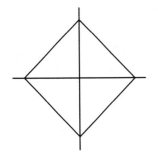
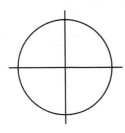
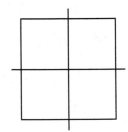

$B_1 = \{x|\ ||x||_1 \leqslant 1\}$　　　　$B_2 = \{x|\ ||x||_2 \leqslant 1\}$　　　　$B_3 = \{x|\ ||x||_3 \leqslant 1\}$

思考题 2.1.1 设 $(X, ||\cdot||)$ 是赋范线性空间, 问开球 $U(x_0, r)$ 的闭包是否一定是闭球 $B(x_0, r)$?

思考题 2.1.2 设 $(X, ||\cdot||)$ 是赋范线性空间, 问闭球 $B(x_0, r)$ 内部是否一定是开球 $U(x_0, r)$?

在赋范线性空间中, 加法与范数都是连续的.

定理 2.1.2 若 $(X, ||\cdot||)$ 是赋范空间 $x_n \to x_0$, $y_n \to y_0$, 则 $x_n + y_n \to x_0 + y_0$.

证明 由 $||(x_n + y_n) - (x_0 + y_0)|| \leqslant ||x_n - x_0|| + ||y_n - y_0||$ 可知定理成立.

定理 2.1.3 若 $(X, ||\cdot||)$ 是赋范空间, $x_n \to x_0$, 则 $||x_n|| \to ||x_0||$.

证明 由 $||x_n|| \leqslant ||x_n - x_0|| + ||x_0||$ 和 $||x_0|| \leqslant ||x_n - x_0|| + ||x_n||$ 可知, $| \, ||x_n|| - ||x_0|| \, | \leqslant ||x_n - x_0||$, 因此 $||x_n|| \to ||x_0||$.

定义 2.1.3 设 $(X, ||\cdot||)$ 是赋范线性空间, 若 $\{x_n\} \subset X$, $||x_m - x_n|| \to 0$ $(m, n \to \infty)$ 时, 必有 $x \in X$, 使 $||x_n - x|| \to 0$, 则称 $(X, ||\cdot||)$ 为完备的赋范线性空间.

根据 Fréchet(1928) 的建议, 完备的赋范线性空间称为 Banach 空间.

不难证明, R^n, c_0, $l_p(1 \leqslant p < \infty)$, l_∞ 都是 Banach 空间.

在数学分析中, 曾讨论过数项级数、函数项级数, 类似地, 在赋范线性空间中, 也可定义无穷级数.

定义 2.1.4 设 $(X, ||\cdot||)$ 是赋范线性空间, 记 $S_n = x_1 + x_2 + \cdots + x_n$, 若序列 $\{S_n\}$ 收敛于某个 $x \in X$, 则称级数 $\sum\limits_{n=1}^{\infty} x_n$ 收敛, 记为 $x = \sum\limits_{n=1}^{\infty} x_n$.

定义 2.1.5 设 $(X, ||\cdot||)$ 是赋范线性空间, 若数列 $\{||x_1|| + ||x_2|| + \cdots + ||x_n||\}$ 收敛, 则称级数 $\sum\limits_{n=1}^{\infty} x_n$ 绝对收敛.

在数学分析中绝对收敛的级数一定是收敛的, 但在赋范空间上却不一定成立, 先来看下面的定理.

定理 2.1.4 设 $(X, ||\cdot||)$ 是赋范线性空间, 则 $(X, ||\cdot||)$ 是 Banach 空间的充要条件为 X 的每一绝对收敛级数都收敛.

证明 设 $(X, ||\cdot||)$ 是 Banach 空间, 且 $\sum\limits_{n=1}^{\infty} x_n$ 绝对收敛, 则由 $\sum\limits_{n=1}^{\infty} ||x_n|| < \infty$ 可知, 对于 $S_n = x_1 + x_2 + \cdots + x_n$, 有

$$||S_{n+p} - S_n|| = ||x_{n+1} + \cdots + x_{n+p}|| \leqslant ||x_{n+1}|| + \cdots + ||x_{n+p}|| \to 0 \quad (n \to \infty),$$

因此 $\{S_n\}$ 是 X 的 Cauchy 列, 由 $(X, ||\cdot||)$ 的完备性可知, 存在 $x \in X$ 使 $\lim\limits_{n\to\infty} S_n =$

x, 即 $\displaystyle\sum_{n=1}^{\infty} x_n = x$.

反之, 设 X 的每一个绝对收敛级数都收敛, 则对于 X 的 Cauchy 列 $\{x_n\}$, 对 $\varepsilon_k = \dfrac{1}{2^k}$, 有 $n_1 < n_2 < \cdots < n_k < n_{k+1} < \cdots$, 使得

$$\|x_{n_{k+1}} - x_{n_k}\| < \frac{1}{2^k} \quad (k = 1,\ 2,\ \cdots),$$

因而 $\displaystyle\sum_{k=1}^{\infty} \|x_{n_{k+1}} - x_{n_k}\| < +\infty$.

由假设可知 $\displaystyle\sum_{k=1}^{\infty} (x_{n_{k+1}} - x_{n_k})$ 收敛于某个 $x \in X$, 故 $\{x_{n_k}\}$ 收敛, 所以 $\{x_n\}$ 必收敛, 从而 $(X, \|\cdot\|)$ 完备.

事实上, 在实数空间 R 中, 正是由于 R 的完备性才保证了绝对收敛级数一定是收敛的.

定义 2.1.6　设 $(X, \|\cdot\|)$ 是赋范线性空间, 若 $M \subset X$ 是 X 的线性子空间, 则称 $(M, \|\cdot\|)$ 为 $(X, \|\cdot\|)$ 的子空间, 若 M 还是 $(X, \|\cdot\|)$ 的闭集, 则称 $(M, \|\cdot\|)$ 为 $(X, \|\cdot\|)$ 的闭子空间.

明显地, 若 $(X, \|\cdot\|)$ 是 Banach 空间, M 为 $(X, \|\cdot\|)$ 的闭子空间, 则 $(M, \|\cdot\|)$ 是 Banach 空间, 反之亦然.

定理 2.1.5　设 $(X, \|\cdot\|)$ 是 Banach 空间, M 为 $(X, \|\cdot\|)$ 的子空间, 则 $(M, \|\cdot\|)$ 是 Banach 空间当且仅当 M 是 X 的闭集.

证明　设 $(M, \|\cdot\|)$ 是 Banach 空间, 当 $x_n \in M$, 且 $x_n \to x$ 时, 则 $\{x_n\}$ 为 M 的 Cauchy 列, 因而 $\{x_n\}$ 收敛于 M 上的一点, 故 $x \in M$, 即 $M' \subseteq M$, 所以 M 是闭集.

反之, 设 $\{x_n\} \subset M$ 为 Cauchy 列, 则 $\{x_n\}$ 为 $(X, \|\cdot\|)$ 的 Cauchy 列, 由于 $(X, \|\cdot\|)$ 是 Banach 空间, 因此 $\{x_n\}$ 是收敛列, 即存在 $x \in X$ 使 $x_n \to x$, 又由于 M 是 $(X, \|\cdot\|)$ 的闭子空间, 因此 $x \in M$, 即 x_n 在 M 中收敛于 x, 所以 $(M, \|\cdot\|)$ 是 Banach 空间.

定义 2.1.7　设 X 是线性空间, p 为 X 上的一个实值函数, 且满足:

(1) $p(0) = 0$;

(2) $p(x + y) \leqslant p(x) + p(y)$, 对任意 $x,\ y \in X$;

(3) $p(\lambda x) = |\lambda| p(x)$, 对任意 $x \in X$, 任意 $\lambda \in K$.

则称 p 为 X 上的半范数.

明显地, X 上的范数一定是半范数, 但对 X 上的半范数 p, 由于 $p(x) = 0$ 时不一定有 $x = 0$, 因此半范数不一定是范数.

例 2.1.8 在 l_∞ 中, 定义 $p_1(x) = |x_1|$, 易证 $p_1(x)$ 是 l_∞ 中的半范数, 但对于 $x = (0, x_2, \cdots, x_n, \cdots)$, 都有 $p_1(x) = 0$, 因此 p 不是 l_∞ 的范数.

有什么办法能使 (X, p) 中的问题转化到赋范空间中来解决呢?

定义 2.1.8 设 X 是线性空间, M 是 X 的线性子空间, 若 $x_1 - x_2 \in M$, 则称 x_1 与 x_2 关于 M 等价, 记为 $x_1 \sim x_2(M)$.

易知, 等价具有下面的三个性质:

(1) $x \sim x$(自反性);

(2) $x \sim y$ 推出 $y \sim x$(对称性);

(3) $x \sim y, y \sim z$ 推出 $x \sim z$(传递性).

明显地, 若 M 是线性空间 X 的线性子空间, 记 $\tilde{x} = \{y | y \sim x(M), y \in X\}$, 则 $\tilde{x}$ 的全体在加法 $\tilde{x} + \tilde{y} = \widetilde{x + y}$ 和数乘 $\widetilde{\alpha x} = \alpha \tilde{x}$ 下是线性空间, 称为 X 对模 M 的商空间, 记为 X/M.

在商空间 X/M 中, 对 $0 \in X$, $\tilde{0} = M$, 即 $\tilde{0}$ 是 X/M 的零元, 而对 X/M 的每一元素 $\tilde{x}$, $\tilde{x}$ 都是唯一确定的, 并且对于加法和数乘都是唯一确定的.

例 2.1.9 对于 $l_\infty = \{(x_i) | x_i \in R, \sup |x_i| < +\infty\}$, 取 $M = \{(x_i) | x_1 = 0, \sup |x_i| < +\infty\}$, 则 M 为 l_∞ 的子空间, 对 $\tilde{x}, \tilde{y} \in l_\infty/M$, 当 $\tilde{x} = \tilde{y}$ 时有 $x - y \in M$, 即 $x_1 - y_1 = 0$, 这时 l_∞/M 可看作 R.

当 $(X, \|\cdot\|)$ 为赋范线性空间, M 为 X 的闭线性子空间时, 在 X/M 商空间中还可以定义范数, 使 X/M 成为赋范线性空间.

定理 2.1.6 设 $(X, \|\cdot\|)$ 是赋范线性空间, M 为 X 的闭线性子空间, 在 X/M 上定义范数 $\|\tilde{x}\| = \inf\{\|y\| \, | y \in \tilde{x}\}$, 则 $(X/M, \|\cdot\|)$ 是赋范线性空间.

利用上面的技巧不难证明, 当 $p(x)$ 为 X 上的一个半范数时, 取

$$M = \{x | p(x) = 0\}, \quad \|\tilde{x}\| = \inf\{\|y\| \, | y \in \tilde{x}\},$$

则 $(X/M, \|\cdot\|)$ 是一个赋范线性空间, 且对任意 $x \in X$ 有 $\|\tilde{x}\| = p(x)$.

当 X 是完备赋范线性空间, M 为 X 的闭子空间, X/M 还具有完备性.

定理 2.1.7 设 X 是 Banach 空间, M 为 X 的闭子空间, 则 X/M 是 Banach 空间.

2.2 范数的等价性与有限维赋范空间

在同一线性空间上, 可以定义几种不同的范数, 使之成为不同的赋范线性空间, 但有时 X 上的几种不同范数诱导出的拓扑空间是一样的, 有时却很不相同, 这主要是范数收敛的不同引起的.

定义 2.2.1　设 X 是线性空间, $||\cdot||_1$ 和 $||\cdot||_2$ 是 X 上的两个不同范数, 若对 X 中的序列 $\{x_n\}$, 当 $||x_n - x_0||_1 \to 0$ 时, 必有 $||x_n - x_0||_2 \to 0$, 则称范数 $||\cdot||_1$ 比范数 $||\cdot||_2$ 强, 亦称 $||\cdot||_2$ 比 $||\cdot||_1$ 弱.

若对 X 中的序列 $\{x_n\}$, $||x_n - x_0||_1 \to 0$ 当且仅当 $||x_n - x_0||_2 \to 0$, 则称范数 $||\cdot||_1$ 与 $||\cdot||_2$ 等价.

定理 2.2.1　设 $||\cdot||_1$ 和 $||\cdot||_2$ 是线性空间 X 上的两个不同范数, 则范数 $||\cdot||_1$ 比 $||\cdot||_2$ 强当且仅当存在常数 $C > 0$, 使得对任意 $x \in X$ 都有 $||x||_2 \leqslant C||x||_1$.

证明　若存在 $C > 0$, 使 $||x||_2 \leqslant C||x||_1$, 则明显地, 当 $||x_n - x||_1 \to 0$ 时, 有 $||x_n - x||_2 \leqslant C||x_n - x||_1 \to 0$, 因而 $||\cdot||_1$ 比 $||\cdot||_2$ 强.

反过来, 若范数 $||\cdot||_1$ 比 $||\cdot||_2$ 强, 则必有 $C > 0$, 使 $||x||_2 \leqslant C||x||_1$. 若不然, 则对任意自然数 n, 存在 $x_n \in X$, 使 $||x_n||_2 > n||x_n||_1$. 令 $y_n = \dfrac{x_n}{||x_n||_2}$, 则

$$||y_n||_1 = \frac{||x_n||_1}{||x_n||_2} < \frac{1}{n},$$

故 $||y_n - 0||_1 \to 0$, 因而 $||y_n - 0||_2 \to 0$, 但这与 $||y_n - 0||_2 = \dfrac{||x_n||_2}{||x_n||_2} = 1$ 矛盾, 所以必存在 $C > 0$, 使 $||x||_2 \leqslant C||x||_1$ 对任意 $x \in X$ 成立.

推论 2.2.1　设 $||\cdot||_1$ 与 $||\cdot||_2$ 是线性空间 X 上的两个不同范数, 则范数 $||\cdot||_1$ 与 $||\cdot||_2$ 等价当且仅当存在常数 $C_1 > 0$, $C_2 > 0$, 使得对任意 $x \in X$, 有

$$C_1||x||_1 \leqslant ||x||_2 \leqslant C_2||x||_1.$$

推论 2.2.2　设 $||\cdot||_1$ 与 $||\cdot||_2$ 是线性空间 X 上的两个等价范数, 则 $(X, ||\cdot||_1)$ 是 Banach 空间当且仅当 $(X, ||\cdot||_2)$ 是 Banach 空间.

思考题 2.2.1　若 $||\cdot||_1$ 与 $||\cdot||_2$ 是线性空间 X 上的两个不同范数, 且 $(X, ||\cdot||_1)$ 和 $(X, ||\cdot||_2)$ 都是 Banach 空间, 是否就一定有 $||\cdot||_1$ 与 $||\cdot||_2$ 等价呢?

定义 2.2.2　设 X 是 n 维线性空间, $||\cdot||$ 是 X 上的范数, 则称 $(X, ||\cdot||)$ 为 n 维赋范线性空间.

有限维赋范线性空间是 Minkowski 在 1896 年引入的, 因此有限维赋范线性空间也称为 Minkowski 空间.

若 $(X, ||\cdot||)$ 为 n 维线性空间, $e_1, e_2, \cdots, e_n$ 为 X 的一组线性无关组, 则称 $e_1, e_2, \cdots, e_n$ 为 $(X, ||\cdot||)$ 的 Hamel 基, 此时对任意 $x \in X$, x 都可

Hermann Minkowski(1864—1909)

以唯一地表示成 $x = \displaystyle\sum_{i=1}^{n} \alpha_i e_i$.

定理 2.2.2 设 $(X, \|\cdot\|)$ 是 n 维线性空间, $e_1, e_2, \cdots, e_n$ 是 X 的 Hamel 基, 则存在常数 C_1 及 $C_2 > 0$ 使得

$$C_1 \left(\sum_{i=1}^{n} |\alpha_i|^2 \right)^{\frac{1}{2}} \leqslant \|x\| \leqslant C_2 \left(\sum_{i=1}^{n} |\alpha_i|^2 \right)^{\frac{1}{2}}$$

对任意 $x = \sum_{i=1}^{n} \alpha_i e_i$ 都成立.

证明 对于任意 $\alpha = (\alpha_i) \in K^n$, 定义函数

$$f(\alpha) = \left\| \sum_{i=1}^{n} \alpha_i e_i \right\|,$$

则对任意 $\alpha = (\alpha_i) \in K^n$, $\beta = (\beta_i) \in K^n$, 有

$$
\begin{aligned}
|f(\alpha) - f(\beta)| &= \left| \left\| \sum_{i=1}^{n} \alpha_i e_i \right\| - \left\| \sum_{i=1}^{n} \beta_i e_i \right\| \right| \\
&\leqslant \left\| \sum_{i=1}^{n} \alpha_i e_i - \sum_{i=1}^{n} \beta_i e_i \right\| \\
&\leqslant \sum_{i=1}^{n} |\alpha_i - \beta_i| \, \|e_i\| \\
&\leqslant \left(\sum_{i=1}^{n} |\alpha_i - \beta_i|^2 \right)^{\frac{1}{2}} \left(\sum_{i=1}^{n} \|e_i\|^2 \right)^{\frac{1}{2}} \\
&= M \left(\sum_{i=1}^{n} |\alpha_i - \beta_i|^2 \right)^{\frac{1}{2}},
\end{aligned}
$$

这里 $M = \left(\sum_{i=1}^{n} \|e_i\|^2 \right)^{\frac{1}{2}}$, 因此 f 是 K^n 到 R 的连续函数.

由于 K^n 的单位球面 $S = \left\{ (\alpha_i) \in K^n \,\middle|\, \left(\sum_{i=1}^{n} |\alpha_i|^2 \right)^{\frac{1}{2}} = 1 \right\}$ 是紧集, 因此 f 在 S 上达到上下确界, 即存在 $\alpha_0 = (\alpha_i^{(0)})$, $\beta_0 = (\beta_i^{(0)}) \in S$, 使得

$$f(\alpha_0) = \inf\{f(\alpha)|\alpha \in S\} = C_1,$$

$$f(\beta_0) = \sup\{f(\alpha)|\alpha \in S\} = C_2.$$

因此对任意 $\alpha = (\alpha_i) \in K^n$, 有

$$\frac{\alpha}{||\alpha||_{K^n}} = \frac{\alpha}{\left(\sum_{i=1}^{n} |\alpha_i|^2\right)^{\frac{1}{2}}} \in S,$$

故

$$C_1 \leqslant f\left(\frac{\alpha}{||\alpha||_{K^n}}\right) \leqslant C_2,$$

即

$$C_1\left(\sum_{i=1}^{n} |\alpha_i|^2\right)^{\frac{1}{2}} \leqslant ||\alpha_1 e_1 + \cdots + \alpha_n e_n|| \leqslant C_2\left(\sum_{i=1}^{n} |\alpha_i|^2\right)^{\frac{1}{2}}.$$

由于 $C_2 \geqslant C_1$, 因此只需证明 $C_1 > 0$.

假设 $C_1 = 0$, 则有 $f(\alpha_0) = \left\|\sum_{i=1}^{n} \alpha_i^{(0)} e_i\right\| = 0$, 故

$$\sum_{i=1}^{n} \alpha_i^{(0)} e_i = 0.$$

由 $\{e_i\}$ 是 X 的 Hamel 基可知 $\alpha_i^{(0)} = 0$, 从而 $\alpha_0 = 0$, 但这与 $\alpha_0 \in S$ 矛盾.

定理 2.2.3 设 X 是有限维线性空间, $||\cdot||_1$ 与 $||\cdot||_2$ 是 X 上的两个范数, 则存在常数 $C_1 > 0, C_2 > 0$ 使得

$$C_1||x||_1 \leqslant ||x||_2 \leqslant C_2||x||_1.$$

定理 2.2.4 有限维的赋范线性空间一定是 Banach 空间.

证明 若 $\{x_m\}$ 为 n 维赋范线性空间 $(X, ||\cdot||)$ 的 Cauchy 列, 则对于 X 的 Hamel 基 $e_1, e_2, \cdots, e_n$, 有 $x_m = \sum_{i=1}^{n} \alpha_i^{(m)} e_i$, 由

$$C_1\left(\sum_{i=1}^{n} |\alpha_i|^2\right)^{\frac{1}{2}} \leqslant ||x|| \leqslant C_2\left(\sum_{i=1}^{n} |\alpha_i|^2\right)^{\frac{1}{2}}$$

可知 $\{\alpha_i^{(m)}\}$ 亦为 Cauchy 列, 故存在 $\alpha_i \in K$, 使得 $\alpha_i^{(m)} \to \alpha_i$, 因而有 $\alpha = (\alpha_i)$, 使得

$$\left(\sum_{i=1}^{n} |\alpha_i^{(m)} - \alpha_i|^2\right)^{\frac{1}{2}} \to 0.$$

令 $x = \sum_{i=1}^{n} \alpha_i e_i$, 则 $||x_m - x|| \to 0$, 因此 $\{x_m\}$ 是收敛序列, 所以 X 是完备的.

在 R^n 中, M 是列紧的当且仅当 M 是有界闭集. 这一结论在有限维赋范空间中是否成立呢? 下面就讨论有限维赋范线性空间 $(X, ||\cdot||)$ 中紧集与有界闭集的关系.

定理 2.2.5 设 $(X, \|\cdot\|)$ 是有限维的赋范线性空间, 则 $M \subset X$ 是紧的当且仅当 M 是有界闭集.

证明 设 $e_1, e_2, \cdots, e_n$ 为 $(X, \|\cdot\|)$ 的 Hamel 基, 则对任意 $x \in X$, 有 $x = \sum_{i=1}^{n} \alpha_i e_i$. 定义 K^n 到 X 的算子 T:

$$T\alpha = \sum_{i=1}^{n} \alpha_i e_i,$$

则存在 $C_1 > 0$, $C_2 > 0$, 使得

$$C_1 \left(\sum_{i=1}^{n} |\alpha_i|^2 \right)^{\frac{1}{2}} \leqslant \|T\alpha\| \leqslant C_2 \left(\sum_{i=1}^{n} |\alpha_i|^2 \right)^{\frac{1}{2}}.$$

从而 T 是 K^n 到 X 的连续算子, 且是一一对应的.

由 $C_1 \left(\sum_{i=1}^{n} |\alpha_i|^2 \right)^{\frac{1}{2}} \leqslant \|T\alpha\|$ 可知 T^{-1} 是 X 到 K^n 的连续算子, 因此 T 是 K^n 到 X 的拓扑同构. 所以 M 是紧集当且仅当 $T^{-1}(M)$ 为 K^n 的紧集, 从而 M 是 X 的紧集当且仅当 M 是有界闭集.

问题 2.2.1 若赋范线性空间 $(X, \|\cdot\|)$ 的每个有界闭集都是紧集, 则 X 是否一定为有限维的赋范线性空间?

为了回答上面的问题, 先来讨论 Riesz 引理, 这是 Riesz 在 1918 年得到的一个很漂亮的结果.

引理 2.2.1 (Riesz 引理) 设 M 是赋范线性空间 $(X, \|\cdot\|)$ 的闭真子空间, 则对任意 $0 < \varepsilon < 1$, 存在 $x_\varepsilon \in X, \|x_\varepsilon\| = 1$, 使得

$$\|x - x_\varepsilon\| > \varepsilon$$

对任意 $x \in M$ 成立.

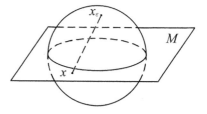

证明 由于 M 是 X 的闭真子空间, 因此 $X \setminus M \neq \varnothing$, 故存在 $y_0 \in X \setminus M$, 令

$$d = d(y_0, M) = \inf\{\|y_0 - x\| \,|\, x \in M\},$$

则 $d > 0$.

对任意 $0 < \varepsilon < 1$, 由 d 的定义可知, 存在 $x_0 \in M$, 使得

$$d \leqslant \|y_0 - x_0\| < \frac{d}{\varepsilon}.$$

令 $x_\varepsilon = \dfrac{y_0 - x_0}{||y_0 - x_0||}$, 则 $||x_\varepsilon|| = 1$, 且对任意 $x \in M$, 有

$$||x - x_\varepsilon|| = \left\| x - \frac{y_0 - x_0}{||y_0 - x_0||} \right\| = \frac{1}{||y_0 - x_0||} ||y_0 - (x_0 + ||y_0 - x_0||x)||.$$

由 $x_0 \in M$, $x \in M$ 和 M 是线性子空间可知

$$x_0 + ||y_0 - x_0||x \in M,$$

因此

$$||y_0 - (x_0 + ||y_0 - x_0||x)|| \geqslant d,$$

故

$$||x - x_\varepsilon|| \geqslant \frac{d}{||y_0 - x_0||} > \frac{d}{\dfrac{d}{\varepsilon}} = \varepsilon.$$

由 Riesz 引理, 容易得到有限维赋范线性空间特征的刻画.

定理 2.2.6   赋范线性空间 $(X, ||\cdot||)$ 是有限维的当且仅当 X 的闭单位球 $B_X = \{x| \, ||x|| \leqslant 1\}$ 是紧的.

证明   明显地, 只需证明 B_X 是紧的时候, X 一定是有限维的.

反证法. 假设 B_X 是紧的, 但 X 不是有限维赋范线性空间, 对于任意固定的 $x_1 \in X$, $||x_1|| = 1$, 令 $M_1 = \mathrm{span}\{x_1\} = \{\lambda x_1 | \lambda \in K\}$, 则 M_1 是一维闭真子空间, 取 $\varepsilon = \dfrac{1}{2}$, 由 Riesz 引理可知, 存在 $x_2 \in X$, $||x_2|| = 1$ 且 $||x_2 - x|| > \dfrac{1}{2}$ 对任意 $x \in M_1$ 成立, 从而 $||x_2 - x_1|| > \dfrac{1}{2}$.

同样地, 令 $M_2 = \mathrm{span}\{x_1, x_2\}$, 则 M_2 是二维闭真子空间, 因而存在 $x_3 \in X$, $||x_3|| = 1$, 使 $||x_3 - x|| > \dfrac{1}{2}$ 对任意 $x \in M_2$ 成立, 从而 $||x_3 - x_1|| > \dfrac{1}{2}$ 且 $||x_3 - x_2|| > \dfrac{1}{2}$.

利用归纳法, 可得一个序列 $\{x_n\} \subset B_X$, 对任意 $m \neq n$, 有

$$||x_m - x_n|| > \frac{1}{2}.$$

因而 $\{x_n\}$ 不存在任何收敛子序列, 但这与 B_X 是紧集矛盾, 由反证法可知 X 是有限维赋范线性空间.

推论 2.2.3   赋范线性空间 X 是有限维当且仅当 X 的每个有界闭集是紧的.

对于无穷维赋范线性空间 X 的紧集的刻画就比较困难. 在 $C[0,1]$ 中, 容易看出 $A = \{f(x)| \, |f(x)| \leqslant 1\} \subset C[0,1]$ 是 $C[0,1]$ 的有界闭集, 但不是紧集. 为了讨论 $C[0,1]$ 子集的紧性, 需要等度连续的概念, 它是由 Ascoli 和 Arzelà 同时引入的.

定义 2.2.3 设 $A \subset C[0,1]$, 若对任意的 $\varepsilon > 0$, 都存在 $\delta > 0$, 使得对任意的 $f \in A$, 任意的 $x, y \in [0,1]$, 当 $|x - y| < \delta$ 时, 一定有 $|f(x) - f(y)| < \varepsilon$, 则称 A 是等度连续的.

Ascoli 给出了 $A \subset C[0,1]$ 是紧的充分条件, Arzelà 在 1895 年给出了 $A \subset C[0,1]$ 是紧的必要条件, 并给出了清楚的表达.

定理 2.2.7 (Arzelà-Ascoli 定理) 设 $A \subset C[0,1]$, 则 A 是紧的当且仅当 A 是有界闭集, 且 A 是等度连续的.

∗. Banach 空间上的常微分方程

从上面的讨论容易知道, 无穷维 Banach 空间与有限维 Banach 空间有很大的区别. 20 世纪 50 年代, 由于发现很多偏微分方程都可以看作无穷维 Banach 空间上的常微分方程来讨论, 因此 Banach 空间上的常微分方程引起了广泛的兴趣. 但 Dieudonne(1950) 给出反例, 证明有限维空间的常微分方程的 Cauchy-Peano 定理对无穷维 Banach 空间不一定成立.

例 2.2.1 考虑 Banach 空间 c_0 上的常微分方程初值问题:

$$x' = f(x), \quad x(0) = x_0,$$

这里 $x = (x_i)$, $x_0 = \left(\dfrac{1}{i^2}\right) \in c_0$, f 是 c_0 到 c_0 的连续映射, $f(x) = (2\sqrt{|x_i|})$.

假设上面的初值问题在区间 $[0, a](a > 0)$ 上有解 $x(t) = (x_i(t)) \in c_0$, 则对于任意 $i = 1, 2, 3, \cdots$, 有

$$x_i'(t) = 2\sqrt{|x_i|}$$

因此 $x_i(t) = \left(t + \dfrac{1}{i}\right)^2$, 因而当 $0 < t \leqslant a$ 时, 有 $\lim_{i \to \infty} x_i(t) = t^2 \neq 0$, 但这与 $x = (x_i(t)) \in c_0$ 矛盾, 所以该初值问题没有解.

上面例子的发现是 Banach 空间常微分方程理论的重大事件, 它说明有限维空间常微分方程的许多结论, 对于无穷维 Banach 空间常微分方程不再成立. 因此, 无穷维 Banach 空间常微分方程得到了深入的研究, 现在, 无穷维 Banach 空间常微分方程理论已经得到广泛的研究, 形成了一个新的数学分支.

2.3 Schauder 基与可分性

如果想把一个 Banach 空间看作序列空间来处理, 最好的办法是引入坐标系, 常用的方法是引入基的概念, Schauder 基是 Schauder(1927) 引入的.

定义 2.3.1   Banach 空间 $(X, \|\cdot\|)$ 中的序列 $\{x_n\}$ 称为 X 的 Schauder 基, 若对于任意 $x \in X$, 都存在唯一数列 $\{\alpha_n\} \subset K$, 使得

$$x = \sum_{n=1}^{\infty} \alpha_n x_n.$$

容易看到, 有限维赋范线性空间一定具有 Schauder 基.

例 2.3.1   在 l_1 中令 $e_n = (0, \cdots, 0, 1, 0, \cdots)$, 则 $\{e_n\}$ 为 l_1 的 Schauder 基, 明显地, 在 c_0, $l_p(1 < p < \infty)$ 中, $\{e_n\}$ 都是 Schauder 基.

1928 年, Schauder 还在 $C[0, 1]$ 中构造一组基, 因而 $C[0, 1]$ 也具有 Schauder 基.

具有 Schauder 基的 Banach 空间具有许多较好的性质, 它与 Banach 空间的可分性有着密切联系.

定义 2.3.2 $(X, \|\cdot\|)$ 是赋范线性空间, 若存在可数集 $M \subset X$, 使得 $\overline{M} = X$, 即可数集在 X 中稠密, 则称 X 是可分的.

若 $(X, \|\cdot\|)$ 可分, 则存在可数集 $\{x_n\} \subset X$, 使得对任意 $x \in X$ 及任意 $\varepsilon > 0$, 都有某个 $x_{n_\varepsilon} \in \{x_n\}$, 满足 $\|x_{n_\varepsilon} - x\| < \varepsilon$.

例 2.3.2   由于有理数集 Q 是可数集, 且 $\overline{Q} = R$, 因此 R 是可分的. 类似地, R^n 也是可分的赋范空间.

例 2.3.3   对于 $1 \leqslant p < +\infty$, l_p 都是可分的, 因为取 $M = \{(x_i) |$ 存在 N, 使得当 $i > N$ 时, $x_i = 0$, 并且 $i < N$ 时, x_i 都是有理数$\}$, 则 M 是可数集, 并且 $\overline{M} = l_p$. 实际上, 对任意 $x \in l_p$, 由 $\left(\sum_{i=1}^{\infty} |x_i|^p\right)^{\frac{1}{p}} < +\infty$ 可知, 对任意 $\varepsilon > 0$, 存在 N, 使得 $\sum_{i=N+1}^{\infty} |x_i|^p < \dfrac{\varepsilon^p}{2}$, 取有理数 $q_1, q_2, \cdots, q_N$, 使 $\sum_{i=1}^{N} |q_i - x_i|^p < \dfrac{\varepsilon^p}{2}$, 则 $x_\varepsilon = (q_1, q_2, \cdots, q_N, 0, \cdots, 0) \in M$, 且

$$\|x_\varepsilon - x\| \leqslant \left(\sum_{i=1}^{N} |q_i - x_i|^p + \sum_{i=N+1}^{\infty} |x_i|^p\right)^{\frac{1}{p}} < \varepsilon,$$

因此 $\overline{M} = l_p$, 所以 l_p 是可分的.

例 2.3.4   由 Weierstrass 逼近定理可知, 对任意 $x \in C[a, b]$, 必有多项式 $\{p_n\}$, 使得 $\|p_n - x\| \to 0$, 取 M 为 $[a, b]$ 上有理系数的多项式全体, 则 M 是可数集, 且 $\overline{M} = C[a, b]$, 因而 $C[a, b]$ 是可分的赋范线性空间.

定理 2.3.1   若赋范空间 $(X, \|\cdot\|)$ 有 Schauder 基, 则 X 一定可分的.

证明   为了简明些, 这里只证明 $(X, \|\cdot\|)$ 为实的情形.

设 $\{e_i\}$ 为 X 的 Schauder 基, 则任意 $x \in X$ 有 $x = \sum\limits_{i=1}^{\infty} a_i e_i$, 这里 $a_i \in R$.

令 $M = \left\{ \sum\limits_{i=1}^{n} q_i e_i | \, n \in N, q_i \in Q \right\}$, 则 M 是可数集, 且对任意 $x \in X$ 及任意 $\varepsilon > 0$, 存在 $x_\varepsilon \in M$, 使得 $\|x - x_\varepsilon\| < \varepsilon$, 因此 $\overline{M} = X$, 所以 X 为可分的赋范空间.

对于复赋范空间 $(X, \|\cdot\|)$, 可令 $M = \left\{ \sum\limits_{i=1}^{n} (q_i + ip_i) e_i | \, n \in N, q_i, p_i \in Q \right\}$, 证明是类似的.

问题 2.3.1 是否每个赋范空间都具有 Schauder 基?

例 2.3.5 赋范空间 l_∞ 没有 Schauder 基.

由于 l_∞ 不可分, 因而一定没有 Schauder 基. 事实上, 假设 l_∞ 可分, 则存在 $x_m = (x_i^{(m)}) \in l_\infty$, 使得 $l_\infty = \overline{\{x_m\}}$. 令

$$x_i^{(0)} = \begin{cases} x_i^{(i)} + 1, & \text{当 } |x_i^{(i)}| \leqslant 1 \text{ 时,} \\ 0, & \text{当 } |x_i^{(i)}| > 1 \text{ 时.} \end{cases}$$

则 $\sup |x_i^{(0)}| \leqslant 1 + 1 = 2$, 即 $x_0 = (x_i^{(0)}) \in l_\infty$, 并且

$$\|x_m - x_0\| = \sup_{1 \leqslant i < \infty} |x_i^{(m)} - x_i^{(0)}| \geqslant |x_m^{(m)} - x_m^{(0)}| \geqslant 1,$$

所以 $\{x_m\}$ 不存在任何收敛子列收敛于 x_0, 故 $x_0 \notin \overline{\{x_m\}}$, 从而 $l_\infty \neq \overline{\{x_m\}}$, 但这与假设 $l_\infty = \overline{\{x_m\}}$ 矛盾, 因此 l_∞ 不可分.

进一考虑下面的问题:

问题 2.3.2 是否每个可分的赋范空间都具有 Schauder 基?

上面问题自从 1932 年由 Banach 提出后, 很多数学家为解决这一问题做了很多的努力, 由于常见的可分 Banach 空间, 如 c_0, l_1 等都具有 Schauder 基, 因此大家都以为问题的答案是肯定的, 但所有的努力都失败了, 大家才倾向于问题的答案是否定的. Enflo(1973) 举出了一个例子, 它是可分的赋范空间, 但不具有 Schauder 基.

2.4 连续线性泛函与 Hahn-Banach 定理

1929 年, Banach 引进共轭空间这一重要概念, 它是赋范线性空间上的全体有界线性泛函组成的线性空间, 在这个线性空间上取泛函在单位球面的上界为范数,

则共轭空间是完备的赋范线性空间. Banach 还证明了每一连续线性泛函是有界的, 但最重要的是 Banach 和 Hahn 各自独立得到的一个定理, 这就是泛函分析中最著名的基本定理, 即 Hahn-Banach 定理, 它保证了赋范线性空间上一定有足够多的连续线性泛函.

泛函这一名称属于 Hadamard, 他是由于变分问题上的原因研究泛函的.

定义 2.4.1　设 $(X, \|\cdot\|)$ 是赋范线性空间, f 为 X 到 K 的映射, 且对于任意 $x, y \in X$ 及 $\alpha, \beta \in K$, 有

$$f(\alpha x + \beta y) = \alpha f(x) + \beta f(y),$$

则称 f 为 X 的线性泛函.

例 2.4.1　在 l_∞ 上, 若定义 $f(x) = x_1$, 则 f 为 l_∞ 上的线性泛函.

由于线性泛函具有可加性, 因此, 线性泛函的连续性比较容易刻画.

定理 2.4.1　设 f 是赋范线性空间 $(X, \|\cdot\|)$ 上的线性泛函, 且 f 在某一点 $x_0 \in X$ 上连续, 则 f 在 X 上每一点都连续.

证明　对于任意 $x \in X$, 若 $x_n \to x$, 则

$$x_n - x + x_0 \to x_0.$$

由 f 在 x_0 点的连续性, 因此

$$f(x_n - x + x_0) \to f(x_0),$$

所以 $f(x_n) \to f(x)$, 即 f 在 x 点连续.

这个定理说明, 要验证线性泛函 f 的连续性, 只需验证 f 在 X 上某一点 (例如零点) 的连续性即可.

问题 2.4.1　是否存在一个赋范线性空间 X, X 上任意线性泛函都连续?

例 2.4.2　R^n 上任意线性泛函都是连续的.

事实上令 $e_i = (0, \cdots, 0, 1, 0, \cdots, 0)$, 则任意 $x \in R^n$, 有 $x = \sum_{i=1}^{n} x_i e_i$, 设 $x_m \in R^n$, $x_m \to 0$, 则 $x_m = \sum_{i=1}^{n} x_i^{(m)} e_i$, 且 $x_i^{(m)} \to 0$ 对任意 i 都成立. 因此

$$f(x_m) = f\left(\sum_{i=1}^{n} x_i^{(m)} e_i\right) = \sum_{i=1}^{n} x_i^{(m)} f(e_i) \to 0 = f(0),$$

所以 f 在 0 点连续, 从而 f 在 R^n 上任意点都连续.

定义 2.4.2　若 X 上的线性泛函把 X 的任意有界集都映为 K 的有界集, 则称 f 为有界线性泛函, 否则 f 为无界线性泛函.

定理 2.4.2　设 f 为赋范线性空间 $(X, \|\cdot\|)$ 上的线性泛函, 则 f 是有界的当且仅当存在 $M > 0$, 使 $|f(x)| \leqslant M\|x\|$.

证明 若存在 $M > 0$, 使得对任意 $x \in X$, $|f(x)| \leqslant M||x||$, 则对于 X 中的任意有界集 F, 有 $r > 0$, 使得对任意 $x \in F$, 有 $||x|| \leqslant r$, 因此, $|f(x)| \leqslant M||x|| \leqslant Mr$ 对所有 $x \in F$ 成立, 所以 $f(F)$ 为 K 的有界集, 即 f 为有界线性泛函.

反之, 若 f 为有界线性泛函, 则 f 把 X 的单位球面 $S(X) = \{x \mid ||x|| = 1\}$ 映为 K 的有界集, 因此存在 $M > 0$, 使得对一切 $||x|| = 1$, 有

$$|f(x)| \leqslant M,$$

故对任意 $x \in X$, 有

$$\left| f\left(\frac{x}{||x||} \right) \right| \leqslant M,$$

所以

$$|f(x)| \leqslant M||x||.$$

例 2.4.3 对 $c = \{(x_i) \mid \{x_i\}$ 为收敛序列$\}$, 范数 $||x|| = \sup|x_i|$, 若定义 f 为 $f(x) = \lim\limits_{i \to \infty} x_i$, 则 f 为 c 上的线性泛函, 由于 $||x|| = \sup|x_i|$, 故

$$|f(x)| = |\lim\limits_{i \to \infty} x_i| \leqslant ||x||,$$

所以 f 为 c 上的有界线性泛函.

对于赋范线性空间的线性泛函而言, 有界性与连续性是等价的, Banach 在 1929 年证明了每一个连续可加泛函 (线性连续泛函) 都是有界的.

定理 2.4.3 设 X 是赋范线性空间, 则 X 上的线性泛函 f 是连续的当且仅当 f 是有界的.

证明 若 f 是有界的, 则由上面定理可知存在 $M > 0$, 使得 $|f(x)| \leqslant M||x||$, 因此, 当 $x_n \to x$ 时, 有 $f(x_n) \to f(x)$, 即 f 为连续的.

反之, 假设 f 为连续线性泛函, 但 f 是无界的, 则对任意自然数 n, 存在 $x_n \in X$, 使得

$$|f(x_n)| > n||x_n||.$$

令 $y_n = \dfrac{x_n}{n||x_n||}, y_0 = 0$, 则 $||y_n - y_0|| = \dfrac{1}{n} \to 0$, 由 f 的连续性可知 $f(y_n) \to f(y_0)$, 但 $f(y_n) = \dfrac{f(x_n)}{n||x_n||} > 1$, $f(y_0) = 0$, 从而 $|f(y_n) - f(y_0)| > 1$, 这与 $f(y_n) \to f(y_0)$ 矛盾. 所以 f 为连续线性泛函时, f 一定是有界的.

线性泛函的连续性还可以利用 f 的零空间是闭集来刻画.

定理 2.4.4 设 X 是赋范线性空间, 则 X 上的线性泛函是连续的当且仅当 $N(f) = \{x \mid f(x) = 0\}$ 为 X 的闭线性子空间.

证明 明显地, $N(f)$ 为线性子空间, 因此只需证 $N(f)$ 是闭的.

若 f 是连续线性泛函, 则当 $x_n \in N(f)$, $x_n \to x$ 时, 必有 $f(x_n) \to f(x)$, 因而 $f(x) = 0$, 即 $x \in N(f)$, 所以 $N(f)$ 是闭子空间.

反之, 若 $N(f)$ 是闭的, 但 f 不是有界的, 则对于任意正整数 n, 有 $x_n \in X$, 使

$$|f(x_n)| > n\|x_n\|.$$

令 $y_n = \dfrac{x_n}{\|x_n\|}$, 则 $\|y_n\| = 1$, 且 $|f(y_n)| > n$. 取

$$z_n = \frac{y_n}{f(y_n)} - \frac{y_1}{f(y_1)}, \quad z_0 = -\frac{y_1}{f(y_1)},$$

由于

$$\|z_n - z_0\| = \left\|\frac{y_n}{f(y_n)}\right\| = \frac{\|y_n\|}{|f(y_n)|} < \frac{1}{n} \to 0,$$

因而 $z_n \to z_0$, 且 $f(z_n) = f\left(\dfrac{y_n}{f(y_n)} - \dfrac{y_1}{f(y_1)}\right) = 0$, 即 $z_n \in N(f)$, 从而由 $N(f)$ 是闭集可知 $z_0 \in N(f)$, 但这与 $f(z_0) = -1$ 矛盾, 因此, 当 $N(f)$ 是闭子空间时, f 一定是连续的.

从上面的讨论容易看出, X 上的全体连续线性泛函是一个线性空间, 在这个线性空间上还可以定义其范数.

定义 2.4.3   设 f 为 X 上的连续线性泛函, 则称

$$\|f\| = \sup_{x \neq 0} \frac{|f(x)|}{\|x\|}$$

为 f 的范数.

明显地, 若记 X 上的全体连续线性泛函为 X^*, 则在范数 $\|f\|$ 下是一赋范空间, 称之为 X 的共轭空间.

虽然 Hahn 在 1927 年就引入了共轭空间的概念, 但 Banach 在 1929 年的工作更为完全.

容易看出, 对于任意 $f \in X^*$, 还有 $\|f\| = \sup\limits_{\|x\|=1} |f(x)| = \sup\limits_{\|x\|\leqslant 1} |f(x)|$. 但对于具体的赋范空间 X, 要求出 X 上的连续线性泛函的范数是比较困难的.

例 2.4.4   设 f 为 l_1 的连续线性泛函, 若取 $\{e_i\}$ 为 l_1 上的 Schauder 基, 则对任意 $x = (x_i)$, 有 $x = \sum\limits_{i=1}^{\infty} x_i e_i$, 故 $f(x) = \sum\limits_{i=1}^{\infty} x_i f(e_i)$, 因而

$$|f(x)| = \left|\sum_{i=1}^{\infty} x_i f(e_i)\right| \leqslant \sum_{i=1}^{\infty} |x_i|\,|f(e_i)| \leqslant \sup|f(e_i)|\left(\sum_{i=1}^{\infty} |x_i|\right),$$

从而 $\|f\| \leqslant \sup|f(e_i)|$. 取 $e_i = (0, \cdots, 0, 1, 0, \cdots) \in l_1$, 则 $\|e_i\| = 1$, 且 $\|f\| = \|f\|\,\|e_i\| \geqslant |f(e_i)|$, 故 $\|f\| \geqslant \sup|f(e_i)|$, 所以 $\|f\| = \sup|f(e_i)|$.

设 M 是赋范线性空间 X 的子空间, f 为 M 上的连续线性泛函, 且存在 $C > 0$, 使得 $|f(x)| \leqslant C\|x\|$ 对任意 $x \in M$ 成立, 则 f 是否可以延拓到整个赋范空间 X

上? 这一问题起源于 n 维欧氏空间 R^n 上的矩量问题. 1920 年, Banach 在其提交的博士论文中, 用几何语言将它推广到无限维空间. 1922 年, Hahn 发表的论文也独立地得出类似结果. 1927 年, Hahn 将结果更一般化, 在完备的赋范线性空间研究了这一问题, 并证明了在 X 上 f 存在连续延拓 F, 使得 $|F(x)| \leqslant C||x||$ 对一切 $x \in X$ 成立, 且对一切 $x \in M$, 有 $F(x) = f(x)$. 1929 年, Banach 独立地发表了与 Hahn 相近的定理和证明, 并把该定理推广为一般的情形, 这就是下面的 Hahn-Banach 延拓定理.

定理 2.4.5 设 M 是实线性空间 X 的线性子空间, f 为 M 上的实线性泛函, 且存在 X 上的半范数 $p(x)$ 使得

$$|f(x)| \leqslant p(x), \quad 对任意 x \in M 成立,$$

则存在 f 在 X 上的延拓 F, 使得

(1) $|F(x)| \leqslant p(x)$, 对任意 $x \in X$ 成立;

(2) $F(x) = f(x)$, 对任意 $x \in M$ 成立.

1938 年, Bohnehbius 与 Sobczyk 还把 Hahn-Banach 定理推广到复线性空间.

定理 2.4.6 设 M 是复线性空间 X 的复线性子空间, f 为 M 上的线性泛函, p 是 X 上的半范数且满足

$$|f(x)| \leqslant p(x), \quad 对任意 x \in M 成立,$$

则存在 f 在 X 上的延拓 F, 使得

(1) $|F(x)| \leqslant p(x)$, 对任意 $x \in X$ 成立;

(2) $F(x) = f(x)$, 对任意 $x \in M$ 成立.

利用线性空间的 Hahn-Banach 延拓定理可以建立赋范线性空间上的保范延拓定理, 它是 Banach 空间理论的基本定理.

定理 2.4.7 设 M 是赋范线性空间 X 的线性子空间, f 为 M 上的连续线性泛函, 则存在 X 上连续线性泛函 F, 使得

(1) $||F||_{X^*} = ||f||_{M^*}$;

(2) $F(x) = f(x)$, 对任意 $x \in M$ 成立,

这里 $||F||_{X^*}$ 表示 F 在 X^* 的范数, $||f||_{M^*}$ 表示 f 在 M^* 的范数.

证明 由于 f 为 M 上的连续线性泛函, 因此对任意 $x \in M$, 有 $|f(x)| \leqslant ||f||_{M^*} ||x||$.

定义半范数 $p(x) = ||f||_{M^*} ||x||$, 则有 $|f(x)| \leqslant p(x)$, 对任意 $x \in M$. 由线性空间的 Hahn-Banach 定理可知存在 F, 使得

$$F(x) = f(x), \quad 对任意 x \in M,$$

且

$$|F(x)| \leqslant p(x), \quad 对任意 x \in X.$$

因此, 对于任意 $x \in X$, 有 $|F(x)| \leqslant \|f\|_{M^*}\|x\|$, 故 F 为 X 上的连续线性泛函, 且 $\|F\|_{X^*} \leqslant \|f\|_{M^*}$.

反过来, 由

$$\|F\|_{X^*} = \sup_{x \in X,\, x \neq 0} \frac{|F(x)|}{\|x\|} \geqslant \sup_{x \in M,\, x \neq 0} \frac{|F(x)|}{\|x\|} = \sup_{x \in M,\, x \neq 0} \frac{|f(x)|}{\|x\|} = \|f\|_{M^*}$$

可知 $\|F\|_{X^*} = \|f\|_{M^*}$, 且 $F(x) = f(x)$ 对任意 $x \in M$ 成立.

在上面定理中, 若 X 是复赋范线性空间, 则 M 必须是复线性子空间. 很有意思的是 Bohnehbius 和 Sobczyk 在 1938 年证明在任意无穷维复 Banach 空间 X 中, 一定存在实线性子空间 M, 在 M 上有一复连续线性泛函不能保范延拓到 X 上.

问题 2.4.2   Hahn-Banach 定理中, 在什么条件下保范延拓是唯一的?

例 2.4.5   在 $X = \{(x_1, x_2)|\ x_1,\ x_2 \in R\}$ 上, 定义范数 $\|x\| = \|(x_1, x_2)\| = |x_1| + |x_2|$.

令 $M = \{(x_1, 0)|x_1 \in R\}$, 明显地, M 是赋范线性空间 X 的线性子空间, 对 $y = (x_1, 0) \in M$, 定义 $f(y) = x_1$, 则

$$|f(y)| = |x_1| = \|y\|,$$

故 $\|f\|_{M^*} \leqslant 1$, 且对 $x_0 = (1, 0)$, 有 $\|x_0\| = 1$, $|f(x_0)| = 1$, 因而 $\|f\|_{M^*} = 1$, 但对 X 上的线性泛函

$$F_1(x) = x_1 + x_2, \quad F_2(x) = x_1 - x_2,$$

这里 $x = (x_1, x_2) \in X$. 在 M 上, 都有

$$F_1(y) = f(y), \quad F_2(y) = f(y).$$

对任意的 $y = (x_1, 0) \in M$ 成立. 在 M 上, 有 $F_1 = f$, $F_2 = f$, 且

$$\|F_1\|_{X^*} = \|F_2\|_{X^*} = \|f\|_{M^*},$$

因此 F_1, F_2 是 f 的两个不同的保范延拓.

定理 2.4.8   设 $(X, \|\cdot\|)$ 是赋范空间, M 是 X 的子空间, $x_0 \in X$, $d = d(x_0, M) = \inf\{\|x_0 - y\|\ |y \in M\} > 0$, 则存在 $f \in X^*$, 使得

(1) 对任意 $x \in M$, $f(x) = 0$;

(2) $f(x_0) = d$;

(3) $\|f\| = 1$.

证明   令 $E = \mathrm{span}\{M \bigcup \{x_0\}\}$, 则对任意 $x \in E$, x 有唯一的表达式 $x = x' + tx_0$, 这里 $t \in K$, $x' \in M$.

在 E 上定义泛函 g:

$$g(x) = td,$$

则 g 为 E 上的线性泛函, 且

(1) $g(x_0) = d$;

(2) 对任意 $x \in M$, $g(x) = 0$.

对 $x = x' + tx_0$, 不妨假设 $t \neq 0$. 由

$$|g(x)| = |g(x' + tx_0)| = |t|d, \quad d = \inf\{\|y - x_0\| \mid y \in M\}$$

可知

$$|g(x)| = |t|d \leqslant |t| \left\| -\frac{x'}{t} - x_0 \right\| = |t| \left\| \frac{x'}{t} + x_0 \right\| = \|x' + tx_0\| = \|x\|.$$

因此 g 是 E 上的连续线性泛函, 且 $\|g\|_{E^*} \leqslant 1$.

根据 Hahn-Banach 定理, 有连续线性泛函 $f \in X^*$, 使得

(1) 对任意 $x \in E$, $f(x) = g(x)$;

(2) $\|f\| = \|g\|$.

由 $d = \inf\{\|x_0 - y\| \mid y \in M\} > 0$, 可知存在 $x_n \in M$, 使得 $\|x_n - x_0\| \to d$. 故

$$d = |f(x_0)| = |f(x_n) - f(x_0)|$$
$$\leqslant \|f\| \cdot \|x_n - x_0\| \to \|f\|d,$$

因此 $\|f\| \geqslant 1$, 所以 $\|f\| = 1$, 且对所有 $x \in M$, 有 $f(x) = 0$.

特别地, 当 $M = \{0\}$ 时, 对任意 $x_0 \neq 0$, 有 $d(x_0, M) = \|x_0\|$, 所以由上面定理可知下面推论成立.

推论 2.4.1 设 X 是赋范线性空间, 则对任意 $x_0 \in X$, $x_0 \neq 0$, 有 $f \in X^*$, 使得 $f(x_0) = \|x_0\|$, 且 $\|f\| = 1$.

该结论的重要意义在于指出了任意赋范线性空间 X 上, 都存在足够多的连续线性泛函.

由下面推论还可知 X 中两个元素 x, y, 若对所有 $f \in X^*$, 都有 $f(x) = f(y)$, 则一定有 $x = y$.

推论 2.4.2 设 X 是赋范线性空间, $x, y \in X$ 则 $x \neq y$ 当且仅当存在 $f \in X^*$ 使得 $f(x) \neq f(y)$.

证明 假设 $x \neq y$, 则对 $z = x - y$, 有 $\|z\| \neq 0$, 由 Hahn-Banach 定理的推论可知存在 $\|f\| = 1$, 使得 $f(z) = \|z\| \neq 0$, 从而 $f(x) \neq f(y)$.

例 2.4.6 设 X 是赋范线性空间, 试证明对任意 $x_0 \in X$, 有

$$\|x_0\| = \sup_{\|f\| = 1,\, f \in X^*} |f(x_0)|.$$

证明 对任意 $f \in X^*$, $\|f\| = 1$, 有

$$|f(x_0)| \leqslant \|f\|\, \|x_0\| = \|x_0\|,$$

因此

$$||x_0|| \geqslant \sup_{||f||=1,\, f\in X^*} |f(x_0)|.$$

另外, 对 $x_0 \in X$, $x_0 \neq 0$, 存在 $f_0 \in X^*$, $||f_0|| = 1$, 使得 $f_0(x_0) = ||x_0||$, 故 $||x_0|| \leqslant \sup\limits_{||f||=1,\, f\in X^*} |f(x_0)|$, 所以 $||x_0|| = \sup\limits_{||f||=1,\, f\in X^*} |f(x_0)|$.

例 2.4.7   设 $(X, ||\cdot||)$ 是赋范空间, 若对于任意 $x,\, y \in X$, $||x|| = 1$, $||y|| = 1$ 且 $x \neq y$ 都有 $||x+y|| < 2$, 试证明对于任意 $||x|| = 1, ||y|| = 1, x \neq y, \alpha \in (0,\, 1)$, 有 $||\alpha x + (1-\alpha)y|| < 1$.

证明   反证法. 假设存在 $x_0 \neq y_0, ||x_0|| = ||y_0|| = 1$ 和 $\alpha_0 \in (0,\, 1)$, 使得

$$||\alpha_0 x_0 + (1-\alpha_0)y_0|| = 1.$$

由 Hahn-Banach 定理的推论可知, 存在 $f \in X^*$, $||f|| = 1$, 使得

$$f(\alpha_0 x_0 + (1-\alpha_0)y_0) = ||\alpha_0 x_0 + (1-\alpha_0)y_0||,$$

即

$$\alpha_0 f(x_0) + (1-\alpha_0)f(y_0) = 1.$$

这时一定有 $f(x_0) = f(y_0) = 1$. 否则的话, 由于 $|f(x_0)| \leqslant 1$, 且 $|f(y_0)| \leqslant 1$, 因此, 若 $f(x_0) < 1$ 或 $f(y_0) < 1$, 则

$$\alpha_0 f(x_0) + (1-\alpha_0)f(y_0) < \alpha_0 + (1-\alpha_0) = 1,$$

矛盾. 因此 $||x_0 + y_0|| \geqslant f(x_0 + y_0) = 2$, 又由

$$||x_0 + y_0|| \leqslant ||x_0|| + ||y_0|| = 2$$

可知 $||x_0 + y_0|| = 2$, 但这与 $||x_0 + y_0|| < 2$ 的题设矛盾, 所以由反证法原理可知, 对于任意 $||x|| = 1, ||y|| = 1, x \neq y, \alpha \in (0,\, 1)$, 有 $||\alpha x + (1-\alpha)y|| < 1$.

2.5   严格凸空间

1936 年, Clarkson 引入了一致凸的 Banach 空间的概念, 证明了取值一致凸 Banach 空间的向量测度 Radon-Nikodym 定理成立, 从而开创了从单位球的几何结构来研究 Banach 空间性质的方法. Clarkson 和 Krein 独立地引进了严格凸空间, 严格凸空间在最佳逼近和不动点理论上有着广泛的应用.

定义 2.5.1 赋范空间 X 称为严格凸的,
若对任意 $x, y \in X$, $||x|| = 1$, $||y|| = 1$, $x \neq y$,
都有

$$\left\|\frac{x+y}{2}\right\| < 1.$$

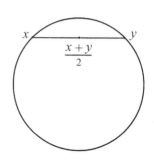

严格凸的几何意义是指单位球面 S_X 上任
意两点 x, y 的中点 $\dfrac{x+y}{2}$ 一定在开单位球
$U_X = \{x| \ ||x|| < 1\}$ 内.

例 2.5.1 Banach 空间 c_0 不是严格凸的. 取

$$x_0 = (1,\ 1,\ 0,\ \cdots),\quad y_0 = (0,\ 1,\ 0,\ 0,\ \cdots) \in c_0,$$

则 $||x_0|| = ||y_0|| = 1$, 且对 $\dfrac{x_0 + y_0}{2} = \left(\dfrac{1}{2},\ 1,\ 0,\ 0,\ \cdots\right)$, 明显地有 $\left\|\dfrac{x_0 + y_0}{2}\right\| = 1$.

类似地, 易验证 Banach 空间 c, l_1, l_∞ 都不是严格凸空间.

例 2.5.2 若 $x, y \in l_2$, $||x|| = 1$, $||y|| = 1$ 且 $x \neq y$, 则

$$\begin{aligned}
||x+y||^2 + ||x-y||^2 &= \left(\sum_{i=1}^{\infty} |x_i + y_i|^2\right) + \left(\sum_{i=1}^{\infty} |x_i - y_i|^2\right) \\
&= \left(\sum_{i=1}^{\infty} 2|x_i|^2\right) + \left(\sum_{i=1}^{\infty} 2|y_i|^2\right) \\
&= 2||x||^2 + 2||y||^2 = 4,
\end{aligned}$$

从而

$$||x+y||^2 = 4 - ||x-y||^2 < 4,\quad \text{即}\quad \left\|\frac{x+y}{2}\right\| < 1.$$

所以 l_2 是严格凸的.

类似地, 容易证明 Banach 空间 $l_p \ (1 < p < \infty)$ 是严格凸的.

定理 2.5.1 若 X 是严格凸赋范空间, 则对任意非零线性泛函 $f \in X^*$, f 最
多只能在 S_X 上的一点达到它的范数 $||f||$.

证明 反证法. 假设存在 $x_0 \neq y_0$, $||x_0|| = ||y_0|| = 1$, 使得

$$f(x_0) = f(y_0) = ||f||.$$

由于

$$f\left(\frac{x_0 + y_0}{2}\right) = \frac{1}{2}[f(x_0) + f(y_0)] = ||f||,$$

因此

$$\|f\| = f\left(\frac{x_0 + y_0}{2}\right) \leqslant \|f\| \left\|\frac{x_0 + y_0}{2}\right\|,$$

从而

$$\left\|\frac{x_0 + y_0}{2}\right\| \geqslant 1.$$

明显地

$$\left\|\frac{x_0 + y_0}{2}\right\| \leqslant \frac{\|x_0\| + \|y_0\|}{2} = 1.$$

因此 $\left\|\frac{x_0 + y_0}{2}\right\| = 1$, 但这与 X 的严格凸假设矛盾, 所以由反证法原理可知定理成立.

设 X 是赋范空间, M 是 X 的子空间, 对 $f \in M^*$, f 在 X 上可能有不同的保范延拓, 不过, X^* 的严格凸性能保证保范延拓的唯一性.

1939 年, Taylor 证明了以下结果:

定理 2.5.2　若 X^* 是严格凸的, M 是 X 的子空间, 则对任意 $f \in M^*$, f 在 X 上有唯一的保范延拓.

证明　反证法. 假设对 $f \in M^*$, f 在 X 上有两个不同的保范延拓 F_1 及 F_2, 即对任意 $x \in M$, 都有 $f(x) = F_1(x) = F_2(x)$, 且 $\|F_1\| = \|F_2\|$, 则

$$\left\|\left(\frac{F_1}{\|f\|} + \frac{F_2}{\|f\|}\right) \Big/ 2\right\| \leqslant 1.$$

由于

$$\begin{aligned}
\left\|\frac{F_1 + F_2}{2}\right\| &= \sup_{\|x\|=1,\, x \in X} \frac{|F_1(x) + F_2(x)|}{2} \\
&\geqslant \sup_{\|x\|=1,\, x \in M} \frac{|F_1(x) + F_2(x)|}{2} \\
&= \sup_{\|x\|=1,\, x \in M} \frac{|f(x) + f(x)|}{2} \\
&= \|f\|,
\end{aligned}$$

因此 $\left\|\left(\frac{F_1}{\|f\|} + \frac{F_2}{\|f\|}\right) \Big/ 2\right\| = 1$, 但这与 X^* 是严格凸的矛盾. 所以 f 在 X 上只有唯一的保范延拓.

思考题 2.5.1　若对 X 的任意子空间 M, 任意的 $f \in M^*$, f 在 X 上都只有唯一的保范延拓, 则 X^* 是否一定严格凸?

严格凸性还保证了最佳逼近元的唯一性.

定义 2.5.2 设 X 是赋范线性空间, $M \subset X$, $x \in X$, 若存在 $y_0 \in M$, 使得

$$\|x - y_0\| = \inf_{y \in M} \|x - y\|,$$

则称 y_0 为 M 中对 x 的最佳逼近元.

定理 2.5.3 设 M 为赋范线性空间 X 上的有限维子空间, 则对任意 $x \in X$, 存在 $y_0 \in M$, 使得

$$\|x - y_0\| = \inf_{y \in M} \|x - y\|.$$

证明 令 $d = \inf_{y \in M} \|x - y\|$, 由下确界的定义, 存在 $y_n \in M$, 使得

$$\|x - y_n\| \to d.$$

因而 $\{y_n\}$ 是有界序列, 即存在 $C > 0$, 使得 $\|y_n\| \leqslant C$, 对任意 n 成立. 事实上, 若 $\{y_n\}$ 不是有界序列, 则对任意 $k \in N$ 有 $y_{n_k} \in \{y_n\}$, 使得 $\|y_{n_k}\| > k$, 故

$$\|x - y_{n_k}\| \geqslant \|y_{n_k}\| - \|x\| \geqslant k - \|x\| \to \infty \quad (k \to \infty).$$

但这与 $\|x - y_{n_k}\| \to d$ 矛盾, 所以 $\{y_n\}$ 为有界序列.

由于 M 是有限维子空间, 且 $\{y_n\}$ 为 M 中有界序列, 因此 $\{y_n\}$ 存在收敛子列 $y_{n_k} \to y_0$, 且 $y_0 \in M$. 故 $\|x - y_0\| = \lim_{k \to \infty} \|x - y_{n_k}\| = d$, 所以存在 $y_0 \in M$, 且 $\|x - y_0\| = \inf_{y \in M} \|x - y\|$.

问题 2.5.1 上述定理中的最佳逼近元是否一定唯一?

例 2.5.3 在 R^2 中, 取范数 $\|x\| = \max\{|x_1|, |x_2|\}$, $M = \{(x_1, 0) \mid x_1 \in R\}$, 则 M 为 R^2 的一维子空间, 取 $x_0 = (0, 1) \in R^2$, 对于任意 $x = (x_1, 0) \in M$, 有

$$\|x_0 - x\| = \|(0, 1) - (x_1, 0)\| = \max\{|x_1|, 1\} \geqslant 1,$$

故

$$d(x_0, M) = \inf\{\|x_0 - x\| \mid x \in M\} \geqslant 1,$$

对于 $w_0 = (1, 0)$, 有 $\|x_0 - w_0\| = 1$. 因此 $d(x_0, M) = \inf\{\|x_0 - x\| \mid x \in M\} = 1$. 但对于 $u = (0, 0)$ 及 $v = (-1, 0)$, 都有 $\|x_0 - u\| = \|x_0 - v\| = 1$, 因此 x_0 在 M 的最佳逼元不唯一.

既然上述定理中的最佳逼近元不唯一, 那么什么时候才能保证唯一呢?

定理 2.5.4 设 X 是严格凸空间, M 为 X 的有限维子空间, $x \in X$, 则在 M 中存在唯一的最佳逼近元, 即存在唯一的 $y_0 \in M$, 使得

$$\|x - y_0\| = \inf_{y \in M} \|x - y\|.$$

证明　令 $d = \inf\limits_{y \in M} \|x - y\|$, 假设存在不同的 y_1, $y_2 \in M$, 使得

$$\|x - y_1\| = d, \quad \|x - y_2\| = d,$$

则由 $\dfrac{y_1 + y_2}{2} \in M$ 可知

$$\left\| x - \frac{y_1 + y_2}{2} \right\| \geqslant d.$$

由于

$$\left\| x - \frac{y_1 + y_2}{2} \right\| \leqslant \left\| \frac{x - y_1}{2} \right\| + \left\| \frac{x - y_2}{2} \right\| = d,$$

从而

$$\left\| x - \frac{y_1 + y_2}{2} \right\| = d.$$

因此

$$\left\| \frac{x - y_1}{d} \right\| = 1, \quad \left\| \frac{x - y_2}{d} \right\| = 1, \quad \text{且} \quad \left\| \left(\frac{x - y_1}{d} + \frac{x - y_2}{d} \right) \Big/ 2 \right\| = 1.$$

但这与 X 的严格凸性矛盾, 所以由反证法原理可知 x 在 M 中存在唯一的最佳逼近元.

最后, 值得注意的是, 严格凸性不是拓扑性质, 它与范数的选取有关.

例 2.5.4　在 R^2 中, 如果取范数 $\|x\| = (|x_1|^2 + |x_2|^2)^{\frac{1}{2}}$, 则 $(R^2, \|\cdot\|)$ 是严格凸的, 但对于另一个范数 $\|x\|_1 = |x_1| + |x_2|$, $(R^2, \|\cdot\|_1)$ 不是严格凸的, 并且范数 $\|\cdot\|_1$ 和 $\|\cdot\|$ 等价.

*. 凸性在其他数学分支的应用

Vasile Istrăţescu 和 Ioana Istrăţescu(1979) 还将严格凸性推广到复严格凸性, 复严格凸性在取值于复 Banach 空间的解析函数理论中有着重要应用. Throp 和 Witley(1967) 证明了取值于复 Banach 空间 X 的解析函数的强最大模原理成立的充要条件为 Banach 空间 X 是复严格凸的.

另一方面, Banach 空间的概率论是将随机过程看作适当的函数空间中的随机元而发展起来的. 虽然 Kolmogorov(1935) 很早就引进了 Banach 空间上的测度特征泛函, 并且 Fréchet(1951) 研究过 Banach 空间的 Gauss 分布. 但 Banach 空间的概率论的系统研究是从 Mouriér 和 Fortet(1953) 的工作开始的. 在经典的概率论中, Kolmogorov 的大数定律指出: 相互独立、方差有界的随机过程序列满足大数定律.Beck(1963) 首先注意到这一结果不能直接推广到可分的 Banach 空间. 他引进

B- 凸空间的概念, 实赋范空间 X 称为 B- 凸的是指: 若存在正整数 n 和 $0 < \varepsilon < 1$, 使得对任意 $x_1, x_2, \cdots, x_n \in X, \|x_i\| \leqslant 1, i = 1, 2, \cdots, n,$ 都有

$$\inf_{\varepsilon_i = \pm 1} \|\varepsilon_1 x_1 + \varepsilon_2 x_2 + \cdots + \varepsilon_n x_n\| \leqslant n(1 - \varepsilon)$$

Beck 证明了可分 Banach 空间 X 是 B- 凸的充要条件为只要 $\{X_n\}$ 是 X 中的独立、零均值, 满足条件 $\sup \mathrm{Var}(X_n) < \infty$ 的随机元序列, 则 $\dfrac{1}{n} \sum\limits_{i=1}^{n} x_i \to 0$ (a.s.), 从而建立了 Banach 空间的几何结构与概率性质之间的关系. 从此, 随机过程的概率性质与 Banach 空间的几何性质的关系就得到了很多数学家深入的研究, 形成了由概率论、泛函分析和调和分析等相互渗透而产生的数学分支.

习 题 二

2.1. 在 R^n, 对任意 $x = (x_1, \cdots, x_n) \in R^n$, 试定义几个实值函数, 使得它们都是 R^n 的范数.

2.2. 设 X 为赋范线性空间, $\|\cdot\|$ 为 X 上的范数, 定义

$$d(x, y) = \begin{cases} 0, & \text{当 } x = y \text{ 时}, \\ \|x - y\| + 1, & \text{当 } x \neq y \text{ 时}. \end{cases}$$

试证明 (X, d) 为度量空间, 且不存在 X 上的范数 $\|\cdot\|_1$, 使得 $d(x, y) = \|x - y\|_1$.

2.3. 在 $C[0, 1]$ 中, 定义 $\|x\| = \left(\int_0^1 |x(t)|^p \mathrm{d}t \right)^{1/p}$ $(1 \leqslant p < \infty)$, 试证明 $\|\cdot\|$ 是 $C[0, 1]$ 的范数.

2.4. 设 M 是赋范空间 X 的线性子空间, 若 M 是 X 的开集, 证明 $X = M$.

2.5. 试证明 c_0 是 l_∞ 的闭线性子空间.

2.6. 设 X 是赋范线性空间, 若 $\lambda_n, \lambda \in K, x_n, x \in X, \lambda_n \to \lambda$ 且 $x_n \to x$, 试证明 $\lambda_n x_n \to \lambda x$.

2.7. $x, y \in R^2, x$ 和 y 满足什么条件时, 有 $\|x + y\|^2 = \|x\|^2 + \|y\|^2$?

2.8. 试证明 $\{e_n\}$ 为 l_p $(1 < p < \infty)$ 的 Schauder 基.

2.9. 设 $e_0 = (1, 1, \cdots)$, 试证明 $\{e_0, e_1, e_2, \cdots, e_n, \cdots\}$ 为 c 的 Schauder 基.

2.10. 在 l_∞ 中, 若 M 是 l_∞ 中只有有限个坐标不为零的数列全体, 试证明 M 是 l_∞ 的线性子空间, 但 M 不是闭的.

2.11. 设 $\|\cdot\|_1$ 和 $\|\cdot\|_2$ 为线性空间 X 上的两个等价范数, 试证明 $(X, \|\cdot\|_1)$ 可分当且仅当 $(X, \|\cdot\|_2)$ 可分.

2.12. 设 $f: R \to R$, 满足 $f(x + y) = f(x) + f(y)$ 对任意 $x, y \in X$ 成立, 若 f 在 R 上连续, 试证明 f 是线性的.

2.13. 设 f 和 g 为线性空间 X 上的两个非零的线性泛函, 试证明它们有相同的零空间当且仅当存在 k, 使得 $f = kg$.

2.14. 设 X 是有限维 Banach 空间, $\{x_i\}_{i=1}^n$ 为 X 的 Schauder 基, 试证明存在 $f_i \in X^*$, 使得 $f_i(x_i) = 1$, 且 $f_i(x_j) = 0$, 对 $i \neq j$ 成立.

2.15. 设 f 为赋范线性空间 X 上的非零的线性连续泛函, 试证明 $M = \{x \in X | f(x) = 1\}$ 是 X 的非空闭凸集.

2.16. 设 X 是赋范空间, M 为 X 的闭线性子空间, $x_0 \in X \backslash M$, 试证明存在 $f \in X^*$, 使得 $f(x_0) = 1, \|f\| = \dfrac{1}{d(x_0, M)}$, 且 $f(x) = 0$, 对所有 $x \in M$ 成立.

2.17. 设 X 是有限维赋范空间, $\{x_i\}_{i=1}^n$ 为 X 的 Schauder 基, 对任意 $x \in X$, $x = \sum_{i=1}^n \alpha_i x_i$, 定义泛函 $f_i(x) = \alpha_i$, 试证明 $f_i \in X^*$.

2.18. 设 X 是严格凸空间, 试证明对任意 $x, y \in X$, $x \neq 0$, $y \neq 0$ 且 $\|x + y\| = \|x\| + \|y\|$ 时, 有 $\lambda > 0$, 使得 $y = \lambda x$.

2.19. 试在 l_1 构造一个新范数 $\| \cdot \|_1$, 使得 $(l_1, \| \cdot \|_1)$ 是严格凸空间.

2.20. 试证明 l_1 和 l_∞ 都不是严格凸的赋范线性空间.

2.21. 设 X^* 是严格凸的, 试证明对于任意 $x \in X$, $\|x\| = 1$, 有且仅有唯一的 $f_x \in X^*$, $\|f_x\| = 1$, 使得 $f_x(x) = 1$.

2.22. 举例说明在赋范线性空间中, 绝对收敛的级数不一定是收敛级数.

2.23. 设 X 是赋范空间, $\overline{F} = X$, 试证明对任意 $x \in X$, x 都可以写成一个收敛级数 $\sum_{i=1}^\infty x_i$ 的和, 且每一项 x_i 都属于 F.

2.24. 设 X 是赋范线性空间, x_n, $x \in X$, $x_n \to x$, 试证明对任意 $f \in X^*$, 有
$$f\left(\frac{x_n}{\|x_n\|}\right) \to f\left(\frac{x}{\|x\|}\right).$$

2.25. 试证明赋范线性空间 X 是完备的当且仅当度量空间 (S, d) 是完备的, 这里单位球面 $S = \{x \in X | \|x\| = 1\}$, 度量 $d(x, y) = \|x - y\|$.

2.26. 在 $C[0, 1]$ 中, $M = \{x(t) | x(a) = x(b), x \in C[a, b]\}$, 试证明 M 是 $C[0, 1]$ 的完备线性子空间.

2.27. 在 $C[0, 1]$ 中, 试证明 $A = \{x(t) | |x(t)| \leqslant 1\} \subset C[0, 1]$ 是 $C[0, 1]$ 的有界闭集, 但不是等度连续的.

2.28. 在 R^2 中, 取范数 $\|x\| = |x_1| + |x_2|$, $M = \{(x_1, 0) | x_1 \in R\}$, 则 M 为 R^2 的线性子空间, 对 $x_0 = (0, 1) \in R^2$, 试求出 $y_0 \in M$, 使得 $\|x_0 - y_0\| = d(x_0, M)$.

Banach(巴拿赫)

1892 年 3 月 30 日, Banach 生于波兰一个叫 Ostrowsko 的小村庄, 出身贫寒. 1916 年, Banach 结识了 Steinhaus, Steinhaus 告诉 Banach 一个研究很久尚未解决的问题. 几天后, Banach 找到了答案, 两人一起写了论文, 联名发表在 Kraków 科学院会报上.

Stefan Banach (1892—1945)

1920 年, Lomnicki 教授破格将 Banach 安排到 Lvov 技术学院当他的助教. 同年, Banach 提交了他的博士论文 "关于抽象集合上的运算及其在积分方程上的应用"(sur les opérations dans les ensembles abstraits etleur applicationaux équtions intégrales), 并取得博士学位. 该论文发表在 1923 年的《数学基础》(*Fundamenta Mathematicae*) 第 3 卷上, 大家都将它看作泛函分析学科形成的标志之一. 1922 年, Banach 通过讲师资格考核, 1924 年任该大学教授. 1929 年, Banach 和 Steinhaus 创办了泛函分析的刊物 *Studia Mathematica*.

1932 年, Banach 出版了《线性算子理论》(*Théorie des Opérations Linéaires*), 这本书汇集了 Banach 的研究成果, 对推动泛函分析的发展起了重要作用. 1936 年, 在 Oslo 召开的国际数学家大会邀请 Banach 在全体大会上作报告. 在波兰国内, Banach 被授予多种科学奖金, 1939 年被选为波兰数学会主席.

Banach 的主要工作是引进赋范空间概念, 证明了很多赋范空间基本定理, 很多重要的定理都以他的名字命名, 他证明的三个基本定理 (Hahn-Banach 线性泛函延拓定理、Banach-Steinhaus 定理和闭图像定理) 概括了许多经典的分析结果, 在理论上和应用上都有重要的价值. 现在大家都把完备的赋范空间称为 Banach 空间. 此外, 在实变函数论方面, 1929 年, 他同 Tarski 合作解决了一般测度问题. 在集合论方面, 1924 年, 他同 Tarski 合作提出了 Banach-Tarski 悖论.

第 2 章学习指导

基本要求

1. 熟练掌握范数连续、范数强弱比较的定义及其意义.

2. 重要定理:

(1) 设 $(X, \|\cdot\|)$ 是赋范线性空间, 则 $(X, \|\cdot\|)$ 完备的充要条件为 X 的每一绝对收敛级数都收敛.

(2) 设 X 是有限维线性空间, $\|\cdot\|_1$ 与 $\|\cdot\|_2$ 是 X 上的两个范数, 则它们一定等价.

(3) 赋范线性空间 $(X, \|\cdot\|)$ 是有限维的当且仅当 X 的闭单位球是紧的.

(4) 赋范线性空间的 Hahn-Banach 保范延拓定理.

释疑解难

1. 对于任意线性空间 X, 一定可以定义范数 $\|\cdot\|$, 使得 $(X, \|\cdot\|)$ 成为赋范空间吗?

是的. 实际上, 对于线性空间 X, 设 $\{e_\alpha\}$ 是 X 的 Hamel 基, 则对于任意 $x \in X$, 存在有限个 $e_{\alpha_i} \in \{e_\alpha\}$, 使得 $x = \sum_{i=1}^{n} x_i e_{\alpha_i}$, 定义 $\|x\| = \max |x_i|$, 不难验证 $\|\cdot\|$ 就是 X 的范数.

2. 要理解在赋范空间 $(X, \|\cdot\|)$ 一定可以引入度量 $d(x,y) = \|x - y\|$, 使之成为 (X, d) 是度量空间. 反过来, 度量空间 (X, d) 一般不一定存在范数 $\|\cdot\|$, 使得 $d(x,y) = \|x - y\|$.

3. 若 $\|\cdot\|$ 是线性空间 X 上的一个范数, 则对于任意的 $x \in X, \|x\|$ 是一个固定的有限实数, 不能是无穷大.

4. 范数证明中常用到的一些不等式.

(1) Cauchy 不等式:

$$\left(\sum_{i=1}^{n} x_i y_i\right)^2 \leqslant \left(\sum_{i=1}^{n} x_i^2\right)\left(\sum_{i=1}^{n} y_i^2\right)$$

利用 Cauchy 不等式可以证明 R^n 中, $\|x\| = \left(\sum_{i=1}^{n} x_i^2\right)^{1/2}$ 是范数.

(2) Hölder 不等式: 设 $p > 1, q > 1, \dfrac{1}{p} + \dfrac{1}{q} = 1$. 若 $(\int_a^b |f(t)|^p \mathrm{d}t)^{1/p} < +\infty$, $(\int_a^b |g(t)|^q \mathrm{d}t)^{1/q} < +\infty$, 则

$$\int_a^b |f(t)g(t)| \mathrm{d}t \leqslant \left(\int_a^b |f(t)|^p \mathrm{d}t\right)^{1/p} \left(\int_a^b |g(t)|^q \mathrm{d}t\right)^{1/q}$$

特别地, 有

$$\sum_{i=1}^{n} |x_i y_i| \leqslant \left(\sum_{i=1}^{n} |x_i|^p\right)^{1/p} \left(\sum_{i=1}^{n} |y_i|^q\right)^{1/q}$$

(3) Minkowski 不等式: 设 $p \geqslant 1$, 若 $\left(\int_a^b |f(t)|^p \mathrm{d}t\right)^{1/p} < +\infty$, $\left(\int_a^b |g(t)|^p \mathrm{d}t\right)^{1/p}$ $< +\infty$, 则

$$\left(\int_a^b |f(t) + g(t)|^p \mathrm{d}t\right)^{1/p} \leqslant \left(\int_a^b |f(t)|^p \mathrm{d}t\right)^{1/p} + \left(\int_a^b |g(t)|^p \mathrm{d}t\right)^{1/p}$$

利用 Minkowski 不等式, 可以证明 $p \geqslant 1$ 时, $\|f\| = \left(\int_a^b |f(t)|^p \mathrm{d}t\right)^{1/p}$ 是 $L_p[a, b]$ 上的范数.

5. l_1 是 c_0 的子空间吗? c_0 是 l_∞ 的子空间吗?

明显地, 集合 $l_1 \subset c_0 \subset l_\infty$, 由于 l_1 与 c_0 的范数不一样, 因此 l_1 不是赋范空间 c_0 的线性子空间. c_0 的范数与 l_∞ 的范数一样, 故 c_0 是赋范空间 l_∞ 的线性子空间.

6. 对于不同的 p 和 q, l_p 与 l_q 有什么关系?

对于 $l_p = \{(x_i) \mid \sum_{i=1}^{\infty} |x_i|^p < \infty\}$, 对于 $p < q$, 有 $l_p \subset l_q$.

实际上, 对于任意 $x \in l_p, \|x\| \leqslant 1$ 时, 有 $|x_i| \leqslant 1$, 故 $|x_i|^q \leqslant |x_i|^p$ 对任意 i 成立. 因此容易知道, 当 $x \in l_p, \|x\| \leqslant 1$ 时, 有 $\sum_{i=1}^{\infty} |x_i|^p < \infty$, 故 $\sum_{i=1}^{\infty} |x_i|^q < \infty$, 故 $x \in l_q$. 由 l_p 和 l_q 都是线性空间可知 $l_p \subset l_q$.

不过应该注意到 l_p 和 l_q 的范数不一样, 因此 l_p 不是赋范空间 l_q 的赋范子空间.

7. 在赋范空间 $(X, \|\cdot\|)$ 中, 有下面的范数不等式:

(1) 对于任意的 $x, y \in X$, 有 $|\|x\| - \|y\|| \leqslant \|x \pm y\|$ 成立.

(2) 对于任意不为 0, 并且满足 $\|x\| \geqslant \|y\|$ 的 $x, y \in X$, 都有

$$\|x + y\| + \left(2 - \|\frac{x}{\|x\|} + \frac{y}{\|y\|}\|\right) \|y\| \leqslant \|x\| + \|y\|$$

$$\leqslant \|x + y\| + \left(2 - \|\frac{x}{\|x\|} + \frac{y}{\|y\|}\|\right) \|x\|$$

8. 在赋范空间 $(X, \|\cdot\|)$ 中, 范数拓扑比一般的度量拓扑要简明一些.

(1) 赋范空间 $(X, \|\cdot\|)$ 中, 开球 $U(x_0, r)$ 的闭包一定是半径一样的闭球 $B(x_0, r)$.

(2) 赋范空间 $(X, \|\cdot\|)$ 中, 闭球 $B(x_0, r)$ 的内部一定是半径一样的开球 $U(x_0, r)$.

(3) 在赋范空间 $(X, \|\cdot\|)$ 中, 半径小的球一定不能真包含半径大的球.

实际上, 设小球为 $B(x_1, r_1)$, 大球为 $B(x_2, r_2), x_1 \neq x_2, r_1 < r_2$, 并且小球包含大球, 即 $B(x_1, r_1) \supset B(x_2, r_2)$. 则显然 $x_2 \in B(x_1, r_1)$. 令

$$y = x_1 + \frac{x_2 - x_1}{2\|x_2 - x_1\|}(r_1 + r_2 + 2\|x_2 - x_1\|)$$

则只需证明 y 属于大球, 但 y 不属于小球. 由于

$$\|y - x_1\| = \left\|\frac{x_2 - x_1}{2\|x_2 - x_1\|}(r_1 + r_2 + 2\|x_2 - x_1\|)\right\|$$

$$= \frac{r_1 + r_2}{2} + \|x_2 - x_1\| \geqslant r_1.$$

因此 y 不属于 $B(x_1, r_1)$. 但

$$\|y - x_2\| = \left\|x_1 + \frac{x_2 - x_1}{2\|x_2 - x_1\|}(r_1 + r_2 + 2\|x_2 - x_1\|) - x_2\right\|$$

$$\left\|\frac{2\|x_2 - x_1\|(-x_2 + x_1)}{2\|x_2 - x_1\|} + \frac{(r_1 + r_2 + 2\|x_2 - x_1\|)(x_2 - x_1)}{2\|x_2 - x_1\|}\right\|$$

$$= \frac{r_1 + r_2}{2} < r_2.$$

因而存在 $y \in B(x_2, r_2)$, 但 y 不属于 $B(x_1, r_1)$, 所以, 小球不可能包含大球.

9. 在线性空间 X 上, 有可能存在范数 $\|\cdot\|$, 使得 X 所有的子集都是有界的吗?

不可能. 实际上, 对于任意范数 $\|\cdot\|$, 取 $x_0 \in X, x_0 \neq 0$. 令 $x_n = \dfrac{nx_0}{\|x_0\|}$, 则 $\{x_n\}$ 一定不是有界的.

10. 若 $(X, \|\cdot\|)$ 是赋范空间, X 有可能是紧集吗?

不可能. 实际上, 对于 $x_0 \in X, x_0 \neq 0$, 取 $x_n = \dfrac{nx_0}{\|x_0\|}$, 则 $x_n \in X$, 但它没有任何收敛子序列, 所以 X 一定不是紧集.

11. 等度连续与一致收敛性有哪些关系?

$[0, 1]$ 上的函数列一致收敛性定义: 设 $x_n(t), x(t) \in C[0, 1]$, 若对任意 $\varepsilon > 0$, 存在 N, 当 $n > N$ 时, 有 $|x_n(t) - x(t)| < \varepsilon$ 对任意 $t \in [0, 1]$ 都成立, 则称函数列 $\{x_n(t)\}$ 在 $[0, 1]$ 上一致收敛于 $x(t)$.

等度连续与一致收敛性有下面的关系:

(1) 若 $\{x_n(t)\}$ 在 $[0, 1]$ 上等度连续, 则对任意自然数 n, 每个 $x_n(t)$ 在 $[0, 1]$ 上都是一致连续的. 反过来不一定成立, 对于每个 n, 每个 $x_n(t)$ 在 $[0, 1]$ 上一致连

续时,$\{x_n(t)\}$ 在 $[0,1]$ 上也不一定等度连续. 实际上, 在 $[0,1]$ 上, 取 $x_n(t) = t^n$, 则 $x_n(t)$ 在 $[0,1]$ 上一致连续, 但 $\{x_n(t)\}$ 不是等度连续的.

(2) 若每个 n, 每个 $x_n(t)$ 在 $[0,1]$ 上都是连续的, 并且 $\{x_n(t)\}$ 在 $[0,1]$ 上一致收敛, 则 $\{x_n(t)\}$ 在 $[0,1]$ 上等度连续.

(3) 若 $\{x_n(t)\}$ 在 $[0,1]$ 上等度连续, 而且对任意 $t \in [0,1]$, 数列 $\{x_n(t)\}$ 都是收敛的, 则 $\{x_n(t)\}$ 在 $[0,1]$ 上一致收敛.

12. $[0,1]$ 上等度连续函数列的例子:

对于固定的正实数 M, 设 $F = \{x(t) \in C[0,1] \mid |x(t) - x(s)| \leqslant M|t - s|$ 对于任意 $t, s \in [0,1]$ 都成立 $\}$, 则 F 是等度连续的. 例如,$F = \{x_\alpha(t) \in C[0,1] \mid x_\alpha(t) = \sin(t + \alpha), \alpha \in R\}$, 则 F 是等度连续的.

13. 如何判断赋范空间 X 中的一个子集 F 是相对紧集?

要判断一个子集是相对紧集有时是很难的.

(1) R^n 的子集 F 是相对紧集当且仅当 F 是有界的.

(2) Arzelà-Ascoli 定理: $C[0,1]$ 的子集 F 是相对紧集当且仅当 F 是有界的和等度连续的.

(3) 在 $l_p(1 \leqslant p < \infty)$ 中, 有界集 F 是相对紧集当且仅当 $\lim\limits_{n \to \infty} \sum\limits_{i=n}^{\infty} |x_i|^p = 0$ 对所有的 $x \in F$ 一致成立. 即对任意的 $\varepsilon > 0$, 存在 N, 使得 $n > N$ 时, $\sum\limits_{i=n}^{\infty} |x_i|^p < \varepsilon$ 对所有的 $x \in F$ 都成立.

14. 在 Riesz 引理中, 若取 $\varepsilon = 1$, 则一定存在 $x_\varepsilon \in X, \|x_\varepsilon\| = 1$, 使得 $\|x - x_\varepsilon\| \geqslant \varepsilon$, 对所有 $x \in M$ 都成立吗?

不一定. 实际上, 设 $X = \{x \in C[0,1] \mid x(0) = 0\}, \|x\| = \sup\limits_{t \in [0,1]} |x(t)|. M = \{x \in X \mid \int_0^1 x(t)\mathrm{d}t = 0\}$. 则 M 是 X 的闭真子空间, 并且不存在 $x_1 \in X, \|x_1\| = 1$, 使得 $d(x_1, M) = 1$.

15. R^n, c_0, l_1 和 $l_p(1 < p < \infty)$ 都是可分 Banach 空间, 但 l_∞ 不是可分的 Banach 空间. 表面上,$\{e_n\}$ 是 l_∞ 的一个 Schauder 基, 但对于 $x_0 = (1, 1, \cdots) \in l_\infty$, 由于 $\|x_0 - \sum\limits_{i=1}^{n} e_i\| = 1$, 因此 $x_0 = \sum\limits_{i=1}^{\infty} e_i$ 不成立. 所以 $\{e_n\}$ 不是 l_∞ 的 Schauder 基.

16. Hamel 基和 Schauder 基有什么区别?

Hamel 基和 Schauder 基的主要区别是 Hamel 基对任意 x 的线性表示都是有限和, 但 Schauder 基对 x 的表示可以是无限和的形式.

17. 可分性与完备性有什么关系?

可分性与完备性没有直接的联系.

(1) l_∞ 是完备的, 但它不是可分的 Banach 空间.

(2) 对于 $X = \{(x_i) \mid$ 只有有限个 x_i 不为 $0\}$, X 在范数 $\|x\| = \max\{|x_i|\}$ 下是可分的赋范空间, 它不是完备的.

18. 对于赋范空间 X 上的线性连续泛函 f, f 能否在单位球面 S_X 上达到它的范数 $\|f\|$?

(1) 若赋范空间 X 是有限维的, 则对于 X 上的任意线性连续泛函 f, 一定存在 $\|x\| = 1$, 使得 $f(x) = \|f\|$.

(2) 对于任意 X 上的线性连续泛函 f, 一定存在 $\|x\| = 1$, 使得 $f(x) = \|f\|$ 时, 赋范空间 X 不一定是有限维的. 如 l_p 就具有这样的性质, 但它不是有限维的赋范空间.

(3) 对于一般的赋范空间 X, 任意 X 上的线性连续泛函 f, 不一定存在 $\|x\| = 1$, 使得 $f(x) = \|f\|$. 如在 c_0 上, 取 $f(x) = \displaystyle\sum_{i=1}^{\infty} \frac{x_i}{2^i}$, 则 $\|f\| = 1$, 但对于任意 $x \in c_0$, 都有 $|f(x)| < \|f\|$. 实际上, 如果 $x \in c_0$, 使得 $f(x) = \|f\|$, 则必有 $x_i = 1$ 对所有的 i 都成立, 但这与 $\lim x_i = 0$ 矛盾.

19. Hahn-Banach 延拓定理还有其他形式吗?

Hahn-Banach 保范延拓定理还有另外一些形式, 一般称为 Hahn-Banach 分离定理, 它在凸几何、最优化和经济等有广泛的应用.

(1) Eidelheit 分离定理: 设 X 是实赋范空间, C_1 和 C_2 是 X 中的非空凸集, C_1^o 非空, $C_1 \bigcap C_2 = \varnothing$, 则存在非零线性泛函 $f \in X^*$, 使得

$$\sup_{x \in C_1} f(x) \leqslant \inf_{y \in C_2} f(y).$$

不过, 如果在 Eidelheit 分离定理中 C_1^o 非空的条件不满足, 则结论不一定成立. 在实序列空间 l_2 中, 令 $C = \{(x_i) \in l_2 \mid$ 只有有限个坐标不为 0, 并且最后一个不为 0 的 x_i 大于 $0\}$, 则 C 是 l_2 的非空凸集, 并且 0 不属于 C, 但不存在非零线性泛函 $f \in l_2^*$, 使得 $\sup_{x \in C} f(x) \leqslant f(0)$. 实际上, 若线性泛函 $f \in l_2^*$, 使得 $\sup_{x \in C} f(x) \leqslant f(0)$, 则 $f(e_n + e_{n+1}) \leqslant 0, f(-e_n + e_{n+1}) \leqslant 0$, 故 $f(e_n) \leqslant 0$. 由 $f(e_{n+1}) \leqslant -f(e_n)$ 可知 $f(e_{n+1}) \geqslant 0$ 对所有 n 成立, 因而 $f(e_n) = 0$, 所以 f 是零线性泛函.

(2) Ascoli 分离定理: 设 X 是实赋范空间, C_1 和 C_2 是 X 中的非空闭凸集, C_1 是紧集, $C_1 \bigcap C_2 = \varnothing$, 则存在非零线性泛函 $f \in X^*, \alpha \in R$, 使得

$$\sup_{x \in C_1} f(x) < \alpha < \inf_{y \in C_2} f(y).$$

因此, 设 X 是实赋范空间, C 是 X 中的非空闭凸集, 对于任意不属于 C 的 x_0, 存在非零线性泛函 $f \in X^*, \alpha \in R$, 使得

$$\sup_{x \in C} f(x) < \alpha < f(x_0).$$

20. Hahn-Banach 保范延拓定理对于线性算子成立吗?

Hahn-Banach 保范延拓定理只对线性泛函成立, 对于线性算子, 不一定成立.

解题技巧

1. 利用范数不等式, 比较线性空间 X 上不同范数的强弱.

2. 讨论常见赋范空间的完备性.

3. 讨论和证明常见的赋范空间的可分性.

4. 与逼近有关的一些解题技巧.

5. 求连续线性泛函 f 的范数 $\|f\|$. 一般来说, 先找出一个尽可能小的 M, 使得 $|f(x)| \leqslant M\|x\|$, 从而有 $\|f\| \leqslant M$, 然后再尝试证明 $\|f\| \geqslant M$.

(1) 如果存在 $\|x_0\| = 1$, 使得 $|f(x_0)| = M$, 则容易知道 $\|f\| = M$.

(2) 如果不存在 $\|x_0\| = 1$, 使得 $|f(x_0)| = M$, 则可尝试找出 $\|x_n\| = 1$, 使得 $|f(x_n)| \to M$, 从而 $\|f\| = M$.

若上面两种方法都不成功, 就要检查 M 是否取得太大了.

6. 利用赋范空间 Hahn-Banach 保范延拓定理及其推论解题的技巧.

可供进一步思考的问题

1. 整理和讨论有限维赋范空间的性质. 不难验证下面条件都是等价的:

(1) 赋范空间 X 是有限维的.

(2) X 上的任意线性泛函都是连续的.

(3) X 的任意线性子空间 M 都是闭的.

2. 若任意 $x \in X, \|x\| = 1$, 对于任意 $\varepsilon > 0$, 都存在 $\delta > 0$, 使得 $\|y\| = 1$, 并且 $\|\frac{x+y}{2}\| > 1 - \delta$ 时, 有 $\|x - y\| < \varepsilon$, 则称赋范空间 X 是局部一致凸的. 试给出局部一致凸的赋范空间的一些性质.

3. 查阅和总结 Hahn-Banach 定理的发展历史及其应用.

第 3 章　有界线性算子

音乐能激发或抚慰情怀, 绘画使人赏心悦目, 诗歌能
动人心弦, 哲学使人获得智慧, 科学可改善物质生活, 但数
学能给予以上的一切.

Klein(1849—1925, 德国数学家)

　　1922 年, Banach 建立了完备赋范线性空间的公理, 证明了一些基本定理后, 就讨论了定义在一个完备赋范线性空间上而取值于另一个完备赋范线性空间的算子, 在这类算子中最重要的是连续可加算子, 所谓可加算子是指对所有 x, y, 都有 $T(x + y) = Tx + Ty$. 容易证明, T 是连续可加算子时, 必有 $T(\alpha x) = \alpha T x$ 成立. Banach 证明了若 T 是连续的可加算子, 则存在常数 $M > 0$, 使得 $||Tx|| \leqslant M||x||$. 另外, 他还证明了若 $\{T_n\}$ 是连续可加算子序列, T 也是可加算子, 且对任意 $x \in X$, 都有 $\lim\limits_{n \to \infty} T_n x = Tx$, 则 T 也是连续的.

　　1922 年, Hahn 证明了若 X 是一个完备赋范空间, $\{f_n\}$ 为 X 上的一列线性连续泛函, 且对任意 $x \in X, \{f_n(x)\}$ 都有上界, 则 $\{||f_n||\}$ 一定是有界的.

　　1927 年, Banach 和 Steinhaus 证明了若 T_n 为完备赋范空间 X 到赋范空间 Y 的线性连续算子, 且对任意 $x \in X, \{||T_n x||\}$ 都有界, 则 $\{||T_n||\}$ 一定有界, 这就是 Banach 空间理论的重要定理, 称为一致有界原理.

　　1929—1930 年, Neumann 还引进并讨论了算子的几种收敛性.

　　1932 年, Banach 出版了《线性算子理论》(*Théorie des Opérations Linéaires*), 书中包括了当时有关赋范线性空间的绝大部分结果, 而非常著名闭图像定理就是其中一个定理的推论.

3.1　有界线性算子

　　算子就是从一个空间到另一个空间的映射, 算子可分为线性算子与非线性算子.

　　定义 3.1.1　设 X 和 Y 都是赋范空间, T 是从 X 到 Y 的算子, 且满足:

(1) $T(x + y) = Tx + Ty$, 任意 $x, y \in X$;

(2) $T(\alpha x) = \alpha T x$, 任意 $x \in X, \alpha \in K$.

则称 T 为 X 到 Y 的线性算子.

明显地, 若 Y 是数域 K, 则 X 到 K 的线性算子就是线性泛函.

例 3.1.1 定义从 l_∞ 到 c_0 的算子

$$T(x_i) = \left(\frac{x_i}{2^i}\right),$$

则对任意 $(x_i) \in l_\infty$, 有 $M > 0$, 使得 $\sup |x_i| \leqslant M < \infty$. 故 $\left|\dfrac{x_i}{2^i}\right| \leqslant \dfrac{M}{2^i} \to 0(i \to \infty)$.
因此 $T(x_i) \in c_0$, 即 T 是 l_∞ 到 c_0 的算子, 并且

$$T(\alpha x + \beta y) = \left(\frac{\alpha x_i + \beta y_i}{2^i}\right) = \alpha\left(\frac{x_i}{2^i}\right) + \beta\left(\frac{y_i}{2^i}\right) = \alpha Tx + \beta Ty,$$

所以 T 是 l_∞ 到 c_0 的线性算子.

例 3.1.2 设 T 是从 c_0 到 R^n 的算子, 且对任意 $x = (x_i) \in c_0$, 定义 $Tx = (y_i)$,
这里 $i \leqslant n$ 时, $y_i = x_i$, 则 T 是从 c_0 到 R^n 的线性算子.

类似于线性连续泛函, 对于线性连续算子, 容易看出下面定理成立:

定理 3.1.1 设 T 是赋范空间 X 到 Y 的线性算子, 则 T 在 X 上连续当且仅
当 T 在某个 $x_0 \in X$ 处连续.

线性算子的连续与有界性有着密切的联系.

定义 3.1.2 设 T 是赋范空间 X 到 Y 的线性算子, 若存在数 $M > 0$, 使得

$$||Tx|| \leqslant M||x||, \quad \text{对任意 } x \in X \text{ 成立}.$$

则称 T 是有界线性算子, 否则称为无界的.

类似于线性有界泛函, 有下面的定理:

定理 3.1.2 设 T 是赋范空间 X 到 Y 的线性算子, 则 T 是有界的当且仅当
T 是连续的.

由上面定理可知, 当 T 是 X 到 Y 的线性连续算子时, 必有 $M > 0$, 使得

$$||Tx|| \leqslant M||x||,$$

由此对 $x \neq 0$, 有 $\dfrac{||Tx||}{||x||} \leqslant M < +\infty$.

定义 3.1.3 若 T 是 X 到 Y 的线性连续算子, 则称

$$||T|| = \sup_{x \neq 0} \frac{||Tx||}{||x||}$$

为 T 的范数.

容易验证, $||T|| = \sup\limits_{||x||=1} ||Tx|| = \sup\limits_{||x||\leqslant 1} ||Tx|| = \sup\limits_{||x||<1} ||Tx||$.

例 3.1.3 设 X 是赋范空间, I 是 X 到 X 的恒等算子, 则 I 是连续的, 且
$||I|| = \sup\limits_{||x||=1} ||Ix|| = \sup\limits_{||x||=1} ||x|| = 1$.

有限维赋范空间上的线性算子的连续性显得特别简单明了.

定理 3.1.3　若 X 是有限维赋范空间, Y 是任意赋范空间, 则 X 到 Y 的任意线性算子 T 都是连续的.

证明　设 X 是 n 维赋范空间, $\{e_1, \cdots, e_n\}$ 是 X 的 Schauder 基, 则对任意 $x \in X$, 有 $x = \sum_{i=1}^{n} \alpha_i e_i$.

由于 T 是线性的, 故

$$Tx = \sum_{i=1}^{n} \alpha_i Te_i,$$

$$||Tx|| = \left\|\sum_{i=1}^{n} \alpha_i Te_i\right\| \leqslant \sum_{i=1}^{n} |\alpha_i| \, ||Te_i|| \leqslant \max\{||Te_i||\} \left(\sum_{i=1}^{n} |\alpha_i|\right).$$

对任意 $x \in X$, 定义 $||x||_1 = \sum_{i=1}^{n} |\alpha_i|$, 则 $||\cdot||_1$ 是 X 上的范数, 因此 $||\cdot||_1$ 与 $||\cdot||$ 等价, 即存在 $C > 0$, 使得

$$\sum_{i=1}^{n} |\alpha_i| = ||x||_1 \leqslant C||x||.$$

令 $M = C \max\{||Te_i||\}$, 则

$$||Tx|| \leqslant M||x||,$$

所以, T 是 X 到 Y 的连续线性算子.

若用 $L(X,Y)$ 记所有从赋范空间 X 到赋范空间 Y 的线性连续算子, 则 $L(X,Y)$ 在线性运算 $(\alpha T_1 + \beta T_2)x = \alpha T_1 x + \beta T_2 x$ 下是一个线性空间, 在 $L(X,Y)$ 中, 由算子范数的定义有 $||T_1 + T_2|| \leqslant ||T_1|| + ||T_2||$ 和 $||\lambda T|| = |\lambda| \, ||T||$, 以及 $||T|| = 0$ 时 $T = 0$ 成立. 因此 $L(X,Y)$ 在算子范数 $||\cdot||$ 下是一个赋范空间, 并且当 Y 是 Banach 空间时, $L(X,Y)$ 也是 Banach 空间.

定理 3.1.4　设 X 是赋范空间, Y 是 Banach 空间, 则 $L(X,Y)$ 是 Banach 空间.

证明　设 $\{T_n\}$ 为 $L(X,Y)$ 的 Cauchy 列, 因此对任意 $\varepsilon > 0$, 存在 N, 使得 m, $n > N$ 时,

$$||T_m - T_n|| < \varepsilon.$$

对任意 $x \in X$, 有

$$||T_m x - T_n x|| = ||(T_m - T_n)x|| \leqslant ||T_m - T_n|| \, \cdot \, ||x|| < \varepsilon||x||,$$

因此 $\{T_n x\}$ 为 Y 中的 Cauchy 列, 由 Y 的完备性质可知, 存在 $y \in Y$, 使得

$$\lim_{n \to \infty} T_n x = y.$$

定义 X 到 Y 的算子, $Tx = y = \lim\limits_{n \to \infty} T_n x$, 易知 T 是线性的.

由于 $| \,\|T_m\| - \|T_n\| \,| \leqslant \|T_m - T_n\| \to 0$, 因此 $\{\|T_n\|\}$ 为 R 中的 Cauchy 列, 从而存在 $M > 0$, 使得 $\|T_n\| \leqslant M$, 对任意 $n \in N$ 都成立. 故 $\|Tx\| = \lim\limits_{n \to \infty} \|T_n x\| \leqslant M\|x\|$, 从而 T 是 X 到 Y 的线性连续算子.

由上面证明可知对任意 $\varepsilon > 0$, 存在 N, 使得 $m, n > N$ 时, 有

$$\|T_m x - T_n x\| \leqslant \|T_m - T_n\| \cdot \|x\| \leqslant \varepsilon \|x\|, \quad \text{对任意} x \in X \text{都成立.}$$

令 $m \to \infty$, 则

$$\|Tx - T_n x\| \leqslant \varepsilon \|x\|,$$

因此

$$\|T_n - T\| = \sup_{x \neq 0, x \in X} \frac{\|T_n x - Tx\|}{\|x\|} \leqslant \varepsilon,$$

对任意 $n > N$ 成立, 从而 $T_n \to T$, 所以, $L(X, Y)$ 是完备的.

由于数域 K 完备, 因此容易看到下面结论成立:

推论 3.1.1 对于任意赋范空间 X, $L(X, K)$ 一定完备.

后面都将 $L(X, K)$ 记为 X^*, 称之为 X 的共轭空间, 因此所有赋范空间 X 的共轭空间 X^* 都是完备的.

*. Banach 代数

对于线性连续算子, 还可以用代数的方法来研究. von Neumann(1930) 研究了算子环, Nagumo(1936) 用线性度量环 (linear metric rings) 的名称引入了 Banach 代数, Banach 代数这一名称是 Zorn 提出的, 它最初出现在 Ambrose(1945) 的书中.

定义 3.1.4 设 X 是 Banach 空间, 若存在从 $X \times X$ 到 X 的乘法 $(x, y) \mapsto xy$, 使得在加法和乘法下 X 是一个环, 并且 $\|xy\| \leqslant \|x\|\|y\|$ 对任意 $x, y \in X$ 都成立, 则称 X 是 Banach 代数 (Banach algebra).

例 3.1.4 $[0, 1]$ 上的所有连续函数全体 $C[0, 1]$ 在范数 $\|x\| = \max_{t \in [0,1]} |x(t)|$ 下是 Banach 空间, 定义乘法 $(xy)(t) = x(t)y(t)$, 则容易验证 $C[0, 1]$ 是 Banach 代数.

定理 3.1.5 若 X 是 Banach 空间, 则 X 到 X 的线性连续算子全体 $L(X, X)$ 在乘法为算子复合时是 Banach 代数.

证明 容易验证 $L(X, X)$ 是一个环, 恒等算子 I 是单位元, 并且对于任意 $S, T \in L(X, X)$, 有

$$\|ST\| = \sup_{\|x\|=1} \|(ST)x\| = \sup_{\|x\|=1} \|S(Tx)\| \leqslant \|S\| \sup_{\|x\|=1} \|Tx\| = \|S\|\|T\|.$$

所以, $L(X, X)$ 是 Banach 代数.

3.2　一致有界原理

设 X 和 Y 是 Banach 空间. $\{T_\alpha | \alpha \in \wedge\}$ 是 $L(X, Y)$ 中的一族有界线性算子, 一致有界原理指的是若对于任意 $x \in X$, $\{\|T_\alpha x\| \, |\alpha \in \wedge\}$ 是有界集, 则 $\{\|T_\alpha\| \, |\alpha \in \wedge\}$ 一定是有界集, 即 $\sup_{\alpha \in \wedge} \|T_\alpha\| < +\infty$. 其实, 这一定理的一些特殊情形, 许多数学家早就注意到了, 如 Lebesgue, Hellinger 和 Toeplitz 等, Hahn 在 1922 年总结了他们的结果, 证明了对 Banach 空间 X 上的一列线性泛函 $\{f_n\}$, 若任意 $x \in X$, $\{|f_n(x)|\}$ 有界, 则 $\{\|f_n\|\}$ 一定有界. 独立地, Banach 证明了比 Hahn 更一般的情形, 即设 $\{T_n\}$ 是 Banach 空间 X 到赋范空间 Y 的一列算子, 若对任意 $x \in X$, $\{\|T_n x\|\}$ 有界, 则 $\{\|T_n\|\}$ 一定有界. 最后, 1927 年, Banach 与 Steinhaus 利用 Baire 在 1899 年证明的一个引理, 证明了一致有界原理.

引理 3.2.1(Baire 引理)　　设 $\{F_n\}$ 是 Banach 空间 X 中的一列闭集, 若 $(\bigcup\limits_{n=1}^{\infty} F_n)^0 \neq \varnothing$, 则存在某个 N 使得 $F_N^0 \neq \varnothing$.

下面举两个例子.

例 3.2.1　　在 R 中, $F_n = \left[1 + \dfrac{1}{n}, \, 8 - \dfrac{1}{n}\right]$, 则 $\bigcup\limits_{n=1}^{\infty} F_n = (1, \, 8)$ 有内点, 故必有某个 $F_N^0 \neq \varnothing$.

例 3.2.2　　在 R 中, $F_n = \{1, 2, \cdots, n\}$, 则对任意 n, $F_n^0 = \varnothing$, 且 $\bigcup\limits_{n=1}^{\infty} F_n = \{1, 2, \cdots, n, n+1, \cdots\}$, 所以 $\left(\bigcup\limits_{n=1}^{\infty} F_n\right)^0 = \varnothing$.

1912 年, Helly 建立了 $C[a, \, b]$ 上的一致有界性原理, Banach 空间上的一致有界性原理是 Banach(1922), Hahn(1922) 和 Hildebrandt 给出的, 1927 年, Steinhaus 以 Banach 和他两个人的名义在《数学基础》第 9 卷上发表了该定理. 他断言, 在 Banach 空间 X 上, 如果有一列算子 T_n, 对每个 $x \in X$, 数列 $\{\|T_n x\|\}(n = 1, 2, \cdots)$ 都有上界 M_x, 那么必存在常数 M, 使得 $\{\|T_n\|\}$ 有上界 M. 这个由各点 x 的局部有界性可得到在一个单位球上整体的一致有界性的深刻定理就叫 Banach-Steinhaus 定理或一致有界原理.

定理 3.2.1 (一致有界原理)　　设 X 是 Banach 空间, Y 是赋范空间, $\{T_\alpha | \alpha \in \wedge\}$ 是 $L(X, Y)$ 中的一族有界线性算子, 若对任意 $x \in X$, 有

$$\sup_{\alpha \in \wedge}\{\|T_\alpha x\|\} < +\infty,$$

则

$$\sup_{\alpha \in \wedge}\{\|T_\alpha\|\} < +\infty.$$

证明　　对任意 n, 令 $F_n = \bigcap\limits_{\alpha \in \wedge} \{x \in X | \, \|T_\alpha x\| \leqslant n\}$, 则 F_n 是 X 的闭集, 且

$\bigcup\limits_{n=1}^{\infty} F_n = X$, 由于 $\left(\bigcup\limits_{n=1}^{\infty} F_n\right)^0 = X^0 \neq \varnothing$, 因此, 由 Baire 引理可知存在某个 N, 使得 $F_N^0 \neq \varnothing$, 故存在 $x_0 \in F_N$ 及 $r > 0$, 使得 $U(x_0, r) \subset F_N$, 因为 F_N 是闭集, 所以

$$\overline{U(x_0, r)} = B(x_0, r) \subset F_N,$$

因此对于任意 $x \in X$, $||x|| = 1$, 有

$$x_0 + rx \in B(x_0, r) \subset F_N,$$

故对任意 α, 有

$$||T_\alpha(x_0 + rx)|| \leqslant N.$$

又由于 $||rT_\alpha x|| - ||T_\alpha x_0|| \leqslant ||T_\alpha(x_0 + rx)||$, 故

$$||T_\alpha x|| \leqslant \frac{1}{r}(N + ||T_\alpha x_0||) \leqslant \frac{1}{r}(N + \sup_{\alpha \in \wedge} ||T_\alpha x_0||) < +\infty.$$

令 $M = \dfrac{1}{r}(N + \sup\limits_{\alpha \in \wedge} ||T_\alpha x_0||)$, 则 M 与 x 无关, 且 $M < +\infty$. 所以

$$||T_\alpha|| = \sup_{||x||=1} ||T_\alpha x|| \leqslant M < +\infty.$$

问题 3.2.1 在一致有界原理中, X 的完备性能否去掉?

例 3.2.3 设 X 为全体实系数多项式, 对任意 $x \in X$,

$$x = x(t) = \sum_{i=1}^{n} \alpha_i t^{i-1}, \quad ||x|| = \max_{1 \leqslant i \leqslant n} |\alpha_i|,$$

则 $(X, ||\cdot||)$ 是赋范空间, 但不完备, 在 X 上一致有界原理不成立.

事实上, 对任意 $x \in X$, x 可以写成 $x(t) = \sum\limits_{i=1}^{\infty} \alpha_i t^{i-1}$, 这里存在某个 N_x, 使得 $i > N_x$ 时, $\alpha_i = 0$, 在 X 上定义一列泛函 f_n:

$$f_n(x) = \sum_{i=1}^{n} \alpha_i, \quad 这里 \ x = x(t) = \sum_{i=1}^{\infty} \alpha_i t^{i-1}.$$

由 $|f_n(x)| = |\sum\limits_{i=1}^{n} \alpha_i| \leqslant n\,||x||$ 可知 $f_n \in L(X, R)$, 且对于任意 $x \in X$, 有

$$x = \sum_{i=1}^{m} \alpha_i t^{i-1} = \sum_{i=1}^{\infty} \alpha_i t^{i-1},$$

故 $|f_n(x)| = \left|\sum\limits_{i=1}^{m} \alpha_i\right| \leqslant \sum\limits_{i=1}^{m} |\alpha_i|$(对于固定的 x, m 是固定的), 因此

$$\sup_{1 \leqslant n < \infty} |f_n(x)| \leqslant m\,||x|| < +\infty.$$

但对于任意 $k \in N$, 取 $x_0(t) = 1 + t + \cdots + t^k$, 有

$$\|x_0\| = \max\{1, 1, 1, \cdots, 1\} = 1, \text{且} \quad \sup\{\|f_n\|\} \geqslant \sup\{|f_n(x_0)|\} \geqslant f_k(x_0) = k.$$

由 k 的任意性可知 $\sup\{\|f_n\|\} = +\infty$, 因此, $\{f_n\}$ 不是一致有界的.

推论 3.2.1   设 X 是赋范空间, $\{x_\alpha \mid \alpha \in \wedge\} \subset X$, 若对任意 $f \in X^*$, 有 $\sup\limits_{\alpha \in \wedge}\{|f(x_\alpha)|\} < +\infty$, 则 $\sup\limits_{\alpha \in \wedge}\{\|x_\alpha\|\} < +\infty$.

证明   定义 $T_\alpha : X^* \to R$ 为

$$T_\alpha(f) = f(x_\alpha),$$

则 T_α 是线性算子, 且对固定的 α, 有

$$|T_\alpha(f)| = |f(x_\alpha)| \leqslant \|f\| \cdot \|x_\alpha\|,$$

故 T_α 是线性有界算子.

由于 $\sup\limits_{\alpha \in \wedge}\{|T_\alpha(f)|\} = \sup\limits_{\alpha \in \wedge}\{|f(x_\alpha)|\} < +\infty$, 对任意固定的 $f \in X^*$ 都成立, 并且 X^* 是完备的, 因此由一致有界原理可知

$$\sup\limits_{\alpha \in \wedge}\{\|T_\alpha\|\} < +\infty,$$

但

$$\|T_\alpha\| = \sup\limits_{\|f\|=1} |T_\alpha(f)| = \sup\limits_{\|f\|=1} |f(x_\alpha)| = \|x_\alpha\|,$$

所以 $\sup\limits_{\alpha \in \wedge}\{\|x_\alpha\|\} < +\infty$.

Neumann 在赋范空间 $L(X, Y)$ 中引进几种不同的收敛性.

定义 3.2.1   设 X, Y 是赋范空间, $T_n \in L(X, Y)$, $T \in L(X, Y)$, 则

(1) 若 $\|T_n - T\| \to 0$, 称 T_n 一致算子收敛于 T, 记为 $T_n \xrightarrow{\|\cdot\|} T$;

(2) 若对任意 $x \in X, \|T_n x - T x\| \to 0$, 称 T_n 强算子收敛于 T, 记为 $T_n \xrightarrow{s} T$;

(3) 若对任意 $x \in X$, $f \in Y^*$, 有 $|f(T_n x) - f(T x)| \to 0$, 称 T_n 弱算子收敛于 T, 记为 $T_n \xrightarrow{w} T$.

由上面的定义容易看出, 算子的收敛性有如下关系:

定理 3.2.2   (1) 若 $T_n \xrightarrow{\|\cdot\|} T$, 则 $T_n \xrightarrow{s} T$;

(2) 若 $T_n \xrightarrow{s} T$, 则 $T_n \xrightarrow{w} T$.

值得注意的是定理 3.2.2 中反方向的推导一般不成立.

例 3.2.4   在 l_1 中, 定义 $T_n : l_1 \to l_1$ 为

$$T_n x = (0, \cdots, 0, x_{n+1}, x_{n+2}, \cdots),$$

则 $T_n \in L(l_1, l_1)$, 且对任意 $x \in l_1$, 有

$$||T_n x - 0x|| = ||(0, \cdots, 0, x_{n+1}, x_{n+2}, \cdots)|| = \sum_{i=n+1}^{\infty} |x_i| \to 0,$$

因此 $T_n \xrightarrow{s} 0$, 但

$$||T_n - 0|| = \sup_{||x||=1} ||T_n x|| \geqslant ||T_n e_{n+1}|| = ||(0, \cdots, 0, 1, 0, \cdots)|| = 1,$$

所以, T_n 不一致收敛于零算子 0.

定理 3.2.3 设 X 是 Banach 空间, Y 是赋范空间, $T_n \in L(X, Y)$, 若对任意 $x \in X, \{T_n x\}$ 收敛, 则一定存在 $T \in L(X, Y)$, 使得 T_n 强算子收敛于 T.

证明 由于 $\{T_n x\}$ 的收敛对任意 x 都成立, 故可定义 $Tx = \lim\limits_{n \to \infty} T_n x$, 由 T_n 的线性可知 T 是线性的.

由于对任意 $x \in X, \{T_n x\}$ 收敛, 因此 $\{||T_n x||\}$ 也是收敛的, 从而 $\sup\{||T_n x||\} < +\infty$, 根据一致有界原理, 有 $\sup\{||T_n||\} \leqslant M < +\infty$, 因而

$$||Tx|| = \lim_{n \to \infty} ||T_n x|| \leqslant \sup ||T_n|| \, ||x|| \leqslant M ||x||,$$

即 $T \in L(X, Y)$, 显然 $T_n \xrightarrow{s} T$.

定理 3.2.4 设 X, Y 是 Banach 空间, $T_n \in L(X, Y)$, 则 $\{T_n\}$ 强算子收敛的充要条件为

(1) 存在 $C > 0$, 使得 $\sup\{||T_n||\} \leqslant C < +\infty$;

(2) 存在 $M \subset X$, 使得 $\overline{M} = X$ 且对于任意 $x \in M, \{T_n x\}$ 收敛.

证明 若 $T_n \xrightarrow{s} T$, 则 (2) 明显成立.

若对于任意 $x \in X$, 有 $\lim\limits_{n \to \infty} T_n x = Tx$. 故 $\sup\{||T_n x||\} < +\infty$, 由一致有界原理可知 $\{||T_n||\}$ 是有界的.

反之, 若 (1), (2) 成立, 对任意 $x \in X$ 及任意 $\varepsilon > 0$, 由 $\overline{M} = X$ 知一定存在 $y \in M$, 使得

$$||x - y|| < \frac{\varepsilon}{3C}.$$

因为对任意 $y \in M, \{T_n y\}$ 收敛, 所以存在 N, 使得 $m, n > N$ 时, 有

$$||T_m y - T_n y|| < \frac{\varepsilon}{3},$$

故

$$\begin{aligned}
||T_m x - T_n x|| &\leqslant ||T_m x - T_m y|| + ||T_m y - T_n y|| + ||T_n y - T_n x|| \\
&< ||T_m|| \, ||x - y|| + \frac{\varepsilon}{3} + ||T_n|| \, ||x - y|| \\
&\leqslant C \frac{\varepsilon}{3C} + \frac{\varepsilon}{3} + C \frac{\varepsilon}{3C} = \varepsilon.
\end{aligned}$$

由于 Y 是完备的, 因而 $\{T_n x\}$ 是收敛的, 定义 $Tx = \lim\limits_{n \to \infty} T_n x$, 则 $T \in L(X, Y)$, 所以 $T_n \xrightarrow{s} T$.

推论 3.2.2　设 X 是 Banach 空间, Y 是赋范空间, $T_n \in L(X, Y)$, 若 $T_n \xrightarrow{s} T$, 则

$$||T|| \leqslant \varliminf_{n \to \infty} ||T_n||.$$

证明　由 $T_n \xrightarrow{s} T$ 可知, 对任意 $x \in X$, 有

$$Tx = \lim_{n \to \infty} T_n x.$$

由于 X 是 Banach 空间, 并对任意 $x \in X$, 有 $\sup\{||T_n x||\} < \infty$, 因此 $\sup\{||T_n||\} < \infty$, 从而

$$||Tx|| = \lim_{n \to \infty} ||T_n x|| = \varliminf_{n \to \infty} ||T_n x|| \leqslant \varliminf_{n \to \infty} ||T_n|| \cdot ||x||,$$

所以 $||T|| \leqslant \varliminf_{n \to \infty} ||T_n||$.

例 3.2.5　设 X 是有限维赋范空间, Y 是赋范空间, $T_\alpha \in L(X, Y), \alpha \in \wedge$. 若对任意 $x \in X$, 有 $\sup_{\alpha \in \wedge}\{||T_\alpha x||\} < +\infty$, 试不用一致有界原理证明 $\sup_{\alpha \in \wedge}\{||T_\alpha||\} < +\infty$.

证明　在 X 上定义 $||x||_1 = \max\{||x||, \sup_{\alpha \in \wedge}\{||T_\alpha x||\}\}$. 由于

(1) 对任意 $x \in X, 0 \leqslant ||x||_1 < +\infty$;

(2) 当 $||x||_1 = 0$ 时, $||x|| = 0$ 从而 $x = 0$. 且 $x = 0$ 时, 显然有 $||x||_1 = 0$;

(3) $||\alpha x||_1 = |\alpha| \, ||x||_1$;

(4) $||x + y||_1 = \max\{||x + y||, \sup\{||T_\alpha(x + y)||\}\}$

$\qquad\qquad \leqslant \max\{||x + y||, \sup\{||T_\alpha x|| + \sup ||T_\alpha y||\}\}$

$\qquad\qquad \leqslant \max\{||x||, \sup ||T_\alpha x||\} + \max\{||y||, \sup\{||T_\alpha y||\}\}$

$\qquad\qquad = ||x||_1 + ||y||_1,$

因此, $|| \cdot ||_1$ 是 X 上的一个范数.

由于 X 是有限维赋范空间, 因此范数 $|| \cdot ||$ 和 $|| \cdot ||_1$ 是等价的, 故存在 $C > 0$, 使得 $||x||_1 \leqslant C||x||$, 对所有的 $x \in X$ 都成立, 因而 $\sup_{\alpha \in \wedge}\{||T_\alpha x||\} < C||x||$, 所以 $\sup_{\alpha \in \wedge}\{||T_\alpha||\} < +\infty$.

3.3　开映射定理与逆算子定理

定义 3.3.1　设 X 和 Y 是赋范空间, $T: X \to Y$, 若 T 把 X 中的开集映成 Y 中的开集, 则称 T 为开映射.

例 3.3.1　设 X 是实赋范空间, 则 X 上的任意非零线性泛函 f, f 一定是 X 到 R 的开映射.

问题 3.3.1　设 X, Y 是 Banach 空间, $T \in L(X, Y)$, 问 T 何时一定是开映射?

定理 3.3.1 (开映射定理)　设 X 和 Y 是 Banach 空间, $T \in L(X, Y)$, 若 T 是满射, 即 $TX = Y$, 则 T 是开映射.

开映射定理的证明要用到下面的引理, 是 Schauder 在 1930 年得到的.

引理 3.3.1　设 X, Y 是 Banach 空间, $T \in L(X, Y)$, 若 $TX = Y$, 则存在 $\varepsilon > 0$, 使得 $U(0, \varepsilon) \subset T(U(0, 1))$.

引理的几何意义是如果 $U(0, 1)$ 是 X 中的开球, 则 $T(U(0, 1))$ 为 Y 中的点集, 且 Y 中的 0 点一定是 $T(U(0, 1))$ 的内点.

定理 3.3.1 的证明　设 U 是 X 中的任意开集, 则对任意 $y_0 \in T(U)$, 存在 $x_0 \in U$, 使得 $y_0 = Tx_0$, 下面只需证明 Tx_0 为 $T(U)$ 的内点.

由于 U 是开集, 因此存在 $r > 0$, 使得 $U(x_0, r) \subset U$, 故

$$
\begin{aligned}
T(U) \supset T(U(x_0, r)) &= T\{x_0 + x | x \in U(0, r)\} \\
&= \{Tx_0 + Tx | x \in U(0, r)\} \\
&= Tx_0 + T(U(0, r)) = y_0 + T(U(0, r)).
\end{aligned}
$$

由上面引理可知, 存在 $\varepsilon > 0$, 使得 $U(0, \varepsilon) \subset T(U(0, 1))$, 因此 $U(0, r\varepsilon) \subset T(U(0, r))$, 所以

$$
T(U) \supset y_0 + T(U(0, r)) \supset y_0 + U(0, r\varepsilon) = U(y_0, r\varepsilon),
$$

即 y_0 为 $T(U)$ 的内点, 因而 $T(U)$ 为 Y 的开集.

推论 3.3.1　若 X 是 Banach 空间, 则对所有 $f \in X^*$, $f \neq 0$, f 一定是开映射.

证明　不失一般性, 不妨设 $K = R$, 则由于 $f \neq 0$, 因此存在 $x_0 \in X$, 使得 $f(x_0) = 1$, 故对任意 $\alpha \in R$, 有 $y = \alpha x_0 \in X$, 使得 $f(y) = f(\alpha x_0) = \alpha$, 因而 f 是 X 到 R 的满射. 所以, 由开映射定理可知 f 为开映射.

思考题 3.3.1　若 f 是开映射, 则 f^{-1} 存在时是否 f^{-1} 一定连续?

定义 3.3.2　若 X, Y 为赋范空间, $T \in L(X, Y)$, 若对任意 $x, y \in X, x \neq y$ 时, 必有 $Tx \neq Ty$, 则算子 $T^{-1} : TX \to X$, 称为 T 的逆算子.

明显地, 若 $T \in L(X, Y)$, T^{-1} 存在, 则 T^{-1} 也是线性的.

例 3.3.2　设 X, Y 是赋范空间, $T \in L(X, Y)$, 则 $T^{-1} \in L(Y, X)$ 当且仅当存在 $S \in L(Y, X)$, 使得

$$
ST = I_X, \quad TS = I_Y,
$$

且此时一定有 $T^{-1} = S$.

证明　若 $T^{-1} \in L(Y, X)$, 令 $S = T^{-1}$, 明显地, 有

$$
ST = T^{-1}T = I_X, \quad TS = TT^{-1} = I_Y.
$$

反之, 如果存在 $S \in L(Y, X)$, 使得

$$ST = I_X, \quad TS = I_Y,$$

则对任意 $x \neq y$, 有 $STx = x \neq y = STy$, 因此 $Tx \neq Ty$, 故 T 是单射, 从而 T^{-1} 存在. 对任意 $y \in Y$, 有 $Sy \in X$, 故 $T(Sy) = I_Y(y) = y$, 令 $x = Sy$, 则 $Tx = y$, 因而 T 是满射, 明显地, T^{-1} 是线性的, 因此 T^{-1} 为 Y 到 X 的线性算子, 又因为 $T^{-1}I_Y = T^{-1}(TS) = (T^{-1}T)S = S$, 所以 $T^{-1} = S \in L(Y, X)$.

　　逆算子定理是 Banach 在 1929 年给出的, 利用开映射定理, 容易证明逆算子定理成立.

　　定理 3.3.2 (Banach 逆算子定理)　设 X, Y 是 Banach 空间, $T \in L(X, Y)$, 若 T 是双射, 则 T^{-1} 存在, 且 $T^{-1} \in L(Y, X)$.

　　证明　由于 T 是一一对应, 因此 T^{-1} 存在且是线性的.

　　由于 X, Y 是 Banach 空间, 且 $TX = Y$, 因而由开映射定理可知 T 是开映射, 从而对任意开集 $U \subset X$, 有 $(T^{-1})^{-1}(U) = T(U)$ 也是开集, 所以 T^{-1} 连续, 即 $T^{-1} \in L(Y, X)$.

　　在逆算子定理中, 完备性的条件必不可少.

　　例 3.3.3　设 $X = \{(x_1, \cdots, x_n, 0, \cdots) | x_i \in R,$ 对某个 $n,\ i > n$ 时 $x_i = 0\}$, $\|x\| = \sup |x_i|$, 则 $(X, \|\cdot\|)$ 是赋范空间.

　　定义 $T : X \to X$ 为

$$Tx = \left(x_1, \frac{1}{2}x_2, \frac{1}{3}x_3, \cdots \right),$$

则 $T \in L(X, X)$, 且 T^{-1} 存在, 但 T^{-1} 是无界的, 这是因为对 $x_n = (0, \cdots, 1, 0, \cdots) \in X$, 有 $T^{-1}x_n = (0, \cdots, n, 0, \cdots)$, $\|T^{-1}x_n\| = n$, 因此 $\|T^{-1}\| \geqslant n$ 对任意 n 成立, 所以 T^{-1} 不是连续线性算子.

　　推论 3.3.2　设 $\|\cdot\|$ 和 $\|\cdot\|_1$ 是线性空间上的两个范数, 且 $(X, \|\cdot\|)$ 和 $(X, \|\cdot\|_1)$ 都是 Banach 空间, 若存在 $\beta > 0$, 使得 $\|x\|_1 \leqslant \beta \|x\|$ 对任意 $x \in X$ 成立, 则 $\|\cdot\|$ 与 $\|\cdot\|_1$ 等价.

　　证明　定义恒等算子 $I : (X, \|\cdot\|) \to (X, \|\cdot\|_1)$ 为 $Ix = x$, 则由 $\|Ix\|_1 = \|x\|_1 \leqslant \beta \|x\|$ 可知 I 是连续的.

　　显然 I 是双射, 因而由逆算子定理可知, I^{-1} 存在且有界. 令 $\alpha = \dfrac{1}{\|I^{-1}\|}$, 则

$$\|I^{-1}x\| = \|x\| \leqslant \|I^{-1}\| \, \|x\|_1,$$

所以 $\dfrac{1}{\|I^{-1}\|}\|x\| \leqslant \|x\|_1$, 即 $\alpha \|x\| \leqslant \|x\|_1 \leqslant \beta \|x\|$.

问题 3.3.2 设 X 为 $[0, 1]$ 上的全体实系数多项式, 对任意 $x \in X, x = x(t) = \sum_{i=1}^{n} \alpha_i t^{i-1}$, 定义

$$||x||_1 = \sup_{0 \leqslant t \leqslant 1} |x(t)|, \quad ||x||_2 = \sum_{i=1}^{n} |\alpha_i|,$$

则 $||\cdot||_1$ 和 $||\cdot||_2$ 都是 X 的范数, 并且 $||x||_1 \leqslant ||x||_2$ 对所有的 $x \in X$ 成立, 但 $||\cdot||_1$ 和 $||\cdot||_2$ 不是等价的范数, 为什么?

实际上, 对于 $x = x(t) = \sum_{i=1}^{2n} (-1)^{i+1} t^{i-1}$, 有 $||x||_1 = \sup_{0 \leqslant t \leqslant 1} |x(t)| = 1, ||x||_2 = \sum_{i=1}^{2n} |\alpha_i| = 2n$, 因此不存在常数 $\beta > 0$, 使得 $||x||_2 \leqslant \beta ||x||_1$ 对所有的 $x \in X$ 成立, 所以 $||\cdot||_1$ 和 $||\cdot||_2$ 不是等价的范数.

3.4 闭线性算子与闭图像定理

在量子力学和其他一些实际应用中, 有一些重要的线性算子并不是有界的, 例如有一类在理论和应用中都很重要的无界性算子——闭线性算子, 在什么条件下闭线性算子是连续呢? 这一问题的研究, 从 Hellinger 和 Toeplitz 于 1910 年关于 Hilbert 空间对称算子的工作中就开始了, 然后是 Hilbert 空间中共轭算子连续性的研究, 1932 年才发展成闭线性算子在赋范空间上的结果, 这就是非常著名的闭图像定理.

若 $(X, ||\cdot||)$ 和 $(Y, ||\cdot||)$ 是赋范线性空间, 则在乘积空间 $X \times Y$ 中可以定义范数, 使之成为赋范空间, 对 (x_1, y_1) 和 $(x_2, y_2) \in X \times Y, \lambda \in K$, 线性空间 $X \times Y$ 的两种代数运算是

$$(x_1, y_1) + (x_2, y_2) = (x_1 + x_2, y_1 + y_2),$$
$$\lambda(x, y) = (\lambda x, \lambda y),$$

并且范数定义为

$$||(x, y)|| = ||x|| + ||y||.$$

例 3.4.1 乘积空间 $R^2 = R \times R = \{(x, y) \,|\, x, y \in R\}$, 且 $||(x, y)|| = |x| + |y|$.
明显地, 有如下的结论:

定理 3.4.1 设 X 和 Y 都是赋范空间 $z_n = (x_n, y_n) \in X \times Y$, 则 $z_n \to z = (x, y) \in X \times Y$ 当且仅当 $x \in X, y \in Y$ 且 $x_n \to x, y_n \to y$.

定理 3.4.2 若 X 和 Y 都是 Banach 空间, 则 $X \times Y$ 也是 Banach 空间.
下面考虑从定义域 $D(T) \subset X$ 到 Y 的线性算子, $D(T)$ 为 X 的子空间.

定义 3.4.1　设 X, Y 是赋范空间, $T: D(T) \to Y$ 是定义域 $D(T) \subset X$ 上的线性算子, 若 T 的图像 $G(T) = \{(x, y) | x \in D(T), y = Tx\}$ 在赋范空间 $X \times Y$ 中是闭的, 则称 T 为闭线性算子.

定理 3.4.3　设 X, Y 是赋范空间, $T: D(T) \to Y$ 是线性算子, 则 T 是闭线性算子当且仅当对任意 $\{x_n\} \subset D(T)$, 满足 $x_n \to x, Tx_n \to y$ 时, 必有 $x \in D(T)$ 且 $Tx = y$.

证明　若 T 是闭线性算子, 则 $G(T)$ 是闭集, 并对于任意 $x_n \in D(T)$, 当 $x_n \to x, Tx_n \to y$ 时, 有 $(x_n, Tx_n) \to (x, y)$, 因此 $(x, y) \in G(T)$, 由 $G(T)$ 的定义, 有 $x \in D(T), Tx = y$.

反之, 若 $(x_n, Tx_n) \in G(T)$, 且 $(x_n, Tx_n) \to (x, y)$ 时一定有 $x \in D(T)$, $Tx = y$, 从而 $(x, y) = (x, Tx) \in G(T)$. 所以 $G(T)$ 是闭集, 即 T 是闭线性算子.

定理 3.4.4　设 X, Y 是赋范空间, $T: D(T) \to Y$ 是线性连续算子, 若 $D(T)$ 是闭集, 则 T 一定是闭线性算子.

证明　设 $x_n \in D(T)$, $x_n \to x, Tx_n \to y$, 则由 T 是连续的知 $Tx_n \to Tx$, 故 $y = Tx$. 由于 $D(T)$ 是闭集, 因此 $x \in D(T)$, 所以 T 是闭线性算子.

推论 3.4.1　若 $T: X \to Y$ 是线性连续算子, 则 T 一定是闭线性算子.

这是因为这时 $D(T) = X$ 是闭集, 反过来, 一般来说, 闭线性算子不一定连续.

例 3.4.2　设 $C^1[0,1] = \{x(t) | x(t)$ 为 $[0,1]$ 上具有连续导数的函数$\}$, $\|x\| = \sup\limits_{0 \leqslant t \leqslant 1} |x(t)|$, 则 $(C^1[0,1], \|\cdot\|)$ 是一个赋范空间, 在 $C^1[0,1]$ 上定义线性算子 T 如下:
$$T: C^1[0,1] \to C[0,1],$$
$$Tx(t) = x'(t), \quad 任意\ t \in [0,1], 任意\ x = x(t) \in C^1[0,1],$$
则 T 是 $C^1[0,1]$ 到 $C[0,1]$ 的闭线性算子, 但 T 不是线性连续的.

事实上, 若 $x_n \in C^1[0,1]$, $x_n \to x, Tx_n \to y$, 则 $x_n(t)$ 在 $[0,1]$ 上 "一致收敛" 于 $x(t)$, 并且 $x'_n(t)$ 在 $[0,1]$ 上也 "一致收敛" 于 $y(t)$, 因而 $x(t)$ 具有连续的导函数 $x'(t)$, 且 $x'(t) = y(t)$, 所以 $x \in C^1[0,1]$, 且 $Tx = y$, 即 T 是闭线性算子.

令 $x_n = x_n(t) = t^n$, 则 $x_n \in C^1[0,1]$ 且 $\|x_n\| = \sup\limits_{0 \leqslant t \leqslant 1} |t^n| = 1$, 但 $\|Tx_n\| = \sup\limits_{0 \leqslant t \leqslant 1} |nt^{n-1}| = n$, 因此 T 不是线性连续算子.

问题 3.4.1　若 T 是 $D(T) \subset X$ 到 Y 的闭线性算子, 则 T 是否把闭集映为闭集呢?

例 3.4.3　对任意 $x = (x_i) \in c_0$, 定义线性算子 $T: c_0 \to c_0$ 为
$$Tx = \left(\frac{x_i}{2^i}\right),$$
则 T 是 c_0 到 c_0 的线性连续算子, 且 $D(T) = c_0$, 因此 T 是闭线性算子.

对于闭集 c_0, Tc_0 不是 c_0 的闭子集. 事实上, 对于 $y_n = \left(\dfrac{1}{2}, \dfrac{1}{2^2}, \cdots, \dfrac{1}{2^n}, 0, \cdots\right)$,

$y_n \in c_0$, 且有 $x_n = (1, 1, \cdots, 1, 0, \cdots)$, $x_n \in c_0$, 使得 $Tx_n = y_n$, 故 $y_n \in Tc_0$, 但因

为 y_n 趋于 $y = \left(\dfrac{1}{2}, \dfrac{1}{2^2}, \cdots, \dfrac{1}{2^n}, \dfrac{1}{2^{n+1}}, \cdots\right)$, 故不存在 $x \in c_0$, 使得 $Tx = y$, 所以

$y \notin Tc_0$, 即 Tc_0 不是 c_0 的闭子集.

在什么条件下闭线性算子一定是连续呢? 这就是闭图像定理所研究的问题.

定理 3.4.5 (闭图像定理) 设 X 与 Y 是 Banach 空间, $T: D(T) \to Y$ 是闭线性算子 (这里 $D(T) \subset X$), 若 $D(T)$ 在 X 中是闭集, 则 T 一定是 $D(T)$ 到 Y 的线性连续算子.

证明 由于 X 和 Y 是 Banach 空间, 因此 $X \times Y$ 也是 Banach 空间, 又由于 X 是 Banach 空间, 且 $D(T)$ 是 X 的闭子集, 因此 $D(T)$ 作为 X 的子空间是完备的.

由 T 是闭线性算子可知 $G(T)$ 是 $X \times Y$ 的闭子集, 由于 T 是线性的, 因而 $G(T)$ 是 $X \times Y$ 的子空间, 从而 $G(T)$ 是 $X \times Y$ 的完备子空间.

定义从 Banach 空间 $G(T)$ 到 Banach 空间 $D(T)$ 的线性算子 P:

$$P: G(T) \to D(T),$$
$$P(x, Tx) = x, \quad \text{任意 } (x, Tx) \in G(T),$$

则 P 是线性算子, 且

$$\|P(x, Tx)\| = \|x\| \leqslant \|x\| + \|Tx\| = \|(x, Tx)\|,$$

故 $\|P\| \leqslant 1$, 从而 $P \in L(G(T), D(T))$.

由 P 的定义可知 P 是双射, 因而由逆算子定理可知 P^{-1} 存在, 且 $P^{-1} \in L(D(T), G(T))$, 故对任意 $x \in D(T)$, 有

$$\|Tx\| \leqslant \|x\| + \|Tx\| = \|(x, Tx)\| = \|P^{-1}x\| \leqslant \|P^{-1}\| \cdot \|x\|,$$

所以, T 是 $D(T)$ 到 Y 的线性连续算子.

若 T 的定义域 $D(T) = X$, 即 T 是 X 到 Y 的线性算子, 则闭图像定理有下面简明形式:

推论 3.4.2 设 X, Y 是 Banach 空间, 且 T 是 X 到 Y 的线性算子, 则 $T \in L(X, Y)$ 当且仅当 T 是闭线性算子.

例 3.4.4 设 X, Y, Z 是 Banach 空间, 若 $A \in L(X, Z)$, $B \in L(Y, Z)$, 并对任意的 $x \in X$, 方程 $Ax = By$ 都有唯一解 y, 试证明由此定义的算子 $T: X \to Y, Tx = y$, 有 $T \in L(X, Y)$.

证明 容易验证 T 是线性算子, 要证明 T 是线性连续算子, 只需证明 T 是闭算子. 对于 $x_n \in X$, $x_n \to x, Tx_n \to y \in Y$, 有 $Ax_n = BTx_n$. 由于 A, B 都是连续的, 因此

$$Ax = \lim_{n \to \infty} Ax_n = \lim_{n \to \infty} BTx_n = By,$$

从而

$$Tx = y,$$

所以, T 是闭算子, 由闭图像定理可知, $T \in L(X, Y)$.

习　题　三

3.1. 设算子 $T : l_\infty \to c_0$, $Tx = \left(\dfrac{x_i}{2^i} \right)$, 任意 $x = (x_i) \in l_\infty$, 试证明 T 是线性有界算子, 并求 $\|T\|$.

3.2. 设 $(x_i) \in l_1$, 算子 $T : l_1 \to l_1$, $Tx = \left(\dfrac{x_i}{3^i} \right)$, 任意 $x = (x_i) \in l_1$, 试证明 T 是线性有界算子, 并求 $\|T\|$.

3.3. 对任意 $x \in c_0$, 定义 $f(x) = \displaystyle\sum_{i=1}^{\infty} \dfrac{x_i}{i\,!}$, 试证明 $f \in c_0^*$, 并求 $\|f\|$.

3.4. 设 $T \in L(X, Y)$, 试证明 $\|T\| = \sup\limits_{\|x\| < 1} \|Tx\|$.

3.5. 设 X 和 Y 是实赋范空间, T 为 X 到 Y 的连续可加算子, 试证明 $T \in L(X, Y)$.

3.6. 设 c 是所有收敛实数列全体, 范数 $\|x\| = \sup |x_i|$, $\{\alpha_i\}$ 为实数列, 若对任意 $x \in c$, 都有 $|f(x)| = \left| \displaystyle\sum_{i=1}^{\infty} \alpha_i x_i \right| < \infty$, 试证明 $f(x) = \displaystyle\sum_{i=1}^{\infty} \alpha_i x_i$ 为 c 上的线性连续泛函, 并且 $\|f\| = \displaystyle\sum_{i=1}^{\infty} |\alpha_i| < \infty$.

3.7. 设 X, Y 是赋范空间, $X \neq \{0\}$, 试证明 Y 是 Banach 空间当且仅当 $L(X, Y)$ 是 Banach 空间.

3.8. 设 X 是 Banach 空间, $f_n \in X^*$ 且对任意 $x \in X$, $\lim\limits_{n \to \infty} f_n(x) = f(x)$, 试证明 $f \in X^*$.

3.9. 设 X 是实赋范空间, $\{x_n\} \subset X$, 试证明对所有的 $f \in X^*$, 都有 $\displaystyle\sum_{i=1}^{\infty} |f(x_i)| < \infty$ 当且仅当存在 $M > 0$, 使得对任意的正整数 n 和 $\delta_i = \pm 1$, 都有 $\left\| \displaystyle\sum_{i=1}^{n} \delta_i x_i \right\| < M$.

3.10. 设 X, Y 是赋范空间, $T : X \to Y$ 是线性算子, 且 T 是满射, 若存在 $M > 0$, 使得

$$\|Tx\| \geqslant M \|x\|,$$

对任意 $x \in X$ 成立, 试证明 T^{-1} 是线性连续算子, 且 $\|T^{-1}\| \leqslant \dfrac{1}{M}$.

3.11. 设 T 为赋范空间 X 到赋范空间 Y 的闭线性算子, 且 T^{-1} 存在, 试证明 T^{-1} 是闭线性算子.

3.12. 设 X 是实 Banach 空间, f 是 X 上的非零线性泛函, 试证明 f 一定是开映射.

3.13. 设 X 是赋范空间, T 是从 X 到 X 的线性算子, $D(T) = X$, S 是从 X^* 到 X^* 的线性算子, $D(S) = X^*$ 若对任意 $x \in X$, $f \in X^*$, 有 $(Sf)(x) = f(Tx)$, 试证明 T 和 S 都是线性连续算子.

3.14. 设 X, Y 是赋范空间, T 为 X 到 Y 的闭线性算子, F 为 X 的紧集, 试证明 $T(F)$ 为 Y 的闭集.

3.15. 设 X 为 Banach 空间, T 为 X 到 X 的线性算子, 若 $T^2 = T$, 且 $N(T)$ 和 $R(T)$ 都是闭的, 试证明 $T \in L(X, X)$.

3.16. 设 X, Y 是赋范空间, $T_n, T \in L(X, Y)$, 若 T_n 强收敛于 T, 试证明 T_n 弱收敛于 T.

3.17. 设 $P_n : l_2 \to l_2$, $P_n(x_1, x_2, \cdots, x_n, x_{n+1}, \cdots) = (x_1, x_2, \cdots, x_n, 0, \cdots, 0)$, 试证明 P_n 强收敛于 I, 但 P_n 不一致收敛于 I.

Hahn(哈恩)

Hans Hahn(1879—1934)

Hans Hahn 于 1879 年 9 月 27 日出生于奥地利的维也纳, 他在维也纳大学师从 Gustav Ritter von Escherich 攻读博士学位, 1902 年获得博士学位, 博士论文题目为 "Zur theorie der zweiten variation einfacher integrale". 他是 Chernivtsi 大学 (1909—1916)、波恩大学 (1916—1921) 和维也纳大学 (1921—1934) 的教授.

Hahn 最早对古典的变分法做出了贡献, 还发表了关于非阿基米德系统的重要论文, Hahn 是集合论和泛函分析的创始人之一, 泛函分析的重要定理之一——Hahn-Banach 定理就是以他的名字命名的. 他在 1903—1913 年间对变分法做出了重要的贡献. 1923 年, 他引进了 Hahn 序列空间. 他还写了关于实函数的两本书 *Theorie der Reellen Funktionen* (1921) 和 *Reelle Funktionen* (1932).

Hahn 获得过很多荣誉, 包括 Lieban 奖 (1912), 他是奥地利科学院院士, 还是 Calcutta 数学学会名誉会员.

Hahn 的数学成就主要包括著名的 Hahn-Banach 定理, 其实很少人知道, 实际上 Hahn 独立地证明了 (Banach 和 Steinhaus 得出的) 一致有界原理, 其他定理还有 Hahn 分离定理、Vitali-Hahn-Saks 定理、Hahn-Mazurkiewicz 定理和 Hahn 嵌入定理等. Hahn 的数学贡献不限于泛函分析, 他对拓扑学、集合论、变分法、实分析等都有很大的贡献. 同时, 他活跃于哲学界, 是维也纳学派的一员.

第 3 章学习指导

本章重点

   1. 一致有界原理.

   2. 开映射定理.

   3. 逆算子定理.

   4. 闭图像定理.

基本要求

   1. 熟练掌握线性连续算子的性质.

   2. 理解点点有界和一致有界的意义.

   3. 理解一致有界原理、开映射定理、逆算子定理和闭图像定理.

   4. 掌握重要定理的应用.

释疑解难

1. 对于赋范空间 X 到赋范空间 Y 的线性算子 T, 若 T 是连续的, 则 $N(T) = \{x \in X \mid Tx = 0\}$ 一定是 X 的闭线性子空间.

2. 对于赋范空间 X 到赋范空间 Y 的线性算子 T, $N(T) = \{x \in X \mid Tx = 0\}$ 是 X 的闭线性子空间时, T 一定是连续的吗?

不一定. 如对于 X 为 c_0 中所有只有有限个坐标不为零的 x, 范数 $\|x\| = \max\{|x_i|\}$, 定义 $T : c_0 \to c_0$, $Tx = T(x_i) = (ix_i)$, 则容易知道 T 是线性算子, 但 $\|T\|$ 不是有限的, 因此 T 不连续, 但 $N(T) = \{0\}$ 是闭子空间.

3. 设 $\{T_\alpha \mid \alpha \in \Lambda\}$ 是赋范空间 X 到赋范空间 Y 的一族线性有界算子, 则 $\{T_\alpha\}$ 是点点有界的是指对任意的 $x \in X$, 有 $\sup_{\alpha \in \Lambda}\{\|T_\alpha x\|\} \leqslant M < +\infty$ 成立, 这里 M 与 x 有关, M 依赖于 x 的选择, 不同的 x, M 也不相同.

4. 设 $\{T_\alpha \mid \alpha \in \Lambda\}$ 是赋范空间 X 到赋范空间 Y 的一族线性有界算子, 则 $\{T_\alpha\}$ 是一致有界的当且仅当下面条件之一成立:

(1) $\sup_{\alpha \in \Lambda} \{\|T_\alpha\|\} < +\infty$.

(2) $\sup_{\alpha \in \Lambda} \{\|T_\alpha x\|\} \leqslant M\|x\|$ 对所有的 x 成立, M 与 x 无关.

5. 一致有界原理有着很好的应用. 如利用它可以证明, 存在一个周期为 2π 的连续函数 $x(t)$, 它的 Fourier 级数在 0 点是发散的.

6. 设 T 是赋范空间 X 到赋范空间 Y 的算子, 则下列条件等价:

(1) T 是连续的.

(2) 对于 Y 中的任意开集 U, $T^{-1}(U)$ 是 X 中的开集.

(3) 对于 Y 中的任意闭集 U, $T^{-1}(U)$ 是 X 中的闭集.

(4) 对于任意 $x_n, x_0 \in X$, 当 $x_n \to x_0$ 时, 有 $Tx_n \to Tx_0$, 并且 $\lim_{n\to\infty} Tx_n = T\lim_{n\to\infty} x_n = Tx_0$.

7. 若 T^{-1} 是连续的, 则 T 一定是开映射. 但 T 是开映射时, T^{-1} 不一定连续.

8. 若 T 将 X 中的闭集都映为 Y 中的闭集, 则 T 一定是开映射吗?

不一定. 例如 $T: R \to R, Tx = x^2$, 则容易验证 T 是连续的, 并且将闭集映为闭集, 但 T 不是开映射. 实际上, T 将 R 的开集 $(-1, 1)$ 映为 $[0, 1)$, 它不是开集.

9. 两个开映射的复合一定是开映射.

10. 设 X, Y 是 Banach 空间, T 是 X 到 Y 的双射, 则 T 是开映射当且仅当 T^{-1} 是连续的.

11. 设 X 是赋范空间, 若 M 是 X 的闭子空间, 则 X 到它的商空间 X/M 的映射, $Q: X \to X/M$, $Q: x \mapsto \tilde{x}$ 是 X 到 X/M 的开映射.

12. 闭线性算子一定将闭集映为闭集吗?

不一定. 实际上, 将 T 的图像 $G(T)$ 在 $X \times Y$ 中是闭集的算子称为闭图像算子应该更合适.

13. $C[a, b]$ 上的算子 $T: x(t) \mapsto x'(t)$ 的定义域为 $C^1[a, b] = \{x(t) \mid x'(t) \in C[a, b]\}$, T 是闭算子. 实际上, 当 $x_n(t) \to x(t), x'_n(t) \to x'(t)$ 在 $[a, b]$ 一致成立时, 一定有 $x(t) \in C^1[a, b]$.

解题技巧

1. 求具体空间之间的线性算子的范数. 如对于 l_∞ 到 c_0 的算子 $Tx = T(x_i) = \left(\frac{x_i}{2^i}\right)$, 有 $\|T\| = \frac{1}{2}$. 解题方法与求线性泛函的范数是类似的.

2. 利用一致有界原理证明题目.

3. 利用闭图像定理证明线性算子的连续性.

5. 可供进一步思考的问题

1. 总结开映射定理、逆算子定理和闭图像定理的相互证明及其应用.

2. 讨论线性算子各种收敛的相互关系.

第4章 共轭空间

纯数学使我们能够发现概念和联系这些概念的规律,
这些概念和规律给了我们理解自然现象的钥匙.

Einstein(1879—1955, 美国物理学家)

1929 年, Banach 引进了 Banach 空间的共轭空间这一概念, 这个思想 Hahn 在 1927 年也引进过, 但 Banach 的工作更完整, 共轭空间就是已知赋范的空间 X 上的全体线性连续泛函所组成的线性空间 X^*, 它在范数 $||f|| = \sup\limits_{||x||=1} |f(x)|$ 下是 Banach 空间. 对于具体的赋范线性空间, 弄清这些赋范空间上的线性连续泛函的一般形式是非常有用的. 另外, 赋范空间 X 的性质与它的共轭空间 X^* 的性质有着密切的联系, 因此可以通过共轭空间 X^* 的性质来研究赋范空间 X 的性质.

4.1 共 轭 空 间

由 Hahn-Banach 定理可知, 对赋范线性空间 X, 若 $X \neq \{0\}$, 则 $X^* \neq \{0\}$. 另外, 对于任意赋范空间 X, X 的共轭空间 X^* 一定是完备的.

定理 4.1.1 $f \in (R^n)^*$ 当且仅当有 $(\alpha_1, \cdots, \alpha_n) \in R^n$, 使得 $f(x) = \sum\limits_{i=1}^{n} \alpha_i x_i$, 对任意 $(x_1, \cdots, x_n) \in R^n$ 成立, 且此时有 $||f|| = \left(\sum\limits_{i=1}^{n} |\alpha_i|^2 \right)^{\frac{1}{2}}$.

证明 若存在 $(\alpha_1, \cdots, \alpha_n) \in R^n$, 使得

$$f(x) = \sum_{i=1}^{n} \alpha_i x_i \quad , \text{对任意 } x = (x_i) \in R^n \text{成立},$$

则 f 是 R^n 上的线性泛函, 且

$$|f(x)| = \left| \sum_{i=1}^{n} \alpha_i x_i \right| \leqslant \sum_{i=1}^{n} |x_i| \, |\alpha_i|$$

$$\leqslant \left(\sum_{i=1}^{n} |\alpha_i|^2 \right)^{\frac{1}{2}} \left(\sum_{i=1}^{n} |x_i|^2 \right)^{\frac{1}{2}}$$

$$= \left(\sum_{i=1}^{n} |\alpha_i|^2 \right)^{\frac{1}{2}} \cdot ||x||.$$

因此 f 是 R^n 上的线性连续泛函, 即 $f \in (R^n)^*$.

反之, 若 f 为 R^n 上的线性连续泛函, 则对 $e_i = (0, \cdots, 0, 1, 0, \cdots, 0) \in R^n$, 有

$$f(x) = f\left(\sum_{i=1}^{n} x_i e_i \right) = \sum_{i=1}^{n} x_i f(e_i) = \sum_{i=1}^{n} \alpha_i x_i,$$

这里 $\alpha_i = f(e_i), (\alpha_i) \in R^n$.

设 $f \neq 0, f(x) = \sum_{i=1}^{n} \alpha_i x_i$, 对任意 $(x_i) \in R^n$ 成立, 由

$$|f(x)| \leqslant \left(\sum_{i=1}^{n} |\alpha_i|^2 \right)^{\frac{1}{2}} \cdot ||x||$$

可知

$$||f|| \leqslant \left(\sum_{i=1}^{n} |\alpha_i|^2 \right)^{\frac{1}{2}}.$$

取 $x_i = \dfrac{\alpha_i}{\left(\sum_{i=1}^{n} |\alpha_i|^2 \right)^{\frac{1}{2}}}$, 可知 $x = (x_i) \in R^n$, 且 $||x|| = 1$. 因此

$$||f|| \geqslant |f(x)| = \sum_{i=1}^{n} \alpha_i^2 \Big/ \left(\sum_{i=1}^{n} |\alpha_i|^2 \right)^{\frac{1}{2}} = \left(\sum_{i=1}^{n} |\alpha_i|^2 \right)^{\frac{1}{2}},$$

所以

$$||f|| = \left(\sum_{i=1}^{n} |\alpha_i|^2 \right)^{\frac{1}{2}}.$$

由上面定理可以看出 $(R^n)^*$ 与 R^n 是几乎一样, 为了刻画这样的 "一样" 关系, 下面引进保范同构的概念.

定义 4.1.1 设 X 和 Y 都是赋范空间, 若 T 是 X 到 Y 的线性算子, T 是双射, 并且对于任意 $x \in X$, 有 $||Tx|| = ||x||$, 则称 T 是 X 到 Y 的保范同构, 亦称 X 与 Y 是保范同构的.

明显地, 若 X 与 Y 是保范同构的, 则 X 和 Y 具有几乎一样的性质, 因而可将它们看成是一致的.

由上面定理的证明可以看出, 若定义 $(K^n)^*$ 到 K^n 的线性算子为 $Tf = (f(e_1),$ $f(e_2), \cdots, f(e_n))$, 则 T 是 $(K^n)^*$ 到 K^n 的保范同构, 因此可以把上面定理写成 $(R^n)^* = R^n$ 的形式.

定理 4.1.2　$f \in c_0^*$ 当且仅当存在 $(\alpha_i) \in l_1$, 使得 $f(x) = \sum\limits_{i=1}^{\infty} \alpha_i x_i$ 对所有 $x = (x_i) \in c_0$ 成立, 且此时有 $\|f\| = \sum\limits_{i=1}^{\infty} |\alpha_i|$.

证明　若 $f \in c_0^*$, 则对 $e_i = (0, \cdots, 1, 0, \cdots) \in c_0$, 有

$$f(x) = f\left(\sum_{i=1}^{\infty} x_i e_i\right) = \sum_{i=1}^{\infty} x_i\, f(e_i)$$

对任意 $x = (x_i) \in c_0$ 成立. 令 $\alpha = (\alpha_i) = (f(e_i))$, 则 $f(x) = \sum\limits_{i=1}^{\infty} \alpha_i x_i$, 对任意 $x = (x_i) \in c_0$ 成立.

由 $|f(x)| \leqslant \|f\| \cdot \|x\|$ 可知, 对于

$$x_N = \begin{cases} \dfrac{|\alpha_i|}{\alpha_i}, & \text{当 } i \leqslant N, \alpha_i \neq 0 \text{ 时,} \\ 0, & \text{当 } i \leqslant N \text{ 时, } \alpha_i = 0 \text{ 时,} \\ 0, & \text{当 } i > N \text{ 时.} \end{cases}$$

有 $\|x_N\| \leqslant 1$, 且

$$f(x_N) = \sum_{i=1}^{N} |\alpha_i|,$$

因此

$$|f(x_N)| \leqslant \|f\| \cdot \|x_N\| \leqslant \|f\|,$$

故 $\sum\limits_{i=1}^{N} |\alpha_i| \leqslant \|f\| < \infty$, 所以 $(\alpha_i) \in l_1$.

反之, 若存在 $(\alpha_i) \in l_1$, 使得

$$f(x) = \sum_{i=1}^{\infty} \alpha_i x_i$$

对任意 $x = (x_i) \in c_0$ 成立, 则 f 是 c_0 的线性泛函, 且

$$|f(x)| = \left|\sum_{i=1}^{\infty} \alpha_i x_i\right| \leqslant \sup |x_i| \left(\sum_{i=1}^{\infty} |\alpha_i|\right) = \left(\sum_{i=1}^{\infty} |\alpha_i|\right) \|x\|,$$

因此 $f \in c_0^*$, 且 $||f|| \leqslant \sum\limits_{i=1}^{\infty} |\alpha_i|$, 所以 $||f|| = \sum\limits_{i=1}^{\infty} |\alpha_i|$.

由上面定理可知 $c_0^* = l_1$, 类似地, 不难证明下面定理成立:

定理 4.1.3 $l_1^* = l_\infty$.

定理 4.1.4 对于 $1 < p < \infty$, 有 $(l_p)^* = l_q$, 这里 $\dfrac{1}{p} + \dfrac{1}{q} = 1$, $p > 1$, $q > 1$.

对于 X 的共轭空间 X^*, 同样可以考虑它的共轭空间 $(X^*)^*$, 称为 X 的二次共轭空间, 记为 X^{**}, 由上面讨论可知 $c_0^{**} = l_\infty$. 对于 $1 < p < \infty$, 有 $l_p^{**} = l_p$.

赋范空间 X 的性质与它的共轭空间 X^* 的性质有着密切的联系, 如若 X^* 是严格凸的, 则对于 X 的任意子空间 M 上线性连续泛函 f, 它在 X 上只有唯一的保范延拓.

利用共轭空间 X^* 的性质, 还可以弄清原来的赋范空间 X 的性质, 如 X 的可分性等.

定理 4.1.5 设 X 是赋范空间, 若 X^* 是可分的, 则 X 也是可分的.

证明 由于 X^* 是可分的, 因此存在 $\{g_n\} \subset X^*$, $g_n \neq 0$, 使得 $\overline{\{g_n\}} = X^*$, 令 $f_n = \dfrac{g_n}{||g_n||}$, 则 $\overline{\{f_n\}} \supset S(X^*) = \{f | \ ||f|| = 1\}$.

由 $||f_n|| = 1$ 可知, 对 $\varepsilon = \dfrac{1}{3}$, 存在 $x_n \in X$, $||x_n|| = 1$, 使得 $|f_n(x_n)| > 1 - \varepsilon = \dfrac{2}{3}$.

令 $M = \overline{\mathrm{span}}\{x_n\}$ 为 $\{x_n\}$ 生成的闭子空间, 则 M 是可分的, 且一定有 $X = M$. 事实上, 如果 $X \neq M$, 则由 Hahn-Banach 定理可知存在 $f \in X^*$, $||f|| = 1$, 使得

$$f(x) = 0, \quad \text{对任意 } x \in M \text{ 成立}.$$

故

$$||f_n - f|| = \sup_{||x|| = 1} |f_n(x) - f(x)| \geqslant |f_n(x_n) - f(x_n)| = |f_n(x_n)| = \dfrac{2}{3}.$$

但这与 $\overline{\{f_n\}} \supset S(X^*)$ 矛盾, 从而 $X = M$, 所以 X 是可分的.

4.2 自反 Banach 空间

对于赋范空间 X, 可以讨论 X 的共轭空间 X^* 和二次共轭空间 X^{**}, 如 $c_0^* = l_1$, $c_0^{**} = l_\infty$ 等, 当然还可以讨论三次共轭空间 X^{***} 和四次共轭空间 X^{****} 等, 赋范空间 X 的性质与它的二次共轭空间 X^{**} 有着密切的联系.

对于任意 $x \in X$, 可以构造出 X^* 的线性泛函如下:

$$x^{**}(f) = f(x), \quad \text{这里 } f \in X^*.$$

则由

$$|x^{**}(f)| = |f(x)| \leqslant ||f|| \cdot ||x||$$

可知 x^{**} 为 X^* 上的线性连续泛函, 且 $||x^{**}|| \leqslant ||x||$. 因而对于任意 $x \in X$, $x^{**} \in X^{**}$, 若定义 $Jx = x^{**}$, 则 J 为 X 到 X^{**} 的映射.

映射 J 称为 X 到 X^{**} 的自然嵌入, 它有下面的性质:

定理 4.2.1 设 X 是赋范空间, $J : X \to X^{**}$, 则 J 是 X 到 X^{**} 的保范线性算子, 即对于任意 $x, y \in X$, 有

(1) $J(\alpha x + \beta y) = \alpha Jx + \beta Jy$;

(2) $||Jx|| = ||x||$.

证明 (1) 对任意 $f \in X^*$, 有

$$J(\alpha x + \beta y)(f) = f(\alpha x + \beta y) = \alpha f(x) + \beta f(y)$$
$$= \alpha Jx(f) + \beta Jy(f) = (\alpha Jx + \beta Jy)(f).$$

(2) 对任意 $x \in X, x \neq 0$, 由 Hahn-Banach 定理可知, 存在 $f \in X^*, ||f|| = 1$, 使得 $f(x) = ||x||$, 故

$$||x|| = |f(x)| = |Jx(f)| \leqslant ||Jx|| \cdot ||f|| = ||Jx||,$$

因此, 由 $||Jx|| = ||x^{**}|| \leqslant ||x||$ 可知 $||Jx|| = ||x||$.

记 $JX = \{x^{**} | \ x \in X\}$, 则 $JX \subset X^{**}$, 且 J 是 X 到 JX 的保范同构, 因而可以把 X 和 JX 看成一样的赋范空间, 即不区分 X 和 X^{**}, 在这种意义下, X 可看成 X^{**} 的子空间, 即 $X \subset X^{**}$.

一般来说, JX 与 X^{**} 是不相等的, 如果 $JX = X^{**}$ 的话, 赋范空间 X 就具有很好的性质. 1927 年, Hahn 在研究赋范空间的线性方程时, 认识到了这种空间的重要性, 引入了自反这一概念.

定义 4.2.1 设 X 是赋范空间, 若从 X 到 X^{**} 的自然嵌入映射 J 是满射, 即 $JX = X^{**}$, 则称 X 是自反的.

c_0, l_1, l_∞ 和 $C[0,1]$ 都不是自反的, 但 $l_p (1 < p < \infty)$ 是自反的.

明显地, 若 X 是自反的, 则 X 与 X^{**} 保范同构.

问题 4.2.1 若 X 是 Banach 空间, X 与 X^{**} 保范同构时, 是否 X 一定自反?

James 在 1951 年已构造了一个非自反的 Banach 空间 X, X 与 X^{**} 保范同构, 但 X 不是自反的.

由于 X 自反时, 有 $X^{**} = X$, 因此 X 一定是完备的赋范空间.

定理 4.2.2 若 X 是自反的赋范空间, 则 X 是 Banach 空间.

怎么才能知道一个 Banach 空间是自反的呢? James 花了 20 年的时间研究这一问题, 得到了一个很简明的判别法.

定理 4.2.3 Banach 空间 X 是自反的当且仅当对任意 $f \in X^*$, 存在 $x \in X, ||x|| = 1$, 使得 $f(x) = ||f||$.

利用这一定理, 容易证明任意有限维 Banach 空间是自反的.

定理 4.2.4 若 Banach 空间 X 是有限维的, 则 X 是自反的 Banach 空间.

证明 对于任意 $f \in X^*$, 由 $||f|| = \sup\limits_{||x||=1} f(x)$, 可知存在$x_n \in X$, $||x_n|| = 1$, 使得 $f(x_n) \to ||f||$. 由于 X 是有限维的, 因此闭单位球是紧的, 故 $\{x_n\}$ 有收敛子列 $x_{n_k} \to x$, 从而 $||x|| = \lim\limits_{k \to \infty} ||x_{n_k}|| = 1$, 满足 $f(x) = \lim\limits_{k \to \infty} f(x_{n_k}) = ||f||$, 所以 X 是自反的 Banach 空间.

定理 4.2.5 若 Banach 空间 X 是自反的, 则 X 可分当且仅当 X^* 可分.

证明 由定理 4.1.5 可知, 只需证明 X 可分时, X^* 可分. 由于 X 是自反的, 因此 $X^{**} = X$, 故 X 可分时, X^{**} 可分, 所以 X^* 是可分的.

由于 $l_1^* = l_\infty$, 并且 l_1 可分, l_∞ 不可分, 因此由上面定理可知, l_1 不是自反 Banach 空间.

Banach 空间的自反性有很多重要的性质, 下面就是一些自反的充要条件:

定理 4.2.6 若 X 是 Banach 空间, 则下列条件是等价的:

(1) X 是自反 Banach 空间;

(2) X 的每个闭线性子空间都是自反 Banach 空间;

(3) X 的每个闭凸集 A 都有范数最小元, 即存在 $x_0 \in A$, 使得 $||x_0|| = \inf\{||x|| \,|\, x \in A\}$;

(4) X 的每个闭凸集 A 都是可逼近集, 即对任意 $x \in X$, 都一定存在 $x_0 \in A$, 使得

$$||x - x_0|| = \inf\{||x - y|| \,|\, y \in A\}.$$

4.3 弱 收 敛

在赋范空间 X 中, 序列 $\{x_n\}$ 的收敛定义为 $||x_n - x|| \to 0$, 即 x_n 依范数收敛于 x, 这种收敛性亦称为强收敛, 但在 X 和 X^* 上还可以定义比范数弱的收敛性, 这就是弱收敛性和弱*收敛, 这些收敛性在研究 X 和 X^* 的性质以及它们的联系时起着重要的作用.

定义 4.3.1 设 X 是赋范空间, $x_n \in X$, $x_0 \in X$, 若对任意 $f \in X^*$, 都有

$$f(x_n) \to f(x_0),$$

则称 $\{x_n\}$ 弱收敛于 x_0, 记为 $x_n \overset{w}{\longrightarrow} x_0$

例 4.3.1　设 $\{e_n\}$ 为 c_0 的 Schauder 基, 则对于任意 $f \in c_0^*$, 有 $\alpha = (\alpha_i) \in l_1$, 使得 $f = \alpha$, 故 $f(e_n) = \alpha_n$, 因此 $f(e_n) - f(0) \to 0$ 对任意 $f \in c_0^*$ 成立, 即 $e_n \overset{w}{\longrightarrow} 0$.

定理 4.3.1　设 X 是赋范空间, $\{x_n\} \subset X$, 若 $x_n \longrightarrow x$, 则 $x_n \overset{w}{\longrightarrow} x$.

证明　由于 $x_n \longrightarrow x$, 因此 $||x_n - x|| \to 0$, 故对于任意 $f \in X^*$, 有

$$|f(x_n) - f(x)| = |f(x_n - x)| \leqslant ||f|| \cdot ||x_n - x|| \to 0,$$

所以 $x_n \overset{w}{\longrightarrow} x$.

一般来说, $x_n \overset{w}{\longrightarrow} x$ 时, 不一定有 $x_n \longrightarrow x$, 例如, 在 c_0 中, $e_n \overset{w}{\longrightarrow} 0$, 但 $||e_n - 0|| \to 0$ 不成立.

由 Hahn-Banach 定理容易知道, 若 $\{x_n\} \subset X$ 是弱收敛序列, 则 $\{x_n\}$ 的弱收敛点唯一, 即 $x_n \overset{w}{\longrightarrow} x$, 且 $x_n \overset{w}{\longrightarrow} x'$ 时, 有 $x' = x$.

虽然 $x_n \overset{w}{\longrightarrow} x$ 时, 一般 $x_n \longrightarrow x$ 不成立, 但有一些赋范空间, 弱收敛与强收敛是一致的.

定理 4.3.2　若 X 是有限维 Banach 空间, 则 $x_n \overset{w}{\longrightarrow} x_0$ 当且仅当 $x_n \to x_0$.

证明　明显地, 只需证明对于有限维 Banach 空间, 当 $x_n \overset{w}{\longrightarrow} x_0$ 时, 一定有 $x_n \longrightarrow x_0$. 设 $e_1, \cdots, e_m$ 为 X 的 Schauder 基, 则对 $x_n \in X, x_0 \in X$, 有

$$x_n = \sum_{i=1}^m x_i^{(n)} e_i, \quad x_0 = \sum_{i=1}^m x_i^{(0)} e_i.$$

由于 $e_1, \cdots, e_m$ 是 Schauder 基, 因此 $e_i \notin \text{span}\{e_j | j \neq i\}$, 故由 Hahn-Banach 定理可知存在 $f_i \in X^*$, 使得 $f_i(e_i) = 1$, 且 $f_i(e_j) = 0, j \neq i$.

由 $x_n \overset{w}{\longrightarrow} x_0$ 可知 $f_i(x_n) \longrightarrow f_i(x_0)$, 因此 $x_i^{(n)} \to x_i^{(0)}$.

因而

$$||x_n - x_0|| = \left\| \sum_{i=1}^m x_i^{(n)} e_i - \sum_{i=1}^m x_i^{(0)} e_i \right\| \leqslant \sum_{i=1}^m |x_i^{(n)} - x_i^{(0)}| \cdot ||e_i|| \to 0 \quad (n \to 0),$$

所以序列 $\{x_n\}$ 强收敛于 x_0.

问题 4.3.1　若 X 是 Banach 空间, 且有 $x_n \overset{w}{\longrightarrow} x$ 时, $x_n \longrightarrow x$, 则 X 是否一定是有限维 Banach 空间?

有趣的是 Schur 在 1921 年证明了在 l_1 中, $x_n \overset{w}{\longrightarrow} x$ 与 $x_n \longrightarrow x$ 是等价的.

定理 4.3.3　在 l_1 中, $x_n \overset{w}{\longrightarrow} x$ 当且仅当 $x_n \longrightarrow x$.

弱收敛还可以用下面的定理来刻画:

定理 4.3.4　设 X 是赋范空间 $\{x_n\} \subset X$,　$x \in X$, 则 $x_n \overset{w}{\longrightarrow} x$ 当且仅当

(1) $\{||x_n||\}$ 有界;

(2) 存在 $M \subset X^*$, 使得 $\overline{M} = X^*$, 且对所有 $f \in M$, 有 $f(x_n) \to f(x)$.

证明 令 $\beta = \max\{\|x\|, \sup\|x_n\|\} + 1$, 则由 (1) 可知, $0 < \beta < +\infty$, 且

$$\|x\| \leqslant \beta, \quad \|x_n\| \leqslant \beta, \quad \text{对任意 } n \text{ 成立}.$$

对于任意 $\varepsilon > 0$, 由于 $\overline{M} = X^*$, 因此对于任意 $g \in X^*$, 有 $f \in M$, 使得 $\|g - f\| < \dfrac{\varepsilon}{3\beta}$, 由 $f \in M$ 可知 $f(x_n) \to f(x)$, 故存在 N, 使得 $n > N$ 时, 有

$$|f(x_n) - f(x)| < \frac{\varepsilon}{3},$$

因而对于 $n > N$, 有

$$\begin{aligned}
|g(x_n) - g(x)| &\leqslant |g(x_n) - f(x_n)| + |f(x_n) - f(x)| + |f(x) - g(x)| \\
&< \|g - f\| \cdot \|x_n\| + \frac{\varepsilon}{3} + \|f - g\| \cdot \|x\| \\
&\leqslant \frac{\varepsilon}{3\beta}\beta + \frac{\varepsilon}{3} + \frac{\varepsilon}{3\beta}\beta = \varepsilon,
\end{aligned}$$

所以 $g(x_n) \to g(x)$ 对任意 $g \in X^*$ 成立, 即 $x_n \xrightarrow{w} x$.

反过来, 若 $x_n \xrightarrow{w} x$, 则对任意 $f \in X^*$, 有 $f(x_n) \to f(x)$, 故

$$Jx_n(f) \to Jx(f),$$

因而

$$\sup\{\|Jx_n(f)\|\} < +\infty.$$

由于 X^* 是 Banach 空间, 因此由一致有界原理可知 $\sup\{\|Jx_n\|\} < +\infty$, 即 $\sup\{\|x_n\|\} < +\infty$, 所以 $\{\|x_n\|\}$ 是有界的.

类似于列紧性的定义, 可以定义弱列紧性.

定义 4.3.2 设 X 是赋范空间, F 是 X 的子集, 若 F 的任意序列都含有弱收敛子序列, 则称 F 是相对弱紧的. 若弱收敛点都属于 F, 则称 F 是弱列紧的.

例如, 在 l_2 中, $B_{l_2} = \left\{ (x_i) \in l_2 \left| \left(\sum_{i=1}^{\infty} |x_i|^2 \right)^{\frac{1}{2}} \leqslant 1 \right. \right\}$ 是弱列紧的.

与列紧性刻画了有限维 Banach 空间的特征类似, 弱列紧性刻画了自反 Banach 空间的特征.

定理 4.3.5 Banach 空间 X 是自反的当且仅当 X 的任意有界集都是弱相对列紧的.

对于赋范空间 X 的共轭空间 X^*, 由序列弱收敛的定义, 对 $f_n \in X^*, f \in X^*$, $f_n \xrightarrow{w} f$ 当且仅当对于任意 $F \in X^{**}$, 有 $F(f_n) \to F(f)$. 除了范数收敛和弱收敛, 在 X^* 上还可以定义弱*收敛.

定义 4.3.3 设 X 是赋范空间, $f_n, f \in X^*$, 若对任意 $x \in X$, 有 $f_n(x) \to f(x)$, 则称 f_n 弱*收敛于 f, 记为 $f_n \xrightarrow{w^*} f$.

明显地, 在 X^* 上, 弱收敛比弱*收敛强.

定理 4.3.6 设 X 是赋范空间, $f_n, f \in X^*$, 若 $f_n \xrightarrow{w} f$, 则 $f_n \xrightarrow{w^*} f$.

类似于弱收敛, 对于弱*收敛, 有下面的定理成立:

定理 4.3.7 设 X 是 Banach 空间, $f_n, f \in X^*$, 则 $f_n \xrightarrow{w^*} f$ 的充要条件是

(1) $\{\|f_n\|\}$ 是有界;

(2) 存在 $M \subset X$, 使得 $\overline{M} = X$, 且对任意 $x \in M$, 有 $f_n(x) \to f(x)$.

定理 4.3.8 设 X 是自反 Banach 空间, $f_n, f \in X^*$, 则 $f_n \xrightarrow{w^*} f$ 当且仅当 $f_n \xrightarrow{w} f$.

例 4.3.2 对于 c_0 的共轭空间 l_1, 取 $f_n = e_n \in l_1$, 则对任意 $x \in c_0$, 有 $\lim\limits_{i \to \infty} |x_i| = 0$, 因此 $f_n(x) = x_n \to 0$, 故 $f_n \xrightarrow{w^*} 0$. 但对于 $F = (1, 1, 1, 1, \cdots) \in l_\infty$, 有 $F(f_n) = 1$, 因而 f_n 不弱收敛于 0.

由上例可知, 序列的弱*收敛要比弱收敛还要弱.

类似于 X 中弱列紧集的定义, 可以考虑 X^* 中子集的弱 * 列紧性.

定义 4.3.4 设 X 是赋范空间, $F \subset X^*$, 若 F 中任意序列都含有弱*收敛子序列, 则称 F 为 X^* 的相对弱*列紧集.

若 F 中任意序列都含有弱*收敛子序列, 且其弱*收敛点都属于 F, 则称 F 是 X^* 的弱*列紧集.

明显地, 对于 X^* 的子集 F, F 的弱列紧要比弱*列紧强.

定理 4.3.9 若 F 是 X^* 的弱列紧集, 则 F 一定是弱*列紧集.

可分 Banach 空间的 Banach-Alaoglu 定理是 Banach 在 1932 给出的.

定理 4.3.10 (Banach-Alaoglu 定理) 若 X 是可分 Banach 空间, 则 X^* 的每个有界集都是相对弱*列紧的.

证明 设 F 是 X^* 的有界集, $\{f_n\} \subset F$, 则存在 $C > 0$, 使得 $\|f_n\| \leqslant C$ 对任意 n 成立.

由于 X 是可分的, 因此存在可数集 $M = \{x_1, x_2, \cdots, x_n, \cdots\} \subset X$, 使得 $\overline{M} = X$. 对于任意 $x_i \in M$ 和 f_n, 有

$$|f_n(x_i)| \leqslant \|f_n\| \cdot \|x_i\| \leqslant C\|x_i\| < +\infty,$$

因此 $\{f_n(x_i)\}$ 是 K 中的有界数列, 因而可以取到满足下列条件的 f_n 子序列:

$$\{f_n^{(1)}\} \subset \{f_n\} \text{ 且 } f_1^{(1)}, f_2^{(1)}, \cdots, f_n^{(1)}, \cdots \text{ 在 } x_1 \text{ 点收敛};$$

$$\{f_n^{(2)}\} \subset \{f_n^{(1)}\} \text{ 且 } f_1^{(2)}, f_2^{(2)}, \cdots, f_n^{(2)}, \cdots \text{ 在 } x_1, x_2 \text{ 点收敛};$$

$$\cdots\cdots$$

$$\{f_n^{(k)}\} \subset \{f_n^{(k-1)}\} \text{ 且 } f_1^{(k)}, f_2^{(k)}, \cdots, f_n^{(k)}, \cdots \text{ 在 } x_1, x_2, \cdots, x_k \text{ 点收敛},$$

这里 $\{f_n^{(k+1)}\} \subset \{f_n^{(k)}\} \subset \{f_n\}$.

利用对角线法, 取子序列 $\{f_n^{(n)}\}$, 则 $\{f_n^{(n)}\} \subset \{f_n\}$, 且对任意 $x_i \in M$, 有 $\lim\limits_{n\to\infty} f_n^{(n)}(x_i) = f(x_i)$ 存在, 因而由上面定理可知 $\{f_n^{(n)}\}$ 弱*收敛于 f. 所以 F 是 X^* 的相对弱*列紧集.

1940 年, Alaoglu 第一次给出了一般 Banach 空间的 Banach-Alaoglu 定理的证明.

定理 4.3.11 (Banach-Alaoglu 定理)   若 X 是 Banach 空间, 则 X^* 的每个有界集都是相对弱*列紧的.

例 4.3.3   设 X 是 Banach 空间, M 是 X 的闭子空间, 若 $\{x_n\} \subset M$, 且 $x_n \overset{w}{\longrightarrow} x_0$, 试证明 $x_0 \in M$.

证明   假设 $x_0 \notin M$, 则由于 M 是闭子空间, 因此 $d(x_0, M) > 0$, 故由 Hahn-Banach 定理, 存在 $f \in X^*, \|f\| = 1$, 使得 $f(x_0) = d(x_0, M)$, 且对于任意 $x \in M$, 有 $f(x) = 0$, 因此 $f(x_n) = 0$, 但这与 $f(x_n) \to f(x_0)$ 矛盾, 所以 $x_0 \in M$.

4.4　共　轭　算　子

由赋范空间 X 到赋范空间 Y 的线性连续算子, 可以讨论 Y^* 到 X^* 的共轭算子, 这种共轭算子在讨论物理学及其他一些应用中出现的算子方程时是很有用的.

定义 4.4.1   设 X 和 Y 是赋范空间. $T \in L(X, Y)$, 若存在 Y^* 到 X^* 的算子 T^*, 使得对任意 $f \in Y^*$ 和 $x \in X$, 有

$$(T^*f)(x) = f(Tx),$$

则称 T^* 为 T 的共轭算子.

对于任意 $T \in L(X, Y)$, 是否 T 的共轭算子 T^* 一定存在呢?

定理 4.4.1   设 X, Y 是赋范空间, 若 $T \in L(X, Y)$, 则 T 的共轭算子 T^* 一定存在, 且 $\|T^*\| = \|T\|$.

证明   对于任意 $f \in Y^*$, 定义

$$g(x) = f(Tx), \quad \text{任意 } x \in X,$$

则 g 是线性的, 且

$$|g(x)| = |f(Tx)| \leqslant ||f|| \cdot ||Tx|| \leqslant ||f|| \cdot ||T|| \cdot ||x||,$$

从而 $g \in X^*$, 并且 $||g|| \leqslant ||f|| \cdot ||T||$.

定义

$$T^* : Y^* \to X^*,$$
$$T^*f = g,$$

则 T^* 是 Y^* 到 X^* 的线性算子.

由于 $||T^*f|| = ||g|| \leqslant ||f|| \cdot ||T||$, 因此 $||T^*|| \leqslant ||T||$, 故 $T^* \in L(Y^*, X^*)$, 且对任意 $f \in Y^*$, $x \in X$, 有

$$(T^*f)(x) = f(Tx),$$

因而, T^* 为 T 的共轭算子.

对于任意 $x \in X$, 若 $Tx \neq 0$, 则由 Hahn-Banach 定理可知存在 $f \in Y^*$, $||f|| = 1$, 使得

$$f(Tx) = ||Tx||,$$

故

$$||Tx|| = f(Tx) = T^*f(x) \leqslant ||T^*f|| \cdot ||x|| \leqslant ||T^*|| \cdot ||f|| \cdot ||x|| = ||T^*|| \cdot ||x||.$$

对于 $x \in X$, 若 $Tx = 0$, 则明显地有 $||Tx|| \leqslant ||T^*|| \cdot ||x||$, 因此 $||Tx|| \leqslant ||T^*|| \cdot ||x||$, 对任意 $x \in X$ 都成立. 因而 $||T|| \leqslant ||T^*||$, 又因为 $||T^*|| \leqslant ||T||$, 所以 $||T^*|| = ||T||$.

对于共轭算子的运算, 有如下的基本性质:

定理 4.4.2　设 X, Y 是赋范空间, 若 $T_1, T_2 \in L(X, Y)$, 则

$$(\alpha T_1 + \beta T_2)^* = \alpha T_1^* + \beta T_2^*.$$

证明　对任意 $f \in Y^*$, $x \in X$, 有

$$[(\alpha T_1 + \beta T_2)^*f](x) = f((\alpha T_1 + \beta T_2)(x)) = \alpha f(T_1 x) + \beta f(T_2 x)$$
$$= \alpha T_1^* f(x) + \beta T_2^* f(x) = [(\alpha T_1^* + \beta T_2^*)(f)](x),$$

所以 $(\alpha T_1 + \beta T_2)^* = \alpha T_1^* + \beta T_2^*$.

定理 4.4.3　设 X, Y, Z 是赋范空间, 若 $S \in L(X, Y)$, $T \in L(Y, Z)$, 则 $(TS)^* = S^*T^*$.

证明　对于任意 $f \in Z^*$, $x \in X$, 有

$$[(TS)^*f](x) = f((TS)x) = f(T(Sx)) = (T^*f)(Sx) = [S^*(T^*f)](x),$$

因此, $(TS)^* = S^*T^*$.

共轭算子与线性算子方程的可解性有着密切的联系.

定理 4.4.4 设 X 是实赋范空间, $T \in L(X, X)$, $y \in X$, $\lambda \neq 0$, 若存在满足方程 $T^*f - \lambda f = 0$ 的 f, 使得 $f(y) \neq 0$, 则方程 $Tx - \lambda x = y$ 无解.

证明 反证法. 假设方程 $Tx - \lambda x = y$ 有解 x_0, 则

$$y = Tx_0 - \lambda x_0,$$

故对满足方程的 f, 有

$$f(y) = f(Tx_0 - \lambda x_0) = T^*f(x_0) - \lambda f(x_0) = (T^*f - \lambda f)(x_0) = 0.$$

但这与定理的条件矛盾, 所以定理得证.

习　题　四

4.1. 试证明 $c_0^* = l_1$.

4.2. 试证明 $l_1^* = l_\infty$.

4.3. 试证明 $l_2^* = l_2$.

4.4. 试证明 $l_\infty^* \neq l_1$.

4.5. 试证明 l_2 是自反的.

4.6. 试证明在 l_2 中强收敛比按坐标收敛强.

4.7. 设 X 是无穷维的赋范空间, 试证明 X^* 一定也是无穷维的赋范空间.

4.8. 设 X 是赋范空间, $x_n, x \in X$, $x_n \xrightarrow{w} x$, 若 $\{x_n\}$ 是相对紧的, 试证明 $x_n \to x$.

4.9. 设 X 是 Banach 空间, Y 是赋范空间, $T_n, T \in L(X, Y)$, 若 $x_n, x \in X$, $x_n \to x$, 且 T_n 弱收敛于 T, 试证明 $T_n x_n \xrightarrow{w} Tx$.

4.10. 设 X, Y 为 Banach 空间, $T \in L(X, Y)$, 若 $x_n \xrightarrow{w} x$, 试证明 $Tx_n \xrightarrow{w} Tx$.

4.11. 设 X 为赋范空间, $x_n, x \in X$, 若 $x_n \xrightarrow{w} x$, 试证明 $||x|| \leqslant \lim_{n \to \infty} \inf ||x_n||$.

4.12. 设 X 是赋范空间, $x_n, x \in X$, $f_n, f \in X^*$, x_n 弱收敛于 x, 且 f_n 收敛于 f, 试证明 $f_n(x_n) \to f(x)$.

4.13. 设 X 是 Banach 空间, $x_n, x \in X, f_n, f \in X^*$, $x_n \longrightarrow x, f_n \xrightarrow{w^*} f$, 试证明 $f_n(x_n) \to f(x)$.

4.14. 设 X, Y 是 Banach 空间, $T \in L(X, Y)$, 且 T^{-1} 存在且有界, 试证明 T^* 的逆存在且 $(T^*)^{-1} = (T^{-1})^*$.

4.15. 试证明在 l_2 中弱收敛与强收敛不等价.

4.16. 设 X 是赋范空间, $x_n \xrightarrow{w} x$, $M = \overline{\mathrm{span}}\,\{x_n\}$, 试证明 $x \in M$.

4.17. 定义算子 $T: l_1 \to l_1$, $T(x_1, x_2, \cdots, x_n, \cdots) = (x_1, x_2, \cdots, x_n, 0, \cdots)$, 试求 T^*.

<hr />

Riesz(里斯)

1880 年 1 月 22 日, Frigyes Riesz 出生于奥匈帝国 (现在的匈牙利) 的 Győr, 1902 年在布达佩斯 (Budapest) 获得博士学位, 他的博士论文是几何方面的. Riesz 是泛函分析的创始人之一, 他的工作在物理中有许多重要的应用. 他用 Fréchet 博士论文中的想法, 利用 Fréchet 的度量将 Lebesgue 的工作与 Hilbert 和他的学生 Schmidt 在积分方程方面的工作连接起来.

1907 年和 1909 年, Riesz 先建立了二次 Lebesgue 可积函数的泛函表示定理, 然后, 得到了 Stieltjes 可积函数的泛函表示定理. 接着, 他开始了赋范函数空间

Frigyes Riesz(1880—1956)

的研究. Riesz 在 1910 年的工作标志着算子理论的开始. 1918 年, 他的工作已接近于 Banach 空间的公理化理论, 而这些是 Banach 两年后才建立的.

1922 年, Riesz 和 Haar 在 Szeged 创建了 János Bolyai 数学研究所. Riesz 成为新杂志 *Acta Scientiarum Mathematicarum* 的编辑, Riesz 在该期刊发表许多论文, 1922 年关于线性泛函的 Egorov 定理就发表在该刊物第一卷的第一部分.

Riesz 在泛函分析领域给出的很多基本结果与 Banach 不谋而合. 他在 1907 年证明的定理——Riesz-Fischer 定理是 Hilbert 空间 Fourier 分析的基础. Riesz 对包括遍历理论在内的其他领域做出了很多贡献, 他还研究了正交系列和拓扑. Riesz 和他的学生 Béla Szőkefalvi-Nagy 写的《泛函分析讲义》是非常好的泛函分析著作.

Riesz 的成就给他带来了很多荣誉, 他当选为匈牙利科学院院士. 1949 年, 他被授予 Kossuth 奖, 并被授予 Szeged 大学、布达佩斯 Budapest 大学和巴黎大学的荣誉博士学位.

第 4 章学习指导

本章重点

1. 自反空间的判别方法.
2. 弱收敛和弱 * 收敛.
3. 共轭算子的性质.

基本要求

1. 知道具体空间的共轭空间, 如 $(R^n)^* = R^n, c_0^* = l_1, c^* = l_1, l_1^* = l_\infty, l_p^* = l_q$, 这里 $(p > 1, q > 1, \frac{1}{p} + \frac{1}{q} = 1)$.
2. 理解 J 映射的定义.
3. 掌握 James 关于 Banach 空间自反性的判别方法.
4. 弄清弱收敛、弱 * 收敛与范数收敛的区别.
5. 掌握共轭算子的性质和应用.

释疑解难

1. 对于任意赋范空间 X, X 的共轭空间一定非空吗?

对, 由 Hahn-Banach 定理的推论可知, 对于任意 $x, y \in X, x \neq y$, 一定存在 $f \in X^*, \|f\| = 1$, 使得 $f(x) \neq f(y)$, 因此 X 上有足够多的泛函.

2. 为什么要研究 X 的共轭空间?

这是由于赋范空间 X 的性质与它的共轭空间 X^* 的性质有着密切的关系. 如 X^* 可分时, X 一定是可分的;X 自反时, X^* 也是自反的. 例如, 要证明 $l_\infty^* \neq l_1$, 只需注意 l_1 是可分的, 如果 $l_\infty^* = l_1$, 那么 l_∞ 也是可分的, 但 l_∞ 不可分, 所以 $l_\infty^* \neq l_1$.

3. 对于任意赋范空间 X, 它的共轭空间 X^* 一定是完备的. 如在用到一致有界原理的时候, 要注意这一结论.

4. 若 M 是赋范空间 X 的闭子空间, 则 $M^* = X^*/M^\perp, (X/M)^* = M^\perp$, 这里 $M^\perp = \{f \in X^* \mid$ 对于任意 $x \in M,$ 有 $f(x) = 0\}$.

5. $c_0^* = l_1$ 的证明技巧为什么不能用于求 l_∞^*?

主要是 l_∞ 没有 Schauder 基, 因此对于任意 $x \in l_\infty, x = \sum_{i=1}^\infty x_i e_i$ 不成立.

6. l_∞ 的共轭空间是什么?

l_∞ 没有 Schauder 基, l_∞ 的共轭空间不是序列空间, l_∞^* 是定义在正整数集 N 的子集上的有界有限可加集函数 (或测度)μ 的空间.

7. 哪些空间的弱 * 序列收敛和弱序列收敛是等价的?

在 l_∞^*, 弱 * 序列收敛一定是弱序列收敛的. 若 Banach 空间 X 的共轭空间 X^* 的弱 * 序列收敛一定是弱收敛的, 则称 X 是 Grothendieck 空间.

8. $C[a, b]$ 的共轭空间是什么?

$C[a, b]$ 上的任意连续线性泛函 f, 都可以表示成 $f(x) = \int_a^b x(t) \mathrm{d}\sigma(t)$, 这里 $\sigma(t)$ 是 $[a, b]$ 上的有界变差函数, $x(t) \in C[a, b]$. 设 $V[a, b]$ 为 $[a, b]$ 上满足 $f(a) = 0$, 并且对于任意 $t \in (a, b)$, 有 $f(t) = f(t+0) = \lim_{s \to t+} f(s)$ 的有界变差函数全体, 对于任意 $f \in V[a, b]$, $\|f\|$ 定义为 f 在 $[a, b]$ 的全变差 $V_a^b f(t)$, 可以证明 $V[a, b]$ 是 Banach 空间, 并且 $C[a, b]^* = V[a, b]$.

9. 若 X 是 Banach 空间, $f \in X^*$, 则一定存在 $x \in X, \|x\| = 1$, 使得 $f(x) = \|f\|$ 吗?

不一定. 如在 Banach 空间 c_0 中, 对于线性连续泛函 $f(x) = \sum_{i=1}^\infty \frac{x_i}{2^i}$, 有 $\|f\| = 1$, 但对于任意 $x \in c_0, \|x\| = 1$, 有 $f(x) < \|f\|$.

10. 证明 Banach 空间 X 是自反一般有哪些方法?

证明 Banach 空间 X 是自反的方法有两个:

(1) 证明对于任意 $f \in X^*$, 有 $x \in X, \|x\| = 1$, 使得 $f(x) = \|f\|$.

(2) 证明 X 的任意有界集都是弱相对列紧的.

11. James 关于 Banach 空间自反性的判别法对赋范空间成立吗?

不成立, 该判别法只对完备赋范空间才成立.

12. X 与 X^{**} 保范同构时, X 一定是自反的 Banach 空间吗?

X 是自反的 Banach 空间时, X 一定与 X^{**} 保范同构. 但 X 与 X^{**} 保范同构时, X 不一定是自反的 Banach 空间. 要清楚 X 自反是指 J 映射是满射, 而不是 X 与 X^{**} 保范同构.

13. 若 X 可分, 但 X^* 不可分, 则 X 一定不是自反的.

14. 范数收敛的序列一定是弱收敛的, 但弱收敛的序列不一定是范数收敛的.

15. 在赋范空间 X 中, 若序列范数收敛与序列弱收敛是等价的, 则 X 一定是有限维的吗?

如果 X 是有限维的, 则范数收敛与弱收敛是等价的. 但在赋范空间 X 中, 若序列范数收敛与序列弱收敛是等价的, 则 X 不一定是有限维的, 如 l_1 是无穷维的, 但在 l_1 中, 序列范数收敛与序列弱收敛是等价的.

若在 X 中, 序列范数收敛与序列弱收敛是等价的, 则称 Banach 空间 X 具有 Schur 性质. 例如 $l_p (1 \leqslant p < \infty)$ 具有 Schur 性质.

15. 弱 * 收敛在 X 上没有意义, 弱 * 收敛只能在共轭空间 X^* 中讨论, 在 X^*

上, 范数收敛的序列 $\{f_n\}$ 一定是弱收敛的, 弱收敛的序列 $\{f_n\}$ 一定是弱 * 收敛的, 反过来都不一定成立. 当然, 在 X^{**} 和 X^{***} 等都可以讨论弱 * 收敛.

16. 如果 Banach 空间 X 是自反的, 那么 X^* 上的弱收敛和弱 * 收敛是一样的.

17. 在 c_0 上, 若 $x_n \in c_0$, x_n 弱收敛于 x_0, 则对于任意 $f_i(x) = x_i$, 有 $f_i \in c_0^*$, 并且 $f_i(x_n) \to f_i(x_0)$, 因此 $x_i^{(n)} \to x_i^{(0)}$, 所以 x_n 依坐标收敛于 x_0.

18. $l_2 = \{(x_i) \mid \sum\limits_{i=1}^{\infty} |x_i|^2 < \infty\}$ 在 $\|x\| = \left(\sum\limits_{i=1}^{\infty} |x_i|^2\right)^{1/2}$ 下是 Banach 空间, 但 x_n 依坐标收敛于 x_0 时, 不一定有 x_n 弱收敛于 x_0. 如 $x_n = \left(\dfrac{1}{\sqrt[4]{n}}, \cdots, \dfrac{1}{\sqrt[4]{n}}, , 0, \cdots\right)$ 时, 有 x_n 依坐标收敛于 0, 但由于 $\|x_n\| = \sqrt[4]{n}$, 因此 $\{x_n\}$ 不是范数有界序列, 故 x_n 不弱收敛于 0.

19. 在 $l_p, (p > 1)$ 上, 序列 x_n 弱收敛于 x_0 的充要条件为:

(1) 序列 $\{x_n\}$ 是范数有界的.

(2) x_n 依坐标收敛于 x_0.

解题技巧

1. 求具体空间的共轭空间, 如求 R^n 在范数 $\|x\| = \max\{|x_i|\}$ 下的共轭空间等.

2. 利用 James 的自反空间判别法, 证明具体空间是自反的.

3. 在具体空间, 如序列空间中, 讨论范数收敛、弱收敛与坐标收敛等的关系.

4. 求具体算子的共轭算子.

可供进一步思考的问题

1. 总结自反空间的性质, 如 X 自反时, X 的闭子空间 M 一定是自反的.

2. 试讨论共轭空间 X^* 的性质与 X 的性质的相互关系.

第5章 Hilbert 空间

只要一门科学分支能提出大量的问题, 它就充满着生命力, 而问题缺乏则预示独立发展的终止或衰亡.

Hilbert(1862—1943, 德国数学家)

Hilbert 空间在历史上比赋范空间出现得早, l_2 是最早提出来的 Hilbert 空间, 1912 年由 Hilbert 在研究积分方程时给出, 而 Hilbert 空间的公理化定义直到 1927 年才由 Neumann 在《量子力学的数学基础》中给出, 但它的定义包含了可分性的条件, 1934 年, Lowig, Rellich 和 Riesz 指出, 对于绝大部分理论, 可分性是不必要的, 因此可分性的条件就去掉了.

5.1 内 积 空 间

在 R^2 中, 把一个点看成一个向量, 对于 R^2 的任意两个点 $x = (x_1, x_2)$, $y = (y_1, y_2)$, 定义内积 $(x, y) = x_1 y_1 + x_2 y_2$, 则可把向量的垂直、交角、投影等用内积来刻画, 并且内积具有很好的性质.

定义 5.1.1 设 X 是线性空间, 若存在 $X \times X$ 到 K 的一个映射 $(\cdot, \cdot)$, 使得对任意 $x, y, z \in X$, 有

(1) $(x, y) = \overline{(y, x)}$;

(2) $(\alpha x + \beta y, z) = \alpha(x, z) + \beta(y, z)$;

(3) $(x, x) \geqslant 0$, 且 $(x, x) = 0$ 当且仅当 $x = 0$ 时成立.

则称 $(\cdot, \cdot)$ 为 X 上的内积, X 称为内积空间.

在 $l_2 = \left\{ (x_i) \,\middle|\, x_i \in C, \left(\sum_{i=1}^{\infty} |x_i|^2 \right)^{\frac{1}{2}} < +\infty, \text{这里 } C \text{ 为复数域} \right\}$ 上, 定义内积为

$(x, y) = \sum_{i=1}^{\infty} x_i \overline{y_i}$, 则明显地, l_2 是一个内积空间.

R^n 中的 Cauchy-Schwarz 不等式可以追溯到 Lagrange 和 Cauchy, 积分形式的 Cauchy-Schwarz 不等式是 Bouniakowsky 在 1859 年和 Schwarz 在 1885 年证明的. l_2 中的 Cauchy-Schwarz 不等式则是 Schmidt 在 1908 年得到的. 抽象的 Cauchy-Schwarz 不等式是 Neumann 在 1930 年证明的. 在内积空间 X 中, 有下面的 Cauchy-Schwarz 不等式成立.

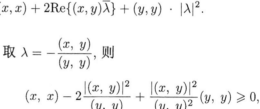

Augustin-Louis Cauchy

(1789—1857)

定理 5.1.1 (Cauchy-Schwarz 不等式)　若 X 是内积空间, 则对任意 $x, y \in X$, 有

$$|(x,y)|^2 \leqslant (x,x) \cdot (y,y).$$

证明　明显地, 只需证明 $y \neq 0$ 时不等式成立.

对于任意 $\lambda \in K$, $y \neq 0$, 有

$$(x + \lambda y, x + \lambda y) = (x, x) + 2\mathrm{Re}\{(x,y)\overline{\lambda}\} + (y, y) \cdot |\lambda|^2.$$

Karl Hermann Amandus Schwarz

(1843—1921)

取 $\lambda = -\dfrac{(x, \ y)}{(y, \ y)}$, 则

$$(x, \ x) - 2\frac{|(x, \ y)|^2}{(y, \ y)} + \frac{|(x, \ y)|^2}{(y, \ y)^2}(y, \ y) \geqslant 0,$$

因此

$$|(x,y)|^2 \leqslant (x,x) \cdot (y,y).$$

利用 Cauchy-Schwarz 不等式, 可以证明任意的内积空间 X 都可以定义范数 $\|x\| = \sqrt{(x,x)}$, 使之成为赋范空间.

定理 5.1.2　设 X 是内积空间, $\|x\| = \sqrt{(x,x)}$, 则 $\|\cdot\|$ 是 X 的范数.

证明　由内积的定义可知 $\|x\| = 0$ 时, 有 $x = 0$. 由于

$$(\lambda x, \lambda x) = \lambda \overline{\lambda}(x, x) = |\lambda|^2 (x, x),$$

因此, $\|\lambda x\| = \sqrt{(\lambda x, \ \lambda x)} = |\lambda|\sqrt{(x, \ x)} = |\lambda| \, \|x\|$.

对于任意 $x, y \in X$, 由 Cauchy-Schwarz 不等式, 有

$$\|x + y\|^2 = (x + y, \ x + y) = (x, \ x) + 2\mathrm{Re}\{(x, \ y)\} + (y, \ y)$$

$$\leqslant (x,\ x) + 2(x,\ x)^{\frac{1}{2}}(y,\ y)^{\frac{1}{2}} + (y,\ y),$$

因而 $||x+y|| \leqslant ||x|| + ||y||$, 所以 $||\cdot||$ 是 X 的范数.

David Hilbert (1862—1943)

由上面定理可知, 对于任意内积空间, $||x|| = \sqrt{(x,x)}$ 是 X 的范数, 一般称这一范数为内积 (x,y) 诱导的范数, 在这一范数的意义下, 可以把内积空间 X 看成赋范空间 $(X, ||\cdot||)$, 这样的内积空间 X 上可以使用赋范空间 $(X, ||\cdot||)$ 的所有概念, 如序列的收敛和子集的列紧性、完备性等.

定义 5.1.2　若内积空间 X 在范数 $||x|| = \sqrt{(x,\ x)}$ 下是 Banach 空间, 则称 X 是 Hilbert 空间.

容易证明, l_2 是 Hilbert 空间. 内积空间还具有许多很好的性质.

定理 5.1.3　设 X 是内积空间, 若 $x_n \to x, y_n \to y$, 则 $(x_n, y_n) \to (x, y)$.

证明　由于

$$|(x_n,\ y_n) - (x,\ y)| \leqslant |(x_n,\ y_n) - (x,\ y_n)| + |(x,\ y_n) - (x,\ y)|$$
$$= |(x_n - x,\ y_n)| + |(x,\ y_n - y)|$$
$$\leqslant ||x_n - x|| \cdot ||y_n|| + ||x|| \cdot ||y_n - y||,$$

因此, 当 $x_n \to x,\ y_n \to y$ 时, 有 $(x_n,\ y_n) \to (x,\ y)$.

不难证明, 对于内积空间 X, 有如下的极化恒等式成立:

定理 5.1.4　设 X 是实内积空间, 则对任意 $x, y \in X$, 有

$$(x,\ y) = \frac{1}{4}(||x+y||^2 - ||x-y||^2).$$

定理 5.1.5　设 X 是复内积空间, 则对任意 $x,\ y \in X$, 有

$$(x,\ y) = \frac{1}{4}(||x+y||^2 - ||x-y||^2 + \mathrm{i}||x+\mathrm{i}y||^2 - \mathrm{i}||x-\mathrm{i}y||^2).$$

由于内积空间具有很好的几何直观性, 而每一个内积空间都可以引入范数 $||x|| = \sqrt{(x,x)}$, 使之成为赋范空间, 因此可以考虑如下问题:

问题 5.1.1　对于任意赋范空间 X, 可否定义内积使之成为内积空间, 且满足 $||x|| = \sqrt{(x,\ x)}$?

例如, 在赋范空间 l_1 中, 对于任意 $x,\ y \in l_1$, 定义 $(x,\ y) = \sum_{i=1}^{\infty} x_i \overline{y_i}$, 则 $(x,\ y)$ 是否为 l_1 的内积, 并满足 $||x|| = \sqrt{(x,\ x)}$?

定理 5.1.6 设 X 是赋范空间, 则可以定义内积 $(\cdot, \cdot)$, 使 X 成为内积空间, 且 $\|x\| = \sqrt{(x, x)}$ 的充要条件为 $x, y \in X$ 都满足平行四边形法则, 即

$$\|x + y\|^2 + \|x - y\|^2 = 2(\|x\|^2 + \|y\|^2).$$

证明 若 X 可以定义内积, 使之成为内积空间, 且 $\|x\| = \sqrt{(x, x)}$, 则

$$\|x + y\|^2 + \|x - y\|^2 = (x + y, \ x + y) + (x - y, \ x - y)$$
$$= 2(x, \ x) + 2(y, \ y) = 2\|x\|^2 + 2\|y\|^2.$$

反过来, 若对于任意 $x, y \in X$, 有

$$\|x + y\|^2 + \|x - y\|^2 = 2(\|x\|^2 + \|y\|^2).$$

为了简明起见, 这里只证 X 是实赋范空间的情形.

令 $(x, y) = \dfrac{1}{4}(\|x + y\|^2 - \|x - y\|^2)$, 则

(1) $(x, y) = (y, x)$;

(2) $(x, x) \geqslant 0$ 且 $(x, x) = 0$ 当且仅当 $x = 0$;

(3) 对于任意 $x, y, z \in X$, 有

$$(x + y, z) = \frac{1}{4}(\|(x + y) + z\|^2 - \|(x + y) - z\|^2)$$
$$= \frac{1}{4}\left[\left(\left\|\left(\frac{x + y}{2} + z\right) + \frac{x + y}{2}\right\|^2 + \left\|\left(\frac{x + y}{2} + z\right) - \frac{x + y}{2}\right\|^2\right)\right.$$
$$\left. - \left(\left\|\left(\frac{x + y}{2} - z\right) + \frac{x + y}{2}\right\|^2 + \left\|\left(\frac{x + y}{2} - z\right) - \frac{x + y}{2}\right\|^2\right)\right]$$
$$= \frac{1}{4}\left[2\left(\left\|\frac{x + y}{2} + z\right\|^2 + \left\|\frac{x + y}{2}\right\|^2\right) - 2\left(\left\|\frac{x + y}{2} - z\right\|^2 + \left\|\frac{x + y}{2}\right\|^2\right)\right]$$
$$= \frac{1}{2}\left(\left\|\frac{x + y}{2} + z\right\|^2 - \left\|\frac{x + y}{2} - z\right\|^2\right).$$

由于

$$(x, \ z) + (y, \ z) = \frac{1}{4}(\|x + z\|^2 - \|x - z\|^2 + \|y + z\|^2 - \|y - z\|^2)$$
$$= \frac{1}{4}\left[\left(\left\|\left(\frac{x + y}{2} + z\right) + \frac{x - y}{2}\right\|^2 + \left\|\left(\frac{x + y}{2} + z\right) - \frac{x - y}{2}\right\|^2\right)\right.$$
$$\left. - \left(\left\|\left(\frac{x + y}{2} - z\right) + \frac{x - y}{2}\right\|^2 + \left\|\left(\frac{x + y}{2} - z\right) - \frac{x - y}{2}\right\|^2\right)\right]$$

$$= \frac{1}{4} \left[2 \left(\left\| \frac{x+y}{2} + z \right\|^2 + \left\| \frac{x-y}{2} \right\|^2 \right) - 2 \left(\left\| \frac{x+y}{2} - z \right\|^2 + \left\| \frac{x-y}{2} \right\|^2 \right) \right]$$

$$= \frac{1}{2} \left(\left\| \frac{x+y}{2} + z \right\|^2 - \left\| \frac{x+y}{2} - z \right\|^2 \right).$$

因此

$$(x+y,\ z) = (x,\ z) + (y,\ z).$$

对于任意 $\lambda \in R, x, y \in X$, 令 $f(\lambda) = (\lambda x, y)$, 则 $f(\lambda)$ 为连续函数, 且 $f(\lambda_1 + \lambda_2) = f(\lambda_1) + f(\lambda_2)$, 因此 $f(\lambda)$ 是线性的, 即 $f(\lambda) = f(1) \cdot \lambda$, 因而 $(\lambda x, y) = \lambda(x, y)$.

由 $(x, x) = \frac{1}{4}(\|x + x\|^2 - \|x - x\|^2) = \|x\|^2$ 可知 $\|x\| = \sqrt{(x, x)}$, 因此 (x, y) 是 X 上的内积, 且 $\|x\| = \sqrt{(x, x)}$.

在上面定理的证明中, 当 X 是复赋范空间时, 令

$$(x, y) = \frac{1}{4}(\|x + y\|^2 - \|x - y\|^2 + \mathrm{i}\|x + \mathrm{i}y\|^2 - \mathrm{i}\|x - \mathrm{i}y\|^2),$$

则可证明 (x, y) 就是 X 上的内积, 且满足 $\|x\| = \sqrt{(x, x)}$.

由以上定理可知, 一般的赋范线性空间 $(X, \|\cdot\|)$ 不一定可以定义内积 $(\cdot, \cdot)$, 使之成为内积空间, 且满足 $\|x\| = \sqrt{(x, x)}$.

例 5.1.1　在 l_∞ 中, 取 $x = (1,\ 1,\ 0,\ 0,\ \cdots), y = (1,\ -1,\ 0,\ \cdots)$, 则 $\|x\| = 1, \|y\| = 1$, 但 $\|x + y\| = \|x - y\| = 2$, 因此 $\|x + y\|^2 + \|x - y\|^2 \neq 2(\|x\|^2 + \|y\|^2)$, 所以在 l_∞ 上不能定义内积, 使得 l_∞ 成为内积空间, 且满足 $\|x\| = \sqrt{(x,\ x)}$.

利用前面定理, 还可以证明内积空间一定是严格凸的.

定理 5.1.7　设 X 是内积空间, 则 X 一定是严格凸的赋范空间.

证明　对于任意 $x, y \in X$, 若 $x \neq y$, 且 $\|x\| = \|y\| = 1$, 则由

$$\|x + y\|^2 + \|x - y\|^2 = 2(\|x\|^2 + \|y\|^2)$$

可知 $\|x + y\|^2 = 4 - \|x - y\|^2 < 4$, 因而 $\left\| \frac{x+y}{2} \right\| < 1$, 所以 X 是严格凸的.

5.2　投　影　定　理

内积空间是 R^n 的自然推广, 在内积空间 X 上, 可以把向量空间 R^n 的正交和投影等概念引进来.

定义 5.2.1　设 X 是内积空间, $x, y \in X$, 若 $(x, y) = 0$, 则称 x 与 y 正交, 记为 $x \perp y$.

若 $x \in X, M \subset X$, 且对任意 $y \in M$, 有 $(x,y) = 0$, 则称 x 与 M 正交, 记为 $x \perp M$.

若对任意 $x \in M, y \in N$, 都有 $(x, y) = 0$, 则称 M 与 N 正交, 记为 $M \perp N$.

若 $M \subset X$, 则称 $M^\perp = \{x \in X \mid x \perp M\}$ 为 M 的正交补.

例 5.2.1 设 $C[-1,1]$ 为 $[-1, 1]$ 上的实连续函数全体, 内积为 $(x,y) = \int_{-1}^{1} x(t)y(t)\mathrm{d}t$, 若 M 为 $[-1, 1]$ 上的实连续奇函数全体, 试证明 M 的正交补为 $[-1, 1]$ 上的实连续偶函数全体.

证明 (1) 若 y 为 $[-1, 1]$ 上的实连续偶函数, 则对所有 $x \in M, x(t)y(t)$ 都是 $[-1, 1]$ 上的实连续奇函数, 从而 $(x,y) = \int_{-1}^{1} x(t)y(t)\mathrm{d}t = 0$, 因此 $y \in M^\perp$.

(2) 反过来, 若 $y \in M^\perp$, 令 $z(t) = y(t) - y(-t)$, 则 $z(-t) = y(-t) - y(t) = -z(t)$, 从而 $z(t)$ 为奇函数, 因此 $z \in M$, 所以 $(y, z) = 0$.

由于

$$z(t)^2 = [y(t) - y(-t)]z(t) = y(t)z(t) + y(-t)z(-t),$$

因此

$$\int_{-1}^{1} z(t)^2 \mathrm{d}t = \int_{-1}^{1} y(t)z(t)\mathrm{d}t + \int_{-1}^{1} y(-t)z(-t)\mathrm{d}t = (y, z) + (y, z) = 0,$$

从而

$$\int_{-1}^{1} [y(t) - y(-t)]^2 \mathrm{d}t = 0.$$

由 $y(t)$ 是连续函数可知 $y(t) = y(-t)$, 即 $y(t)$ 一定是偶函数.

由 (1) 和 (2) 可知, M 的正交补为 $[-1, 1]$ 上的实连续偶函数全体.

明显地, 由以上的定义可以看出下面定理成立:

定理 5.2.1 设 X 为内积空间, $x \in X, M \subset X$, 则

(1) 当 $x \perp y$ 时, 有 $\|x + y\|^2 = \|x\|^2 + \|y\|^2$ (勾股定理);

(2) 当 $x \perp y$ 且 $x \perp z$ 时, 有 $x \perp (\lambda_1 y + \lambda_2 z)$ 对于任意 $\lambda_1, \lambda_2 \in K$ 都成立;

(3) 当 $M \perp N$ 时, 有 $M \subset N^\perp$, 且 $N \subset M^\perp$;

(4) 当 $M \subset N$ 时, 有 $M^\perp \supset N^\perp$;

(5) $M \cap M^\perp \subset \{0\}$, 对任意 $M \subset X$ 成立.

定理 5.2.2 设 X 是内积空间, $M \subset X$, 则 $M^\perp$ 是 X 的闭线性子空间.

证明 对于任意 $x, y \in M^\perp$, 及 $z \in M$, 有

$$(x, z) = 0 \text{ 且 } (y, z) = 0,$$

因此, 对任意 $\alpha, \beta \in K$, 有

$$(\alpha x + \beta y,\ z) = \alpha(x,\ z) + \beta(y,\ z) = 0,$$

故 $\alpha x + \beta y \in M^\perp$, 即 $M^\perp$ 是线性子空间.

若 $x_n \in M^\perp$, $x_n \to x$, 则对任意 $z \in M$, 有 $(x,\ z) = \lim\limits_{n\to\infty}(x_n,\ z) = 0$, 因此 $x \in M^\perp$, 所以, $M^\perp$ 是 X 的闭线性子空间.

定理 5.2.3　设 X 是内积空间, $M \subset X$, 则 $(\overline{\operatorname{span}}(M))^\perp = M^\perp$.

证明　由于 $\overline{\operatorname{span}}(M) \supset M$ 因此 $(\overline{\operatorname{span}}(M))^\perp \subset M^\perp$.

反过来, 对任意 $x \in M^\perp$, 有 $M \subset \{x\}^\perp$, 由上面定理可知 $\{x\}^\perp$ 是闭子空间, 故 $\overline{\operatorname{span}}(M) \subset \{x\}^\perp$, 因而 $x \in (\overline{\operatorname{span}}(M))^\perp$, 所以 $M^\perp \subset (\overline{\operatorname{span}}(M))^\perp$, 从而 $(\overline{\operatorname{span}}(M))^\perp = M^\perp$.

定义 5.2.2　设 X 是内积空间, M, N 是 X 的线性子空间, 若 $M \perp N$, 则称 $H = \{x + y\,|\,x \in M, y \in N\}$ 为 M 与 N 的正交和, 记为 $H = M + N$.

如在 R^2 中, 取 $M = \{(x_1, 0)\,|\,x_1 \in R\}, N = \{(0, x_2)\,|\,x_2 \in R\}$, 则 $M \perp N$, 且 $R^2 = M + N$.

定义 5.2.3　设 M 是内积空间 X 的线性子空间, $x \in X$, 若存在 $x_0 \in M, y \in M^\perp$, 使得

$$x = x_0 + y,$$

则称 x_0 为 x 在 M 上的投影.

在 R^3 中, 对 $M = \{(x_1, x_2, 0)\,|\,x_1, x_2 \in R\}$, 及任意 $x = (x_1, x_2, x_3) \in X$, 有

$$x_0 = (x_1, x_2, 0) \in M, \quad y = (0, 0, x_3) \in M^\perp,$$

使得

$$x = x_0 + y,$$

即 x_0 为 x 在 M 上的投影.

定理 5.2.4　设 X 是内积空间, M 是 X 的子空间, $x \in X$, 若 x_0 是 x 在 M 上的投影, 则

$$\|x_0 - x\| = \inf_{z \in M}\|x - z\|.$$

证明　由于 x_0 是 x 在 M 上的投影, 因此 $x_0 \in M$ 且 $x - x_0 \perp M$, 故对于任意 $z \in M$, 有 $x_0 - z \in M$, 因而 $x - x_0 \perp x_0 - z$, 故

$$\|x - z\|^2 = \|(x - x_0) + (x_0 - z)\|^2 = \|x - x_0\|^2 + \|x_0 - z\|^2 \geqslant \|x - x_0\|^2,$$

所以 $\|x - x_0\| = \inf\limits_{z \in M}\|x - z\|$.

在 R^3 中, 若取 $M = \{(x_1,\ x_2,\ 0)|x_1,\ x_2 \in R\}$, 则对任意 $x = (x_1,\ x_2,\ x_3) \in X$, x 在 M 上的投影 $x_0 = (x_1,\ x_2,\ 0)$ 与 x 的距离是 x 到 M 上的最短距离.

Schmidt 在讨论 Hilbert 的原型 l_2 空间时, 在 l_2 证明了对任一固定的闭子空间 M, 若 x 是 l_2 的任一点, 则存在唯一的 $x_0 \in M, y \in M^\perp$, 使得 $x = x_0 + y$, 这就是现在的投影定理.

定理 5.2.5 设 M 是 Hilbert 空间 X 的闭子空间, 则对任意 $x \in X$, x 在 M 上存在唯一的投影, 即存在 $x_0 \in M, y \in M^\perp$, 使得 $x = x_0 + y$, 且这种分解是唯一的.

证明 对于 $x \in X$, 令 $d = d(x, M) = \inf_{z \in M} ||x - z||$, 则存在 $x_n \in M$, 使得

$$\lim_{n \to \infty} ||x_n - x|| = d.$$

由于 $\dfrac{x_m + x_n}{2} \in M$, 因此 $\left\|\dfrac{x_m + x_n}{2} - x\right\| \geqslant d$. 故

$$||x_m - x_n||^2 = 2\left(2\left\|\frac{x_m - x_n}{2}\right\|^2\right)$$

$$= 2\left(||x_m - x||^2 + ||x_n - x||^2 - 2\left\|\frac{x_m + x_n}{2} - x\right\|^2\right)$$

$$\leqslant 2(||x_m - x||^2 + ||x_n - x||^2 - 2d^2).$$

由 $||x_n - x|| \to d$, 可知 $\{x_n\}$ 是 Cauchy 列. 由于 X 是 Hilbert 空间, 且 M 是闭子空间, 因此存在 $x_0 \in M$, 使得 $x_n \to x_0$, 所以 $||x - x_0|| = d(x, M)$.

令 $y = x - x_0$, 则 $x = x_0 + y$, 因此下面只需证明 $y \perp M$.

对任意 $z \in M, z \neq 0$, 及任意 $\lambda \in K$, 有 $x_0 + \lambda z \in M$. 因此 $||x - (x_0 + \lambda z)|| \geqslant d$, 故

$$||(x - x_0) - \lambda z||^2 = ||x - x_0||^2 - 2\mathrm{Re}\{(\overline{\lambda}(x - x_0),\ z)\} + |\lambda|^2||z||^2 \geqslant d^2.$$

取 $\lambda = \dfrac{(x - x_0, z)}{||z||^2}$, 则

$$||x - x_0||^2 - 2\frac{|(x - x_0, z)|^2}{||z||^2} + \frac{|(x - x_0,\ z)|^2}{||z||^2} = ||x - x_0||^2 - \frac{|(x - x_0,\ z)|^2}{||z||^2} \geqslant d^2.$$

由 $||x - x_0|| = d$ 可知, 一定有 $(x - x_0, z) = 0$, 因此 $x - x_0 \perp z$ 对于任意 $z \in M$ 成立, 即 $y \perp M$. 由上面讨论可知对于任意 $x \in X$, 存在 $x_0 \in M$, $y \in M^\perp$, 使得 $x = x_0 + y$.

现证这种分解是唯一的. 假设存在另一个 $x_0' \in M$ 及 $y' \in M^{\perp}$, 使得 $x = x_0' + y'$, 则 $x_0 - x_0' \in M$, $y - y' \in M^{\perp}$, 故由 $y - y' = (x - x_0) - (x - x_0') = x_0' - x_0 \in M$ 可知 $y = y'$.

结合前面的定理, 还可以得到下面的推论:

推论 5.2.1　设 X 是 Hilbert 内积空间, M 是 X 的闭子空间, $x \in X$, 则存在 $x_0 \in M$ 使得 $||x - x_0|| = d(x, M)$ 当且仅当 $x - x_0 \perp M$.

问题 5.2.1　若 M 是 Hilbert 空间 X 的子空间, 但 M 不是闭的子空间, 那么对任意 $x \in X$, x 在 M 上是否存在投影呢?

例 5.2.2　在 l_2 中, M 为只有有限项非零的实数列全体构成的子空间, 则 M 不是 l_2 的闭子空间. 可以断言, 对有些 $x \in X$, x 在 M 上的正交投影不存在.

实际上, 容易证明 $M^{\perp} = \{0\}$. 由于 $e_i = (0, \cdots, 1, 0, \cdots) \in M$, 因此对任意 $x = (x_i) \in M^{\perp}$, 有 $x_i = (x, e_i) = 0$, 故 $x = 0$.

选取 $x = \left(\dfrac{1}{i}\right) \in l_2$, 若 $x = x_0 + y$ 是 x 的正交分解, 由于 $y \in M^{\perp} = \{0\}$, 因此

$$x_0 = x = \left(\frac{1}{i}\right),$$ 这与 x_0 只有有限项非零矛盾, 所以 x 在 M 上的正交投影不存在.

5.3　Hilbert 空间的正交集

在 R^n 中, 若取 $e_i = (0, \cdots, 1, 0, \cdots)$ $(i = 1, 2, \cdots, n)$, 则 e_i 为 R^n 中范数为 1 的点, 且 $i \neq j$ 时 $(e_i, e_j) = 0$, 即 $\{e_i\}$ 中任意两个不同元都正交, 由于 $\{e_i\}$ 为 R^n 的 Hamel 基, 因而对任意 $x \in K^n$, 有 $x = \sum_{i=1}^{n} \alpha_i e_i$. 对于任意 $x \in R^n$, x 表示 $\sum_{i=1}^{n} \alpha_i e_i$ 是唯一的. 但对于每个 $x \in R^n$, 怎么求出 $\alpha_i \in R$, 使得 $x = \sum_{i=1}^{n} \alpha_i e_i$ 成立呢? $\{e_i\}$ 中每两个元正交为求 α_i 提供了一个简单的方法, 实际上, 由 $x = \sum_{i=1}^{n} \alpha_i e_i$ 可知 $(x, e_i) = \sum_{j=1}^{n} \alpha_j (e_i, e_j)$, 因此 $\alpha_i = (x, e_i)$.

从上面可以看出任意两个不同元都是正交的集合在 R^n 中是很重要的, 这样的集合和序列的应用在 Hilbert 空间中也起着重要的作用.

定义 5.3.1　设 $S = \{e_\alpha | e_\alpha \neq 0, \alpha \in \wedge\}$ 是内积空间 X 的一个子集, 若 S 中任意两个不同点都是正交的, 则称 S 为 X 的一个正交集.

定义 5.3.2　若 $S = \{e_\alpha | \alpha \in \wedge\}$ 是 X 的正交集, 且对任意 $e_\alpha \in S$, 有 $||e_\alpha|| = 1$, 则称 S 为 X 的正交规范集.

例 5.3.1 在 l_2 中, 取 $e_n = (0, \cdots, 1, 0, \cdots)$, 则 $\{e_n\}$ 为 l_2 的正交规范集.

例 5.3.2 在实函数空间 $L_2[0, 2\pi] = \left\{ f(t) | \left(\int_0^{2\pi} |f(t)|^2 \mathrm{d}t \right)^{\frac{1}{2}} < +\infty \right\}$ 中, 定义内积

$$(f, \, g) = \frac{1}{\pi} \int_0^{2\pi} f(x)g(x)\mathrm{d}x,$$

这里 $f(x), \, g(x) \in L_2[0, 2\pi]$, 则

$$\left\{ \frac{1}{\sqrt{2}}, \, \cos x, \, \sin x, \, \cos 2x, \, \sin 2x, \, \cdots, \, \cos nx, \, \sin nx, \, \cdots \right\} 是 L_2[0, 2\pi] 的正交规范集.$$

对于正交集, 有如下的简单性质:

定理 5.3.1 (1) 若 $\{e_1, \, e_2, \, \cdots, \, e_n\}$ 为 X 的一个正交集, 则

$$\|e_1 + e_2 + \cdots + e_n\|^2 = \|e_1\|^2 + \|e_2\|^2 + \cdots + \|e_n\|^2;$$

(2) 若 $\{e_1, \, e_2, \, \cdots, \, e_n\}$ 为 X 的一个正交集, 则 $e_1, \, e_2, \, \cdots, \, e_n$ 线性无关.

若 $\{x_i\}$ 为内积空间 X 的线性无关集, 则由 $\{x_i\}$ 可生成正交规范集 $\{e_i\}$, 这一构造属于 Gram(1883) 和 Schmidt(1908).

定理 5.3.2 (Gram-Schmidt 标准正交方法) 设 $\{x_i\}$ 为内积空间 X 的线性无关集, 则 $\{x_i\}$ 可化为正交规范集 $\{e_i\}$, 使得对于任意自然数 n, 有

$$\mathrm{span}\{e_1, \, e_2, \, \cdots, \, e_n\} = \mathrm{span}\{x_1, \, x_2, \, \cdots, \, x_n\}.$$

证明 由于 $\{x_i\}$ 为线性无关集, 因此 $x_1 \neq 0$, 故 $e_1 = \dfrac{x_1}{\|x_1\|}$ 时, 有 $\|e_1\| = 1$.

令 $y_2 = x_2 - (x_2, \, e_1)e_1$, 则由 $\{x_1, \, x_2\}$ 线性无关可知 $y_2 \neq 0$, 由于 $(y_2, \, e_1) = 0$, 因此 $y_2 \perp e_1$, 取 $e_2 = \dfrac{y_2}{\|y_2\|}$, 故 $\|e_2\| = 1$, 且 $e_1 \perp e_2$.

令 $y_3 = x_3 - (x_3, \, e_1)e_1 - (x_3, \, e_2)e_2$, 则 $y_3 \neq 0$, 且 $y_3 \perp e_1$, $y_3 \perp e_2$, 取 $e_3 = \dfrac{y_3}{\|y_3\|}$, 则 $\|e_3\| = 1$, 并且有 $e_1 \perp e_2$, $e_2 \perp e_3$, $e_3 \perp e_1$.

一般地, 按照这一方法, 可以令 $y_i = x_i - \displaystyle\sum_{j=1}^{i-1} (x_i, \, e_j)e_j$, 则 $y_i \neq 0$, 且 y_i 与 $e_1, \, e_2, \, \cdots, \, e_{i-1}$ 正交, 取 $e_i = \dfrac{y_i}{\|y_i\|}$, 则 $\{e_1, \, e_2, \, \cdots, \, e_i\}$ 为正交规范集.

按照归纳原理, 重复以上的过程, 可以得到 $\{e_1, e_2, \cdots, e_n\}$, 使得 $\{e_1, e_2, \cdots, e_n\}$ 为正交规范集.

由 $e_i = \dfrac{1}{\|y_i\|} \left(x_i - \displaystyle\sum_{j=1}^{i-1} (x_i, \, e_j)e_j \right)$ 可知 x_i 是 $e_1, \, e_2, \, \cdots, \, e_n$ 的线性组合, 因此 $x_i \in \mathrm{span}\{e_1, \, e_2, \, \cdots, \, e_n\}$, 故 $\mathrm{span}\{x_1, \, x_2, \, \cdots, \, x_n\} \subset \mathrm{span}\{e_1, \, e_2, \, \cdots, \, e_n\}$.

反过来, e_i 也是 $\{x_1,\ x_2,\ \cdots,\ x_n\}$ 的线性组合, 因此

$$\mathrm{span}\{e_1,\ e_2,\ \cdots,\ e_n\} \subset \mathrm{span}\{x_1,\ x_2,\ \cdots,\ x_n\},$$

所以, $\mathrm{span}\{e_1,\ e_2,\ \cdots,\ e_n\} = \mathrm{span}\{x_1,\ x_2,\ \cdots,\ x_n\}$.

在数学分析中, 对于 $f(x) \in L_2[0, 2\pi]$, 称

$$a_0 = \frac{1}{\sqrt{2\pi}} \int_0^{2\pi} f(x)\mathrm{d}x = \left(f,\ \frac{1}{\sqrt{2}}\right),$$

$$a_n = \frac{1}{\pi} \int_0^{2\pi} f(x)\cos nx\mathrm{d}x = (f,\ \cos nx),$$

$$b_n = \frac{1}{\pi} \int_0^{2\pi} f(x)\sin nx\mathrm{d}x = (f,\ \sin nx)$$

Jean Baptiste Joseph Fourier

(1768—1830)

为 $f(x)$ 关于三角函数系的 Fourier 系数.

Fourier 系数这一概念可以推广到一般的内积空间.

定义 5.3.3   设 $S = \{e_\alpha | \alpha \in \wedge\}$ 是 X 的正交规范集, $x \in X$, 称 $\{(x,\ e_\alpha)|\alpha \in \wedge\}$ 为 x 关于 S 的 Fourier 系数序列, $(x,\ e_\alpha)$ 称为 x 关于 e_α 的 Fourier 系数.

例 5.3.3   在 l_2 中, 若取 $\{e_i\}$ 为 l_2 的正交规范集, 则对任意 $x = (x_i) \in l_2, x_i = (x,\ e_i)$ 是 x 关于 e_i 的 Fourier 系数, 且此时有 $x = \sum\limits_{i=1}^{\infty} x_i e_i$.

定理 5.3.3   设 $\{e_1,\ e_2,\ \cdots,\ e_n\}$ 是内积空间 X 的正交规范集,

$$M = \mathrm{span}\{e_i | i = 1,\ 2,\ \cdots,\ n\},\quad x \in X.$$

则 $x_0 = \sum\limits_{i=1}^{n} (x,\ e_i)e_i$ 为 x 在 M 的投影, 且 $\|x_0\|^2 = \sum\limits_{i=1}^{n} |(x,\ e_i)|^2$.

证明   由 $M = \mathrm{span}\{e_i | i = 1,\ 2,\ \cdots,\ n\}$ 可知 $x_0 = \sum\limits_{i=1}^{n} (x,\ e_i)e_i \in M$. 令 $y = x - x_0$, 则

$$(y,\ e_i) = (x - x_0,\ e_i) = (x,\ e_i) - (x_0,\ e_i) = (x,\ e_i) - (x,\ e_i) = 0,$$

故 $y \in M^\perp$, 由 $x = x_0 + y$ 可知 x_0 是 x 在 M 上的投影.

由于 $e_1,\ e_2,\ \cdots,\ e_n$ 是正交规范集, 因而有

$$\|x_0\|^2 = \left\|\sum_{i=1}^{n} (x,\ e_i)e_i\right\|^2 = \sum_{i=1}^{n} |(x,\ e_i)|^2 \|e_i\|^2 = \sum_{i=1}^{n} |(x,\ e_i)|^2.$$

由上面定理, 还可以得到 x 关于 e_i 的 Fourier 系数的一个简单的不等式.

定理 5.3.4 设 $\{e_i | i = 1, 2, \cdots, n\}$ 是内积空间 X 的正交规范集, 则对任意 $x \in X$, 有

$$\sum_{i=1}^{n} |(x, e_i)|^2 \leqslant \|x\|^2.$$

证明 对于任意 $x \in X$, 由上面定理可知 $x_0 = \sum_{i=1}^{n} (x, e_i) e_i$ 是 x 在 M 上的投影, 即存在 $y \in M^\perp$, 使得 $x = x_0 + y$, 因此

$$\|x\|^2 = \|x_0\|^2 + \|y\|^2 = \sum_{i=1}^{n} |(x, e_i)|^2 + \|y\|^2,$$

所以

$$\sum_{i=1}^{n} |(x, e_i)|^2 \leqslant \|x\|^2.$$

上面定理还可以加强为 Bessel 不等式.

定理 5.3.5 设 $\{e_i | i = 1, 2, \cdots, n, \cdots\}$ 是内积空间 X 的正交规范集, 则对任意 $x \in X$, 有 $\sum_{i=1}^{\infty} |(x, e_i)|^2 \leqslant \|x\|^2$.

上面形式的不等式是 Bessel 在 1828 年得到的, 因此后来 Schmidt 在 1908 年将它称之 Bessel 不等式

由 Bessel 不等式可知, 若 $\{e_i | i \in N\}$ 为 X 的正交规范集, 则对于任意 $x \in X$, 有

$$\left\| \sum_{i=1}^{n+p} (x, e_i) e_i - \sum_{i=1}^{n} (x, e_i) e_i \right\|^2 = \left\| \sum_{i=n+1}^{n+p} (x, e_i) e_i \right\|^2 = \sum_{i=n+1}^{n+p} |(x, e_i)|^2,$$

由于级数 $\sum_{i=1}^{\infty} |(x, e_i)|^2$ 收敛, 因此当 X 是完备时, 有如下的定理成立:

定理 5.3.6 设 X 是 Hilbert 空间, $S = \{e_i | i = 1, 2, \cdots, n, \cdots\}$ 是 X 的正交规范集, 则对任意 $x \in X$, 级数 $\sum_{i=1}^{\infty} (x, e_i) e_i$ 收敛.

问题 5.3.1 对于 Hilbert 空间 X 的正交规范集 $\{e_i | i = 1, 2, \cdots, n, \cdots\}$ 及任意 $x \in X$, 是否一定有 $x = \sum_{i=1}^{\infty} (x, e_i) e_i$?

一般来说, 在 Hilbert 空间 X, 正交规范集 $\{e_i | i = 1, 2, \cdots, n, \cdots\}$ 可保证对任意 $x \in X$, 级数 $\sum_{i=1}^{\infty} (x, e_i) e_i$ 一定收敛, 但不一定会收敛于 x.

如果 $\{e_i|i = 1, 2, \cdots, n, \cdots\}$ 为内积空间 X 的正交规范集, 且对任意 $x \in X$ 有 $x = \sum\limits_{i=1}^{\infty} (x, e_i)e_i$, 则 $\{e_i\}$ 就是 X 的 Schauder 基, 因而可引入下面的概念.

定义 5.3.4　设 X 是内积空间, $S = \{e_i|i \in N\}$ 是 X 的正交规范集, 若对任意 $x \in X$, 有

$$x = \sum_{i=1}^{\infty} (x, e_i)e_i,$$

则称 S 为 X 的正交规范基.

例 5.3.4　在 l_2 中 $\{e_i|i = 1, 2, \cdots, n, \cdots\}$ 就是 l_2 的正交规范基, 因为对于任意 $x = (x_i) \in l_2$, 都有 $x = \sum\limits_{i=1}^{\infty} x_i e_i = \sum\limits_{i=1}^{\infty} (x, e_i)e_i$.

怎么判断一个正交规范集 S 是不是正交规范基呢? 一个简单的方法就是利用 Parseval 等式.

定理 5.3.7　设 X 是内积空间, $S = \{e_i|i \in N\}$ 是 X 的正交规范集, 则 S 是 X 的正交规范基当且仅当对于任意 $x \in X$, 有

$$||x||^2 = \sum_{i=1}^{\infty} |(x, e_i)|^2.$$

证明　由于 $S = \{e_i|i \in N\}$ 是 X 的正交规范集, 因此令 $M_n = \mathrm{span}\{e_i|i = 1, 2, \cdots, n\}$ 时, 对任意 $x \in X$, $x_n = \sum\limits_{i=1}^{n} (x, e_i)e_i$ 为 x 在 M_n 上的投影, 且 $||x_n||^2 = \sum\limits_{i=1}^{n} |(x, e_i)|^2$.

若 S 是 X 的正交规范基, 则对任意 $x \in X$, 有 $x = \sum\limits_{i=1}^{\infty} (x, e_i)e_i$, 因此 $x_n \to x$, 因而

$$||x||^2 = \lim_{n \to \infty} ||x_n||^2 = \lim_{n \to \infty} \sum_{i=1}^{n} |(x, e_i)|^2 = \sum_{i=1}^{\infty} |(x, e_i)|^2.$$

反之, 若对任意 $x \in X$, 有 $||x||^2 = \sum\limits_{i=1}^{\infty} |(x, e_i)|^2$, 则由

$$||x||^2 = ||x_n||^2 + ||x - x_n||^2 = \sum_{i=1}^{n} |(x, e_i)|^2 + ||x - \sum_{i=1}^{n} (x, e_i)e_i||^2,$$

可知

$$\lim_{n \to \infty} \left|\left| x - \sum_{i=1}^{n} (x, e_i)e_i \right|\right|^2 = ||x||^2 - \lim_{n \to \infty} \sum_{i=1}^{n} |(x, e_i)|^2 = 0,$$

所以 $x = \sum\limits_{i=1}^{\infty} (x, e_i)e_i$, 即 S 是 X 的正交规范基.

对于完备的内积空间, 正交规范基还可以用下面的条件来刻画:

定理 5.3.8 设 X 是 Hilbert 空间, $S = \{e_i | i \in N\}$ 是 X 的正交规范集, 则 S 是 X 的正交规范基的充要条件为 $S^{\perp} = \{0\}$.

证明 若 S 是 X 的正交规范基, $x \in S^{\perp}$, 则 $x = \sum\limits_{i=1}^{\infty} (x, e_i)e_i$, 由 $x \in S^{\perp}$ 可知 $(x, e_i) = 0$ 对任意 $i \in N$ 成立, 因此 $x = 0$, 即 $S^{\perp} = \{0\}$.

反过来, 若 $S^{\perp} = \{0\}$, 则对任意 $x \in X$, 由 $\sum\limits_{i=1}^{\infty} |(x, e_i)|^2 \leqslant \|x\|^2$ 及 X 是完备的可知 $\sum\limits_{i=1}^{\infty} (x, e_i)e_i$ 收敛, 令 $y = x - \sum\limits_{i=1}^{\infty} (x, e_i)e_i$, 则对于任意 $i \in N$, 有

$$(y, e_i) = (x, e_i) - (x, e_i) = 0,$$

故 $y \in S^{\perp}$, 因而 $y = 0$, 所以 $x = \sum\limits_{i=1}^{\infty} (x, e_i)e_i$, 即 S 是 X 的正交规范基.

明显地, 若 Hilbert 空间 X 有正交规范基 $\{e_i | i \in N\}$ 则 X 是可分的. 常见的 Hilbert 空间都是可分的, 并且可分的 Hilbert 空间的拓扑结构是非常简单的.

定理 5.3.9 设 X 是可分的 Hilbert 空间, S 是 X 的正交规范集, 则 S 是可数集.

证明 若 X 是可分的 Hilbert 空间, 则存在可数集 $\{x_i | i \in N\} \subset X$, 使得 $\overline{\{x_i\}} = X$. 令 $S_i = \left\{ x \in X | \|x - x_i\| \leqslant \dfrac{1}{4} \right\}$, $i = 1, 2, \cdots$, 则由 $\overline{\{x_i\}} = X$ 可知 $S = \bigcup\limits_{i=1}^{\infty} (S \cap S_i)$, 故只需证明对于任意 $i \in N$, $S \cap S_i$ 最多只能含有一个元素.

用反证法, 假设存在某个 $n_0 \in N$, 使得 $e_\alpha, e_\beta \in S \cap S_{n_0}$, 则

$$\|e_\alpha - e_\beta\| \leqslant \|e_\alpha - x_{n_0}\| + \|x_{n_0} - e_\beta\| \leqslant \frac{1}{4} + \frac{1}{4} = \frac{1}{2},$$

但这与 $\|e_\alpha - e_\beta\|^2 = \|e_\alpha\|^2 + \|e_\beta\|^2 = 1 + 1 = 2$ 矛盾. 因此对于任意 $i \in N$, $S \cap S_i$ 最多只含一个元素, 所以 S 是可数集.

例 5.3.5 设 X 是 Hilbert 空间, M 是 X 的子空间, 试证明 $\overline{M} = X$ 当且仅当 $M^{\perp} = \{0\}$.

证明 $\overline{M} = X$, 对于任意 $x \in M^{\perp}$, 有 $x \in X$. 由 $\overline{M} = X$ 可知存在 $x_n \in M$, 使 $x_n \to x$, 由于 $x \in M^{\perp}$, 因此 $(x, x) = \lim\limits_{n \to \infty} (x_n, x) = 0$, 因而 $x = 0$, 即 $M^{\perp} = \{0\}$.

反之, 若 $M^{\perp} = \{0\}$, 则 $\overline{M}^{\perp} = \{0\}$, 对任意 $x \in X$, 由投影定理, 有 $x_0 \in \overline{M}$ 和 $y \in \overline{M}^{\perp} = \{0\}$, 使得 $x = x_0 + y$, 因此 $x = x_0 \in \overline{M}$, 从而 $X \subset \overline{M}$, 所以 $X = \overline{M}$.

为了研究 Hilbert 空间性质, 通过同构, 往往可以把 Hilbert 空间表示为一个具体而简单的空间.

定义 5.3.5　设 X, Y 都是同一数域 K 上的内积空间, 若存在 X 到 Y 的线性算子 T, T 是双射, 并且对于任意 $x, y \in X$, 有 $(Tx, Ty) = (x, y)$, 则称内积空间 X 和 Y 是同构的. T 称为内积空间 X 到 Y 的同构映射.

明显地, 若 T 是内积空间 X 到 Y 的同构映射, 则 T 是 X 到 Y 的保范同构.

Neumann 在 1929 年证明了下面的定理, 从而得到了可分 Hilbert 空间的表示.

定理 5.3.10　若 X 是可分的 Hilbert 空间, 且 X 是无穷维的, 则 X 与 l_2 同构.

定理 5.3.11　若 X 是 n 维的内积空间, 则 X 与 K^n 同构.

证明　由于 X 是 n 维的内积空间, 因此存在 Schauder 基 $\{x_1, x_2, \cdots, x_n\}$. 利用 Gram-Schmidt 标准正交方法可以把 $\{x_1, x_2, \cdots, x_n\}$ 化为正交规范基 $\{e_1, e_2, \cdots, e_n\}$.

定义从 X 到 K^n 的算子 T, $T(x) = ((x, e_1), (x, e_2), \cdots, (x, e_n))$, 则 T 是线性算子, 且是单射, 对于任意 $\alpha = (\alpha_1, \alpha_2, \cdots, \alpha_n) \in K^n$, 令 $x = \sum_{i=1}^{n} \alpha_i e_i$, 则 $Tx = \alpha$, 因此 T 是 X 到 K^n 的满射, 从而 T 是 K^n 到 X 的一一对应, 且对于任意 $x, y \in X$, 由

$$x = \sum_{i=1}^{n} (x, e_i)e_i, \quad y = \sum_{i=1}^{n} (y, e_i)e_i$$

可知

$$(Tx, Ty) = \sum_{i=1}^{n} (x, e_i)\overline{(y, e_i)},$$

所以, X 和 K^n 是同构的.

5.4　Hilbert 空间的共轭空间

对于一个具体的赋范空间 X, 可以讨论 X 上的线性连续泛函的一般形式, 如 $c_0^* = l_1$, $l_1^* = l_\infty$. 但对一般 Banach 空间来说, 要找到其线性连续泛函的具体表示形式是很难的. 对于 Hilbert 空间, 由于有了内积, 其线性连续泛函的表示就非常简明了.

设 X 是内积空间, 对于 X 的任一固定的 y, 在 X 可以定义泛函 $f_y(x) = (x, y)$, 容易看出 f_y 是 X 上的线性连续泛函, 且 $\|f_y\| = \|y\|$. 反过来, 可以考虑下面问题:

问题 5.4.1 对于 X 上的一个线性连续泛函 f, 是否存在 $y \in X$, 使得 $f(x) = (x, y)$ 呢?

1934 年, Riesz 在没有假设 X 是可分的情况下证明了下面的表示定理, 并强调 Hilbert 空间的整个理论可以以他的表示定理为基础.

定理 5.4.1 (Riesz 表示定理) 设 X 是 Hilbert 空间, f 是 X 上的线性连续泛函, 则存在唯一的 $y \in X$, 使得对任意 $x \in X$, 有 $f(x) = (x, y)$ 且 $||f|| = ||y||$.

证明 明显地, f 为零泛函时取 $y = 0$ 即可, 因此只需证明 $f \neq 0$ 时定理成立.

若 f 是 X 上的非零线性连续泛函, 则 $M = \{x | f(x) = 0\}$ 是 X 的闭真子空间, 故存在 $u \in X \backslash M$. 由投影定理可知存在 $u_0 \in M$, $z \in M^\perp$, 使得 $z = u - u_0$, 因而 $z \in M^\perp$ 且 $z \neq 0$.

由于 $M \cap M^\perp = \{0\}$, 因此 $f(z) \neq 0$. 对于任意 $x \in X$, 由 $f\left(x - \dfrac{f(x)}{f(z)}z\right) = 0$ 可知

$$x - \frac{f(x)}{f(z)}z \in M,$$

故

$$\left(x - \frac{f(x)}{f(z)}z,\ z\right) = 0,$$

因此

$$f(x) = \frac{f(z)}{||z||^2}(x,\ z) = \left(x,\ \frac{\overline{f(z)}}{||z||^2}z\right).$$

令 $y = \dfrac{\overline{f(z)}}{||z||^2}z$, 则对任意 $x \in X$, 有

$$f(x) = (x,\ y).$$

假设存在 $y' \in X$, 使得 $f(x) = (x, y')$ 对任意 $x \in X$ 成立, 则 $y - y' \in X$, 有 $f(y - y') = (y - y', y) = (y - y', y')$, 因而 $||y - y'||^2 = (y - y', y - y') = 0$, 故 $y = y'$, 所以 $f(x) = (x, y)$ 的表示是唯一的, 并且此时有 $||f|| = ||y||$.

需要注意的是, 若 X 是内积空间, f 是 X 上的线性连续泛函, 则不一定存在 $y \in X$, 使得对任意 $x \in X$, 有 $f(x) = (x, y)$.

例 5.4.1 对不完备的内积空间, Riesz 表示定理不一定成立.

证明 设 $X = \{(x_i) | $ 只有有限个 x_i 不为零, $x_i \in R\}$, 则 X 在 $(x, y) = \displaystyle\sum_{i=1}^{\infty} x_i y_i$ 下是内积空间, 明显地, $f(x) = \displaystyle\sum_{i=1}^{\infty} \frac{x_i}{i^2} \in X^*$, 并且 $|f(x)| \leqslant \left(\displaystyle\sum_{i=1}^{\infty} \frac{1}{i^2}\right) ||x||$, 但不存在 $y \in X$, 使得对任意 $x \in X$, 有 $f(x) = (x, y)$.

假设存在 $y = (y_i) \in X$, 使得 $f(x) = (x,\ y)$, 则对于 $e_i = (0,\ ,0,\cdots,\ 1,\cdots) \in X$, 有 $y_i = (e_i,\ y)$, 并且 $f(e_i) = \dfrac{1}{i^2}$ 对所有自然数 i 成立, 因此 $y = (y_i) \notin X$, 矛盾, 所以 Riesz 表示定理在 X 上不成立.

由 Riesz 表示定理, 容易证明 Hilbert 空间一定是自反的.

例 5.4.2　设 X 是 Hilbert 空间, 则 X 是自反 Banach 空间.

证明　对于任意 $f \in X^*$, $f \neq 0$, 由于 X 是 Hilbert 空间. 因此存在 $y \in X$, 使得 $f(x) = (x,\ y)$, 且 $||f|| = ||y||$. 取 $x = \dfrac{y}{||y||}$, 则 $||x|| = 1$, 且 $f(x) = ||y|| = ||f||$, 因而 X 是自反的.

由 Riesz 表示定理, 还可以得到弱收敛的简单刻画.

定理 5.4.2　设 X 是 Hilbert 空间, 则 $x_n \xrightarrow{w} x$ 当且仅当对于任意 $y \in X$, 有 $(x_n,\ y) \to (x,\ y)$.

Hilbert 空间 X 的弱收敛与强收敛还有下面的关系:

定理 5.4.3　设 X 是 Hilbert 空间, $\{x_n\} \subset X$, $x \in X$, 则 $x_n \longrightarrow x$ 当且仅当 $x_n \xrightarrow{w} x$ 且 $||x_n|| \longrightarrow ||x||$.

证明　明显地, 只需证明 $x_n \xrightarrow{w} x$, 且 $||x_n|| \longrightarrow ||x||$ 时, 有 $x_n \longrightarrow x$. 由于

$$(x_n - x,\ x_n - x) = (x_n,\ x_n) - (x_n,\ x) - (x,\ x_n) + (x,\ x)$$
$$= ||x_n||^2 - (x_n,\ x) - (x,\ x_n) + ||x||^2,$$

因此由 $x_n \xrightarrow{w} x$ 和 $||x_n|| \longrightarrow ||x||$ 可知 $||x_n - x||^2 \to 0$. 所以 $x_n \longrightarrow x$.

由 Riesz 表示定理不仅可以知道 Hilbert 空间是自反的, 而且可以定义 X 到它的共轭空间 X^* 的算子 T 为: $Ty \to f_y$, 明显地, T 是 X 到 X^* 的一一对应, 且 $||Ty|| = ||y||$, 即 T 是保范的, 但 T 不是线性算子. 实际上, 对于 $\alpha, \beta \in K$, 及 $y, z \in X$, 有 $T(\alpha y + \beta z) = \overline{\alpha} Ty + \overline{\beta} Tz$, 因而 T 是共轭线性的, 所以在 Hilbert 空间 X 到它的共轭空间 X^* 之间的共轭线性算子 T, T 是一一对应, 且 $||Ty|| = ||y||$, 这样的 T 称为复共轭线性同构.

在复共轭线性同构的意义下, $y \in X$ 可以看作 X^* 的 f_y, 而 X^* 中的 f_y 亦可看作 X 中的点 y. 因此 X 可以看成与 X^* 一样, 这种性质称为 Hilbert 空间的自共轭性.

由于 Hilbert 空间是自共轭的, 因此 Hilbert 空间 X 与它的共轭空间 X^* 可以看成一样, 这样共轭算子就可以认为是直接定义在 Hilbert 空间本身上的算子.

定义 5.4.1　设 X 和 Y 是 Hilbert 空间, T 是 X 到 Y 的有界线性算子, 若 T^* 是 Y 到 X 的有界线性算子, 且对任意 $x \in X$, $y \in Y$, 有

$$(Tx,\ y) = (x,\ T^*y),$$

则称 T^* 是 T 的伴随算子.

定理 5.4.4 设 X 和 Y 是 Hilbert 空间, T 是 X 到 Y 的线性有界算子, 则 T 存在唯一的伴随算子 T^*, 使得对任意 $x \in X$, $y \in Y$, 有 $(Tx, y) = (x, T^*y)$, 且 $\|T^*\| \leqslant \|T\|$.

证明 对任意 $y \in Y$, 令 $f_y(x) = (Tx, y)$, 则由

$$|f_y(x)| = |(Tx, y)| \leqslant \|Tx\| \cdot \|y\| \leqslant \|T\| \cdot \|y\| \cdot \|x\|$$

可知 $f_y \in X^*$.

由于 X 是 Hilbert 空间, 因此, 由 Riesz 表示定理可知存在唯一的 $z \in X$, 使得

$$f_y(x) = (Tx, y) = (x, z).$$

定义 Y 到 X 的算子 T^* 为 $T^*y = z$, 则有

$$(Tx, y) = (x, T^*y),$$

并且对于 $y_1, y_2 \in Y$ 及 $\alpha, \beta \in K$, 有

$$\begin{aligned}
(x, T^*(\alpha y_1 + \beta y_2)) &= (Tx, \alpha y_1 + \beta y_2) \\
&= \overline{\alpha}(Tx, y_1) + \overline{\beta}(Tx, y_2) \\
&= \overline{\alpha}(x, T^*y_1) + \overline{\beta}(x, T^*y_2) \\
&= (x, \alpha T^*y_1 + \beta T^*y_2),
\end{aligned}$$

因此

$$T^*(\alpha y_1 + \beta y_2) = \alpha T^*y_1 + \beta T^*y_2,$$

即 T^* 是线性的. 又因为

$$\|T^*y\| = \|z\| = \|f_y\| \leqslant \|T\| \cdot \|y\|,$$

所以, T^* 是 Y 到 X 的线性连续算子. 故 T^* 为 T 的伴随算子, 且 $\|T^*\| \leqslant \|T\|$.

由 $(Tx, y) = (x, T^*y)$ 对任意 $x \in X$ 和 $y \in Y$ 成立可知 T^* 一定是唯一的.

Hilbert 空间的伴随算子与 Banach 空间的共轭算子略微有点不同. 伴随算子具有许多较好的性质.

定理 5.4.5 设 X 和 Y 是 Hilbert 空间, $T, S \in L(X, Y)$, $\alpha, \beta \in K$, 则

(1) $T^{**} = T$;

(2) $\|T\|^2 = \|T^*\|^2 = \|T^*T\|$;

(3) $(\alpha T + \beta S)^* = \overline{\alpha}T^* + \overline{\beta}S^*$.

证明　(1) 由于对任意 $x \in X$, $y \in Y$, 有 $(Tx, y) = (x, T^*y)$, 因此

$$(y, T^{**}x) = (T^*y, x) = \overline{(x, T^*y)} = \overline{(Tx, y)} = (y, Tx),$$

因而 $(T^*)^* = T$. 由于 $\|T^*\| \leqslant \|T\|$, 因此 $\|T\| = \|T^{**}\| \leqslant \|T^*\|$, 所以 $\|T^*\| = \|T\|$.

(2) 由

$$\|Tx\|^2 = (Tx, Tx) = (x, T^*Tx) \leqslant \|x\| \cdot \|T^*Tx\| \leqslant \|x\| \cdot \|T^*T\| \cdot \|x\|$$

可知

$$\|T\|^2 \leqslant \|T^*T\| \leqslant \|T^*\| \cdot \|T\| \leqslant \|T\| \cdot \|T\|.$$

所以

$$\|T\|^2 = \|T^*\|^2 = \|T^*T\|.$$

(3) 对于任意 $x \in X$, $y \in Y$, 及 α, $\beta \in K$, 由于

$$
\begin{aligned}
(x, (\alpha T + \beta S)^* y) &= ((\alpha T + \beta S)x, y) \\
&= (\alpha Tx + \beta Sx, y) \\
&= \alpha(Tx, y) + \beta(Sx, y) \\
&= \alpha(x, T^*y) + \beta(x, S^*y) \\
&= (x, (\overline{\alpha}T^*y + \overline{\beta}S^*y)) \\
&= (x, (\overline{\alpha}T^* + \overline{\beta}S^*)y),
\end{aligned}
$$

因此

$$(\alpha T + \beta S)^* = \overline{\alpha}T^* + \overline{\beta}S^*.$$

如果 X, Y, Z 是 Hilbert 空间, $T \in L(X, Y)$, $S \in L(Y, Z)$, 则明显地有 $(ST)^* = T^*S^*$.

对于 $T \in L(X, Y)$, $N(T)$ 记 T 的零空间, 即 $N(T) = \{x | Tx = 0\}$, $R(T)$ 记 T 的值域, 即 $R(T) = \{Tx | x \in X\}$.

定理 5.4.6　设 X, Y 是 Hilbert 空间, $T \in L(X, Y)$, 则

(1) $N(T) = R(T^*)^{\perp}$;

(2) $N(T^*) = R(T)^{\perp}$;

(3) $\overline{R(T^*)} = N(T)^{\perp}$;

(4) $\overline{R(T)} = N(T^*)^{\perp}$.

证明　(1) 由于对任意 $x \in X$, $y \in Y$, 有 $(Tx, y) = (x, T^*y)$, 因此, 对任意 $x \in N(T)$ 有 $Tx = 0$, 从而 $(Tx, y) = (x, T^*y) = 0$ 对任意 $y \in Y$ 成立, 所以 $N(T) \subset R(T^*)^{\perp}$.

反过来, 对于任意 $x \in R(T^*)^\perp$, 有 $(x, T^*y) = 0$ 对任意 $y \in Y$ 成立, 因此对于 $y = Tx$, 有 $0 = (x, T^*Tx) = (Tx, Tx)$, 所以 $Tx = 0$, 即 $x \in N(T)$, 从而 $R(T^*)^\perp \subset N(T)$, 故 $N(T) = R(T^*)^\perp$.

(2) 由 $N(T) = R(T^*)^\perp$ 可知 $N(T^*) = R(T^{**})^\perp = R(T)^\perp$.

(3) 由 $N(T) = R(T^*)^\perp$ 可知 $N(T)^\perp = R(T^*)^{\perp\perp}$, 因此

$$N(T)^\perp = R(T^*)^{\perp\perp} = \overline{(R(T^*))}^{\perp\perp} = \overline{R(T^*)}.$$

(4) 由 $N(T^*) = R(T)^\perp$ 可知 $N(T^*)^\perp = R(T)^{\perp\perp}$, 因此

$$N(T^*)^\perp = R(T)^{\perp\perp} = \overline{(R(T))}^{\perp\perp} = \overline{R(T)}.$$

例 5.4.3 设 X 是复内积空间, $T \in L(X, X)$, 试证明 $T = 0$ 当且仅当对任意 $x \in X$, 有 $(Tx, x) = 0$.

证明 明显地, 若 $T = 0$, 则对任意 $x \in X$, 有 $(Tx, x) = 0$. 反过来, 若对任意 $x \in X$, 有 $(Tx, x) = 0$, 则对任意 $x, y \in X$, 有

$$\begin{aligned}
0 &= (T(x + y), x + y) \\
&= (Tx, x) + (Tx, y) + (Ty, x) + (Ty, y) \\
&= (Tx, y) + (Ty, x),
\end{aligned}$$

且

$$\begin{aligned}
0 &= (T(x + iy), (x + iy)) \\
&= (Tx, x) + (Tx, iy) + (T(iy), x) + (T(iy), iy) \\
&= (Tx, iy) + (T(iy), x) \\
&= -i(Tx, y) + i(Ty, x),
\end{aligned}$$

因此 $(Tx, y) - (Ty, x) = 0$. 故 $(Tx, y) = 0$ 对任意 $x, y \in X$ 成立. 对任意 $x \in X$, 取 $y = Tx$, 则 $(Tx, Tx) = 0$, 所以 $T = 0$.

在实际应用中比较重要的伴随算子是自伴算子、酉算子和正规算子.

定义 5.4.2 设 X 是 Hilbert 空间, $T \in L(X, X)$, 若 $T^* = T$, 则称 T 是自伴算子. 若 T 是双射并且 $T^* = T^{-1}$, 则称 T 是酉算子. 若 $TT^* = T^*T$, 则称 T 是正规算子.

明显地, 若 T 是自伴算子, 则对任意 $x, y \in X$, 有 $(Tx, y) = (x, T^*y) = (x, Ty)$, 因此 T 是自伴算子当且仅当对任意 $x, y \in X$, 有 $(Tx, y) = (x, Ty)$.

由定义还可以推出自伴算子和酉算子一定是正规算子, 不过正规算子不一定是自伴算子或酉算子.

对于复 Hilbert 空间的自伴算子, 有一个重要而简单的判别方法.

定理 5.4.7　设 X 是复 Hilbert 空间, $T \in L(X, X)$, 则 T 是自伴算子当且仅当对于任意 $x \in X$, (Tx, x) 是实数.

证明　若 T 是自伴算子, 则对于任意 $x \in X$,

$$(Tx, x) = (x, T^*x) = (x, Tx) = \overline{(Tx, x)},$$

因此 (Tx, x) 是实数.

反之, 若对任意 $x \in X$, (Tx, x) 是实数, 则

$$(Tx, x) = \overline{(Tx, x)} = \overline{(x, T^*x)} = (T^*x, x),$$

故 $((T - T^*)x, x) = 0$ 对任意 $x \in X$ 成立, 所以 $T = T^*$, 即 T 是自伴算子.

自伴算子具有如下的一些性质:

定理 5.4.8　设 X 是 Hilbert 空间, $T \in L(X, X)$, $S \in L(X, X)$, 若 T, S 都是自伴算子, 则 ST 是自伴算子当且仅当 $ST = TS$.

证明　由于 $(ST)^* = T^*S^* = TS$, 因此 $(ST)^* = ST$ 当且仅当 $ST = TS$.

定理 5.4.9　设 X 是 Hilbert 空间, T_n, $T \in L(X, X)$, 若 T_n 是自伴算子, 且 $T_n \to T$, 则 T 是自伴算子.

证明　由于 $(T_n - T)^* = T_n^* - T^*$, 因此 $||T_n^* - T^*|| = ||T_n - T||$, 故

$$\begin{aligned}
||T - T^*|| &\leqslant ||T - T_n|| + ||T_n - T_n^*|| + ||T_n^* - T^*|| \\
&= ||T - T_n|| + 0 + ||T_n - T|| \\
&\to 0,
\end{aligned}$$

所以 $T = T^*$, 即 T 是自伴算子.

酉算子也具有一些较好的性质.

定理 5.4.10　设 X 是 Hilbert 空间, $T \in L(X, X)$, $T \neq 0$. 若 T 是酉算子, 则 $||T|| = 1$, 且对于任意 $x \in X$, 有 $||Tx|| = ||x||$.

证明　由于 $T^* = T^{-1}$, 因此

$$||Tx||^2 = (Tx, Tx) = (x, T^*Tx) = (x, Ix) = (x, x) = ||x||^2,$$

所以, $||Tx|| = ||x||$ 对于任意 $x \in X$ 成立, 并且明显地有 $||T|| = 1$.

由上面定理可知, 酉算子一定是保范的, 但保范的线性算子不一定是酉算子.

定理 5.4.11　设 X 是复 Hilbert 空间, $T \in L(X, X)$, 若 T 是保范的, 且 T 是满的, 则 T 是酉算子.

证明   由于对任意 $x \in X$, $||Tx|| = ||x||$, 因此 T 是单射, 又因为 T 是满的, 所以 T 是一一对立, 故 T^{-1} 存在.

由

$$(Tx, Tx) = (x, T^*Tx) \text{ 和 } (Tx, Tx) = (x, x)$$

可知

$$(x, T^*Tx) - (x, x) = 0.$$

故 $((T^*T - I)x, x) = 0$ 对于任意 $x \in X$ 成立, 因此 $T^*T = I$, 于是

$$TT^* = (TT^*)(TT^{-1}) = T(T^*T)T^{-1} = I,$$

所以 $T^* = T^{-1}$, 即 T 是酉算子.

习　题　五

5.1. 试证明 $C[0,1]$, $||x|| = \sup\limits_{0 \leqslant t \leqslant 1} |x(t)|$ 不能定义内积 (x, y), 使得 $(X, (\cdot, \cdot))$ 是内积空间, 并且 $||x|| = (x, x)^{1/2}$.

5.2. 设 X 是内积空间, $y \in X$, 试证明 $f(x) = (x, y)$ 是 X 上的线性连续泛函, 且 $||f|| = ||y||$.

5.3. 试证明 $C[0,1]$ 在 $(x,y) = \int_0^1 x(t)y(t)\mathrm{d}t$ 下是内积空间.

5.4. 设 X 是内积空间, $e_1, \cdots, e_n \in X$, 若

$$(e_i, e_j) = \begin{cases} 0, & i \neq j, \\ 1, & i = j. \end{cases}$$

试证明 $e_1, \cdots, e_n$ 线性无关.

5.5. 设 X 是实内积空间, $x, y \in X$ 是非零元, 试证明 $||x + y|| = ||x|| + ||y||$ 的充要条件为存在 $\lambda > 0$, 使得 $y = \lambda x$.

5.6. 设 M 是 Hilbert 空间 X 的闭真子空间, 试证明 $M^\perp$ 含有非零元素.

5.7. 设 X 是实内积空间, 若 $||x + y||^2 = ||x||^2 + ||y||^2$, 试证明 $x \perp y$. 若 X 是复内积空间, 试找出 $x, y \in X$ 满足 $||x + y||^2 = ||x||^2 + ||y||^2$, 但 $x \perp y$ 不成立.

5.8. 设 M 是 Hilbert 空间 X 的闭真子空间, 试证明 $M = M^{\perp\perp}$.

5.9. 设 f 是实内积空间 R^3 上的线性连续泛函, 若 $f(x) = x_1 + 2x_2 + 3x_3$, 试求 $y \in X$, 使得 $f(x) = (x, y)$.

5.10. 设 M 是内积空间 X 的非空子集, 试证明 $M^{\perp\perp\perp} = M^\perp$.

5.11. 设 $M = \{(x_1, x_2, 0, \cdots, 0) \in R^n\}$ 是内积空间 R^n 的非空子集, 试求 $M^\perp$.

5.12. 设 X 是 Hilbert 空间, M, N 是 X 的闭真子空间, $M \perp N$, 试证明 $M + N$ 是 X 的闭子空间.

5.13. 设 X 是内积空间, $x, y, z \in X$, 试证明

$$\frac{1}{3}\|x - y\|^2 + \frac{2}{3}\|x - z\|^2 = \left\|x - \left(\frac{1}{3}y + \frac{2}{3}z\right)\right\|^2 + \frac{2}{9}\|y - z\|^2.$$

5.14. 设 X 是内积空间, $x, y \in X$, 试证明 $x \perp y$ 的充要条件为对任意 $\alpha \in K$, 有 $\|x + \alpha y\| = \|x - \alpha y\|$.

5.15. 设 $x_1 = (1, 1, 0), x_2 = (1, 0, 0), x_3 = (1, 1, 1) \in R^3$, 试用 Gram-Schmidt 标准正交方法将 x_1, x_2, x_3 标准正交化.

5.16. 设 X 是内积空间, $x, y \in X$, 试证明 $x \perp y$ 当且仅当对任意 $\alpha \in K$, 有 $\|x + \alpha y\| \geqslant \|x\|$.

5.17. 设 $\{e_i | i \in N\}$ 是内积空间 X 的正交规范集, 试证明

$$\sum_{i=1}^{\infty} |(x, e_i)(y, e_i)| \leqslant \|x\| \cdot \|y\|$$

对任意 $x, y \in X$ 成立.

5.18. 设 $\{e_i | i \in N\}$ 为 Hilbert 空间的正交规范集, $M = \overline{\mathrm{span}}\{e_i\}$, 试证明 $x \in M$ 时, 有 $x = \sum\limits_{i=1}^{\infty} (x, e_i)e_i$.

5.19. 设 $\{x_i\}$ 是 Hilbert 空间 X 的正交集, 试证明 $\left\{\sum\limits_{i=1}^{\infty} x_i\right\}$ 弱收敛当且仅当 $\sum\limits_{i=1}^{\infty} \|x_i\|^2 < \infty$.

5.20. 设 $S = \{e_\alpha | \alpha \in \wedge\}$ 是内积空间 X 的正交规范集, 则对于任意 $x \in X$, $\{(x, e_\alpha)|\alpha \in \wedge\}$ 中最多只有可列个不为零, 且 $\sum\limits_{\alpha \in \wedge} |(x, e_\alpha)|^2 \leqslant \|x\|^2$.

5.21. 设 X 是 Hilbert 空间, $T \in L(X, X)$, 若 T^{-1} 存在, 且 $T^{-1} \in L(X, X)$, 试证明 $(T^*)^{-1}$ 存在且 $(T^*)^{-1} = (T^{-1})^*$.

5.22. 设 X 是 Hilbert 空间, $T_n, T \in L(X, X)$, 若 $T_n \to T$, 试证明 $T_n^* \to T^*$.

5.23. 设 X, Y 是 Hilbert 空间, $T \in L(X, Y)$, 若 $M \subset X, T(M) \subset N \subset Y$, 试证明 $M^\perp \supset T^*(N^\perp)$.

5.24. 若 X 是 Hilbert 空间, $S, T \in L(X, X)$ 是自伴算子, $\alpha, \beta \in R$, 试证明 $\alpha S + \beta T$ 是自伴算子.

5.25. 设 X 是 Hilbert 空间, $T \in L(X, X)$, 若 T 是自伴算子, $n \in N$, 试证明 T^n 是自伴算子.

5.26. 设 X 是复 Hilbert 空间, $T \in L(X, X)$, 试证明存在唯一的自伴算子 $T_1, T_2 \in L(X, X)$, 使得 $T = T_1 + \mathrm{i}T_2$, 且 $T^* = T_1 - \mathrm{i}T_2$.

5.27. 设 X 是 Hilbert 空间, $T_n, T \in L(X, X)$, $T_n \to T$, 若 T_n 是正规算子, 试证明 T 是正规算子.

5.28. 设 X 是复 Hilbert 空间, $T \in L(X, X)$, 试证明 T 是正规算子当且仅当 $\|T^*x\| = \|Tx\|$ 对于任意 $x \in X$ 成立.

5.29. 设 X 是 Hilbert 空间, T 是 X 到 X 的线性算子, 若对任意 $x, y \in X$, 有 $(Tx, y) = (x, Ty)$, 试证明 T 是线性连续算子.

Hilbert(希尔伯特)

我们必须知道, 我们必将知道.

Hilbert(1862—1943, 德国数学家)

1862 年 1 月 23 日, Hilbert 出生于东普鲁士的哥尼斯堡. 1880 年, 18 岁的 Hilbert 进入 Königsberg 大学学习.

Hilbert 的博士学位论文的题目是 "代数不变量理论"(Über invariante Eigenschaften specieller binärer Formen, insbesondere der Kugelfunctionen), 他的博士导师是 Carl Louis Ferdinand von Lindemann. 1885 年, Hilbert 正式被授予哲学博士学位. 1893 年, 他成为哥尼斯堡大学的教授. 在 1893 年慕尼黑召开的德国数学联合会的年会上, Hilbert 对代数数论基本定理——每一个 "理想" 可以唯一分解为 "素理想"——给出了一个新的证明.

1895 年 3 月, Hilbert 应 Klein 的邀请到哥廷根大学 (University of Göttingen) 任教授. 从此, 哥廷根成为世界数学的中心, 也开始了 Hilbert 一生中的黄金时代. 1898 年, Hilbert 开始了几何基础方面的研究, 1899 年出版《几何学基础》, Hilbert 在几何基础方面的工作是 Euclid 以来最有影响的, Hilbert 的巨大贡献在于给数学

家提供了公理化方法的典范, 在 19 世纪末到 20 世纪初形成了数学各个分支的 "公理化运动".

　　1900 年 8 月 8 日, 第二次国际数学家大会在巴黎召开, Hilbert 发表了题为 "数学问题" 的著名讲演. 他根据过去特别是 19 世纪数学研究的成果和发展趋势, 提出了 23 个最重要的数学问题. 这 23 个问题通称 Hilbert 问题, 后来成为许多数学家力图攻克的难题, 对现代数学的研究和发展产生了深刻的影响, 并起了积极的推动作用, Hilbert 问题中有些现已得到圆满解决, 有些至今仍未解决.

　　Hilbert 的重要著作有《Hilbert 全集》(三卷, 其中包括著名的《数论报告》)、《几何基础》、《线性积分方程一般理论基础》等, 以及与其他人合著的《数学物理方法》、《理论逻辑基础》、《直观几何学》、《数学基础》等.

第 5 章学习指导

本章重点

　　1. 投影定理.

　　2. Riesz 表示定理.

基本要求

　　1. 熟练掌握 Cauchy-Schwarz 不等式的应用.

　　2. 掌握平行四边形法则.

　　3. 掌握极化恒等式.

　　4. 理解正交和投影的几何意义.

　　5. 深刻理解投影定理和 Riesz 表示定理.

　　6. 熟练掌握正交规范基的性质.

　　7. 熟练掌握 Bessel 不等式的应用.

　　8. 掌握伴随算子的性质和应用.

释疑解难

　　1. 对于内积, 有很多不同的记法, 如 $< x, y >, (x, y)$ 和 $< x | y >$ 等, 本书只用 (x, y) 来表示内积.

　　2. 对于内积, 为什么可以说 $(x, x) \geqslant 0$?

　　无论 X 是实的还是复的内积空间, 由于 $(x, x) = \overline{(x, x)}$, 因此 (x, x) 总是实数.

　　3. 对于任意 $x, y, z \in X, \alpha, \beta \in K$, 都有 $(x, \alpha y + \beta z) = \overline{\alpha}(x, y) + \overline{\beta}(x, z)$ 成立.

　　4. 实序列空间 c, c_0, l_1 和 l_∞ 都不能引入内积 $(\cdot, \cdot)$, 使得 $\|x\| = (x, x)^{1/2}$. 这是由于在这些序列空间, 平行四边形法则都不成立.

5. $l_p = \{(x_i) \mid x_i \in C, \sum\limits_{i=1}^{\infty} |x_i|^p < \infty\}(1 \leqslant p < \infty)$ 在范数 $\|x\| = \left(\sum\limits_{i=1}^{\infty} |x_i|^p\right)^{1/p}$ 是内积空间的充要条件为 $p = 2$. 实际上, 若 $p = 2$, 则明显地, $(x, y) = \sum\limits_{i=1}^{\infty} x_i \overline{y}_i$ 是 l_2 的内积. 反过来, 若 l_p 是内积空间, 则对于 $e_1 = (1, 0, \cdots)$ 和 $e_2 = (0, 1, 0, \cdots)$, 根据平行四边形法则, 有 $\|e_1 + e_2\|^p + \|e_1 - e_2\|^p = 2\|e_1\|^p + 2\|e_2\|^p$, 故 $2^{2/p} + 2^{2/p} = 2 + 2$, 因此 $p = 2$.

6. $[0, 1]$ 上的连续实函数全体 $C[0, 1]$ 在范数 $\|x\| = \sup_{t \in [0, 1]} |x(t)|$ 时, 不能引入内积 $(\cdot, \cdot)$, 使得 $\|x\| = (x, x)^{1/2}$. 实际上, 对于 $x(t) = 1, y(t) = t$, 有 $\|x\| = 1, \|y\| = 1, \|x - y\| = \sup\{|1 - t| \mid t \in [0, 1]\} = 1$, 并且 $\|x + y\| = 2$, 因此 $\|x + y\|^2 + \|x - y\|^2 = 5$, 但 $2\|x\|^2 + 2\|y\|^2 = 4$, 故平行四边形法则不成立.

7. $[0, 1]$ 上的连续实函数全体 $C[0, 1]$ 可以定义内积 $(x, y) = \int_0^1 x(t)y(t)\mathrm{d}t$, 使得 $C[0, 1]$ 为内积空间. $[0, 1]$ 上的连续复函数全体 $C[0, 1]$ 在内积 $(x, y) = \int_0^1 x(t)\overline{y(t)}\mathrm{d}t$ 下也是内积空间, 不过 $C[0, 1]$ 不是完备的内积空间.

8. Cauchy-Schwarz 不等式有很多不同的证明. 例如, 利用 $a > 0, at^2 + bt + c \geqslant 0$ 对任意 t 成立时, 一定有 $b^2 - 4ac \leqslant 0$ 也可以证明 Cauchy-Schwarz 不等式. 实际上, 对于任意 $x, y \in X$, 由于 $\|x + te^{\mathrm{i}\theta}y\|^2 = \|x\|^2 + t^2\|y\|^2 + 2\mathrm{Re}(te^{\mathrm{i}\theta}(x, y))$, 因此可选取适当的 θ, 使得 $e^{\mathrm{i}\theta}(x, y)$ 为实数. 由于 $\|y\|^2 t^2 + [2e^{\mathrm{i}\theta}(x, y)]t + \|x\|^2 \geqslant 0$, 因此 $[2e^{\mathrm{i}\theta}(x, y)]^2 - 4\|y\|^2\|x\|^2 \leqslant 0$, 所以 $|(x, y)|^2 \leqslant \|x\|^2\|y\|^2$.

9. Cauchy-Schwarz 不等式 $|(x, y)| \leqslant \|x\| \cdot \|y\|$ 的等号何时成立?

(1) 在 x 与 y 线性相关时, 存在 $\lambda \in C$, 使得 $y = \lambda x$, 因此 $|(x, y)| = |(x, \lambda x)| = |\overline{\lambda}|(x, x) = \|x\| \cdot |\overline{\lambda}|\|x\| = \|x\| \cdot \|y\|$.

(2) 反过来, 若 $|(x, y)| = \|x\| \cdot \|y\|$, 则 $(x, y)(y, x) = \|x\|^2 \cdot \|y\|^2$. 故

$$((y, y)x - (x, y)y, (y, y)x - (x, y)y) = (y, y)^2(x, x) - (y, y)(y, x)(x, y)$$
$$- (x, y)(y, y)(y, x) + (x, y)(y, x)(y, y) = 0$$

因此, $(y, y)x - (x, y)y = 0$, 所以, y 与 x 线性相关.

有 (1) 和 (2) 可知, Cauchy-Schwarz 不等式 $|(x, y)| \leqslant \|x\| \cdot \|y\|$ 的等号成立当且仅当 y 与 x 线性相关.

10. 内积与范数的密切联系可以通过极化恒等式来体现. 但对于实赋范空间 $(X, \|\cdot\|)$, 用极化恒等式定义的 $(x, y) = \dfrac{1}{4}(\|x + y\|^2 - \|x - y\|^2)$ 不一定是 X 上的内积.

11. 勾股定理是指对于任意 $x \perp y$, 都有 $\|x + y\|^2 = \|x\|^2 + \|y\|^2$. 但在复内积空间 X 中, $\|x + y\|^2 = \|x\|^2 + \|y\|^2$ 时, 不一定有 $x \perp y$ 成立. 如在复的二维空间 C^2

中, 定义 $(x, y) = x_1\overline{y}_1 + x_2\overline{y}_2$, 则对于 $x = (1, 1)$ 和 $y = (\mathrm{i}, \mathrm{i})$, 有 $\|x + y\|^2 - \|x\|^2 - \|y\|^2 = (x, y) + (y, x) = 0$ 成立, 但 $(x, y) = -2\mathrm{i}$, 故 $x \perp y$ 不成立. 实际上, 对于任意 $x, y \in X$, 都有 $\|x + y\|^2 = \|x\|^2 + 2\mathrm{Re}(x, y) + \|y\|^2$, 因此容易知道在实内积空间 X 中, $\|x + y\|^2 = \|x\|^2 + \|y\|^2$ 时, 一定有 $x \perp y$ 成立.

12. 在内积空间 X 中, 若 $x_n \to x_0, x_n \perp y$, 则一定有 $x_0 \perp y$.

13. 在内积空间 X 中, 对于任意非空子集 M, M 的正交补 $M^\perp$ 一定是 X 的闭线性子空间, 故 $M = M^{\perp\perp}$ 也是 X 的闭线性子空间, 因此, $M = M^{\perp\perp}$ 不一定成立. 实际上, $M^{\perp\perp}$ 是包含 M 的最小闭线性子空间.

14. 在内积空间 X 中, 对于任意非空子集 M, $M^\perp = M^{\perp\perp\perp}$ 一定成立.

15. 在内积空间 X 中, 对于任意非空子集 M, $M \bigcap M^\perp$ 有可能是空集. 例如, 在 R^2 中, 对于任意 $x = (x_1, x_2), y = (y_1, y_2) \in R^2$, 定义 $(x, y) = x_1 y_1 + x_2 y_2$, 则对子集 $M = \{(1, 0)\}$, 有 $M^\perp = \{(0, x_2) \mid x_2 \in R\}$, 因此 $M \bigcap M^\perp$ 是空集. 实际上, 如果 0 不属于 M, 那么 $M \bigcap M^\perp$ 一定是空集. 不过若 M 是内积空间 X 的子空间, 则一定有 $M \bigcap M^\perp = \{0\}$.

16. Riesz 表示定理只对完备内积空间成立.

17. Hilbert 空间的共轭空间是容易刻画的, 对于任意 Hilbert 空间 X, 都有 $X^* = X$, 也就是说, Hilbert 空间是自共轭的. 另外, 所有 Hilbert 空间都是自反的.

18. 若 $\{e_i \mid i = 1, 2, \cdots, n, \cdots\}$ 是内积空间的正交规范集, 则 Bessel 不等式成立, 即对于任意 $x \in X$, 有 $\sum\limits_{i=1}^{\infty} |(x, e_i)|^2 \leqslant \|x\|^2$. 利用 Bessel 不等式可以证明, 若 $\{e_i \mid i = 1, 2, \cdots, n, \cdots\}$ 是 Hilbert 空间的正交规范集, 则 x_i 弱收敛于 0. 实际上, 对于任意 $f \in X^*$, 由 Riesz 表示定理, 有 $y \in X$, 使得 $f(x) = (x, y)$. 由于 $\sum\limits_{i=1}^{\infty} |(y, e_i)|^2 \leqslant \|y\|^2 < \infty$, 因此该级数的一般项收敛于 0, 故 $|(y, e_i)| \to 0$, 因而 $f(e_i) \to f(0)$, 所以 x_i 弱收敛于 0.

19. 若 X 是可分的 Hilbert 空间, 则

(1) 若 X 是无穷维线性空间, 则 X 与 l_2 同构.

(2) 若 X 是 n 维的线性空间, 则 X 与 K^n 同构.

20. 存在不可分的 Hilbert 空间吗?

实际上, 设 X 是实数 R 上只有可数个点不为 0, 并且 $\sum\limits_{x(t) \neq 0} |x(t)|^2 < \infty$ 的复值函数全体, 则 X 在内积 $(x, y) = \sum\limits_{x(t)y(t) \neq 0} x(t)\overline{y(t)}$ 下是一个不可分的 Hilbert 空间. 为什么? 这是由于对于任意 $x_n \in X$, 一定存在 $x \in X, x \neq 0$, 使得 x 在所有使得 $x_n(t)$ 不为 0 的点上取 0, 因此 $(x_n, x) = 0$ 对任意 n 成立, 因而, x 不属于 $\{x_n\}$ 的闭包. 否则的话, 若 $x_{n_k} \to x$, 则 $(x_{n_k}, x) \to (x, x)$. 但这与 $(x_{n_k}, x) = 0$ 和 $x \neq 0$

矛盾. 所以, X 不是可分的.

21. 设 X 是复内积空间, T 是 X 到 X 的线性有界算子, 则 $T = 0$ 的充要条件为对于任意 $x \in X$, 有 $(Tx, x) = 0$. 但对于实内积空间 X, 存在非零的线性有界算子 T, 对于任意 $x \in X$, 有 $(Tx, x) = 0$. 实际上, 在 R^2 上, 内积为 $(x, y) = x_1y_1 + x_2y_2$, 若定义 $T : R^2 \to R^2$ 为 $T(x_1, x_2) = (-x_2, x_1)$, 则不难验证 T 是线性有界算子, 并且对于任意 $x \in R^2$, 有 $(Tx, x) = -x_2x_1 + x_1x_2 = 0$, 但明显地 T 不是零算子.

22. 对于 X 和 Y 赋范空间, X 到 Y 的自伴算子总是存在吗?

是的. 设 X 和 Y 是赋范空间, 则对于任意线性有界算子 $T : X \to Y$, T^*T 和 $T + T^*$ 都是自伴算子.

23. 存在某个正规算子 T, T 不是酉算子吗?

若 X 是复 Hilbert 空间, I 是 X 到 X 的恒等算子, 则容易验证 $T = 2iI$ 是正规算子. 由于 $T^* = -2iI, T^{-1} = -\dfrac{1}{2}iI$, 因此 $T^* \neq T^{-1}$, 所以 T 不是酉算子.

解题技巧

1. 求子集 M 的正交补 $M^\perp$.

2. 利用 $\|x + \lambda y\|^2 = (x + \lambda y, x + \lambda y) \geqslant 0$ 来得到需要的不等式.

3. 当 $\|x + \lambda y\|$ 不容易处理时, 将 $\|x + \lambda y\|^2 = (x + \lambda y, x + \lambda y)$ 展开是一种常用的技巧.

4. 将线性无关集化为正交规范集.

5. 利用正交规范集和正交规范基的性质求解题目.

6. 求具体算子的伴随算子.

可供进一步思考的问题

1. 设 X 是 Banach 空间, 若定义 $x \perp y$ 为 $\|x + y\|^2 = \|x\|^2 + \|y\|^2$, 试讨论这种正交的性质.

2. 设 X 是 Banach 空间, 若定义 $x \perp y$ 为 $\|x + \alpha y\| = \|x - \alpha y\|$ 对任意 $\alpha \in K$ 成立, 试讨论这种 Roberts 正交的性质.

3. 设 X 是 Banach 空间, 若定义 $x \perp y$ 为 $\|x + \alpha y\| \geqslant \|x\|$ 对任意 $\alpha \in K$ 成立, 试讨论这种 Birkhoff 正交的性质.

第 6 章　线性算子的谱理论

数学确属美妙的杰作, 宛如画家或诗人的创作一样,
是思想的综合; 如同颜色或词汇的综合一样, 应当具有内
在的和谐一致, 对于数学概念来说, 美是她的一个试金石;
世界上不存在畸形丑陋的数学.

Hardy(1877—1947, 英国数学家)

谱理论是现代泛函分析一个重要的研究方向, 它涉及的是某些逆算子的一般性质以及它们与原算子的关系. 在研究线性代数方程、微分方程和积分方程的求解时, 这些算子出现得十分自然. 例如 Sturm, Liouville 的边值问题和著名的 Fredholm 积分方程理论的研究对谱理论的发展起了重要的作用. 另外, 谱理论对于研究算子本身也是非常重要的. 本章将介绍有界线性算子谱理论的一些基本概念及性质, 讨论紧线性算子的性质及其谱性质, 还讨论了含紧线性算子方程的可解性问题和 Hilbert 空间上自共轭算子的谱性质.

6.1　有界线性算子的谱理论

有限维 Banach 空间的谱理论实质上就是矩阵的特征理论, 但无穷维 Banach 空间的谱理论就比较复杂. 若 X 是复 Banach 空间, $T : D(T) \subset X \to X$ 是线性算子, 则算子方程 $(T - \lambda I)x = y$ 在 $T - \lambda I$ 的逆存在时, 对任意 y 都有唯一的解 $x = (T - \lambda I)^{-1}y$. 因此, 为了研究算子方程的解及算子 T 本身的性质, 研究 $R_\lambda(T) = (T - \lambda I)^{-1}$ 的性质是非常重要的, 不过 $R_\lambda(T)$ 的许多性质都依赖于 λ, 谱理论主要就是研究这些性质的. 如复平面上使 $R_\lambda(T)$ 存在的一切 λ 组成的集和 $R_\lambda(A)$ 的有界性问题等.

定义 6.1.1　设 X 为复 Banach 空间, $T : D(T) \subset X \to X$, 数 $\lambda \in C$, 若存在 X 中非零向量 $x \in D(T)$, 满足 $Tx = \lambda x$, 则称 λ 为 T 的特征值, x 称为 T 的相应于 λ 的特征向量.

设 X_λ 为算子 T 相应于特征值 λ 的特征向量全体和零向量, 称 X_λ 为算子 T 的相应于特征值 λ 的特征向量空间, 称 X_λ 的维数 $\dim X_\lambda$ 为特征值 λ 的重复度.

例 6.1.1　Banach 空间 X 上的恒等算子 $I: X \to X$ 的特征值只有 1, 并且 X 就是特征值 1 的特征向量空间.

定义 6.1.2　设在复 Banach 空间 X 中, 给定线性算子 $T: D(T) \subset X \to X$, 若 $\lambda \in C$ 满足:

(1) $T - \lambda I$ 的值域 $R(T - \lambda I) = (T - \lambda I)D(T)$ 在 X 中稠密;

(2) $R_\lambda(T) = (T - \lambda I)^{-1}$ 存在;

(3) $R_\lambda(T)$ 连续.

则称 λ 为 T 的正则点.

T 的正则点全体称为 T 的预解集, 记为 $\rho(T)$, 而 $R_\lambda(T) = (T - \lambda I)^{-1}$ 则称为 T 的预解算子. 不是正则点的复数 λ 称为 T 的谱点, 谱点的全体称为谱, 记为 $\sigma(T)$. 使 R_λ 不存在的 λ 全体称为 T 的点谱, 记作 $\sigma_p(T)$. 明显地 $\sigma(T) \bigcup \rho(T) = C$.

例 6.1.2　设 $X = C[0,1]$, $T: D(T) = C^1[0,1] \subset C[0,1]$, $Tx(t) = x'(t)$, 则对于任意 $\lambda \in C$, $\mathrm{e}^{\lambda t} \in C^1[0,1]$, 并且 $T\mathrm{e}^{\lambda t} = \lambda \mathrm{e}^{\lambda t}$. 所以, $\lambda \in \sigma_p(T)$, 即 $\sigma(T) = \sigma_p(T) = C$.

算子的谱所具有的性质依赖于算子定义空间的性质和算子本身的性质.

定理 6.1.1　设 X 是复 Banach 空间, $T \in L(X, X)$, 若 $\|T\| < 1$, 则存在 $(I - T)^{-1} \in L(X, X)$, 且

$$(I - T)^{-1} = \sum_{n=0}^{\infty} T^n.$$

证明　由 $\|T^n\| \leqslant \|T\|^n$ 和 $\|T\| < 1$ 可知 $\displaystyle\sum_{n=0}^{\infty} T^n$ 收敛, 故

$$(I - T) \cdot (I + T + \cdots + T^n) = I - T^{n+1},$$

$$(I + T + \cdots + T^n) \cdot (I - T) = I - T^{n+1}.$$

由于 $\|T\| < 1$, 因此 $T^{n+1} \to 0$, 因而有

$$(I - T) \cdot \left(\sum_{n=0}^{\infty} T^n \right) = I,$$

$$\left(\sum_{n=0}^{\infty} T^n \right) \cdot (I - T) = I,$$

所以 $(I - A)^{-1}$ 存在, 且 $(I - T)^{-1} = \displaystyle\sum_{n=0}^{\infty} T^n$.

利用这一定理可以证明, 有界线性算子的谱是复平面的闭集, 并且是有界的.

定理 6.1.2　若 X 是复 Banach 空间, $T \in L(X, X)$, 则 T 的谱 $\sigma(T)$ 是闭集.

证明   若 $\rho(T) = \varnothing$, 则 $\sigma(T) = C$ 为闭集. 若 $\rho(T) \neq \varnothing$, 则存在 $\lambda_0 \in \rho(T)$, 故有

$$R_{\lambda_0}(T) = (T - \lambda_0 I)^{-1} \in L(X, X),$$

因此, 对任意复数 λ, 有

$$\begin{aligned} T - \lambda I &= T - \lambda_0 I - (\lambda - \lambda_0) I \\ &= (T - \lambda_0 I)\left[I - (\lambda - \lambda_0) R_{\lambda_0}(T) \right]. \end{aligned}$$

由定理 6.1.1 可知, 当 $\|(\lambda - \lambda_0) R_{\lambda_0}(T)\| < 1$ 时,

$$\left[I - (\lambda - \lambda_0) R_{\lambda_0}(T) \right]^{-1} \in L(X, X),$$

所以当 $|\lambda - \lambda_0| < \dfrac{1}{\|R_{\lambda_0}(T)\|}$ 时, 有

$$(T - \lambda I)^{-1} = \left[I - (\lambda - \lambda_0) R_{\lambda_0}(T) \right]^{-1} (T - \lambda_0 I)^{-1} \in L(X, X),$$

即当 $|\lambda - \lambda_0| < \dfrac{1}{\|R_{\lambda_0}(T)\|}$ 时, $\lambda \in \rho(T)$, 故 $\rho(T)$ 是开集, 因此 $\sigma(T)$ 是闭集.

定理 6.1.3   若 X 是复 Banach 空间, $T \in L(X, X)$, 则 T 的谱是有界集, 且

$$\sigma(T) \subset \{\lambda \in C|\ |\lambda| \leqslant \|T\|\}.$$

证明   对任意 $\lambda \in C, \lambda \neq 0$, 有

$$T - \lambda I = -\lambda \left(I - \frac{1}{\lambda} T \right).$$

当 $|\lambda| > \|T\|$ 时, $\left(I - \dfrac{1}{\lambda} T \right)^{-1} \in L(X, X)$, 因此

$$(T - \lambda I)^{-1} = -\frac{1}{\lambda} \left(I - \frac{1}{\lambda} T \right)^{-1} \in L(X, X),$$

且

$$R_\lambda(T) = (T - \lambda I)^{-1} = -\frac{1}{\lambda} \sum_{n=0}^{\infty} \left(\frac{T}{\lambda} \right)^n = -\sum_{n=0}^{\infty} \frac{T^n}{\lambda^{n+1}},$$

因而

$$\|R_\lambda(T)\| = \frac{1}{|\lambda|} \left\| \left(I - \frac{1}{|\lambda|} T \right)^{-1} \right\| \leqslant \frac{1}{|\lambda|} \cdot \frac{1}{1 - \left\| \dfrac{T}{\lambda} \right\|} = \frac{1}{|\lambda| - \|T\|},$$

故

$$\{\lambda \in C|\ |\lambda| > ||T||\} \subset \rho(T),$$

所以

$$\sigma(T) \subset \{\lambda \in C|\ |\lambda| \leqslant ||T||\}.$$

定义 6.1.3 设 X 为复 Banach 空间, $T \in L(X,X)$, 称 $r_\sigma(T) = \sup\{|\lambda||\lambda \in \sigma(T)\}$ 为 T 的谱半径.

明显地, 算子 T 的谱半径就是在复平面上以原点为中心包含 $\sigma(T)$ 的最小闭圆的半径.

由上面定理容易看出下面推论成立:

推论 6.1.1 若 X 是复 Banach 空间, $T \in L(X,X)$, 则 T 的谱半径 $r_\sigma(T) \leqslant ||T||$.

6.2 紧线性算子的谱性质

紧线性算子最初来源于积分研究, 是积分方程中 Fredholm 理论的一般化, 紧线性算子具有非常类似于有限维空间上的算子的性质, 它在积分方程理论和各种数学物理问题的研究中起着核心的作用, 因此紧算子的谱理论得到了比较透彻的研究.

定义 6.2.1 设 X 和 Y 都是 Banach 空间, 称线性算子 $T: X \to Y$ 为紧线性算子, 若对 X 的每一个有界集 M, $\overline{T(M)}$ 都是 Y 的紧集.

容易看出, 若 X 是 Banach 空间, 则任意 $f \in X^*$, f 都是紧线性算子.

定理 6.2.1 设 X, Y 为 Banach 空间, $T: X \to Y$, 若 T 是紧线性算子, 则 T 是有界线性算子.

证明 由于 X 的单位球面 $S_X = \{x \in X|\ ||x|| = 1\}$ 是有界的, 因此 $\overline{TS(X)}$ 是紧集, 故 $\overline{TS(X)}$ 是有界的, 即存在常数 $M > 0$, 使得

$$\sup_{||x||=1} ||Tx|| \leqslant M,$$

所以, T 是有界线性算子.

由紧集的定义, 还容易看出紧算子如下的判别法:

定理 6.2.2 若 X, Y 为 Banach 空间, $T: X \to Y$ 是线性算子, 则 T 是紧线性算子的充要条件为 T 把 X 的每一个有界序列 $\{x_n\}$ 映为 Y 中具有收敛子列的序列.

推论 6.2.1 设 X, Y 为 Banach 空间, $T: X \to Y$ 为线性算子, 则

(1) 若 T 是有界线性算子, 且 $\dim T(X) < +\infty$, 则 T 是紧线性算子;

(2) 若 $\dim X < +\infty$, 则 T 是紧线性算子.

证明　(1) 对于 X 中的任意有界序列 $\{x_n\}$, 由 $\|Tx_n\| \leqslant \|T\| \cdot \|x_n\|$ 可知, $\{Tx_n\}$ 是有界的. 由于 $\dim T(X) < +\infty$, 因此 $\{Tx_n\}$ 有收敛子序列, 故由定理 6.2.2 可知 T 是紧算子.

(2) 由于 $\dim X < +\infty$ 时, $\dim T(X) \leqslant \dim X < +\infty$, 因此由 (1) 可知 T 是紧算子.

定理 6.2.3　若 X, Y 是 Banach 空间, 则从 X 到 Y 的所有紧算子全体 $K(X,Y)$ 是 Banach 空间.

证明　容易知道 $K(X,Y)$ 为赋范空间, 只需证明 $K(X,Y)$ 是完备的即可. 设 $T_n \in K(X,Y), T_n \to T$, 则对 X 中任意有界序列 $\{x_n\}$, 由于 T_1 是紧的, 因此 $\{x_n\}$ 有子列 $\{x_{1,k}\}$ 使 $\{T_1 x_{1,k}\}$ 为 Cauchy 列.

类似地, $\{x_{1,k}\}$ 有子列 $\{x_{2,k}\}$ 使 $\{T_2 x_{2,k}\}$ 为 Cauchy 列. 按这一方法, 对 $T_n (n = 1, 2, \cdots)$, 可找到子列 $\{x_{n,k}\}$ 使 $\{T_n x_{n,k}\}$ 为 Cauchy 列.

取 $y_k = x_{k,k}$, 则 $\{y_k\}$ 为 $\{x_n\}$ 的子列, 且对于每个固定的 $n, \{T_n y_k\}$ 为 Cauchy 列, 由于 $\{x_n\}$ 是有界的, 因此有 $c > 0$, 使 $\|x_n\| \leqslant c$, 故 $\|y_k\| \leqslant c$. 对任意 $\varepsilon > 0$, 由 $T_n \to T$ 可知存在 N_0, 使 $\|T - T_{N_0}\| < \dfrac{\varepsilon}{3c}$. 由于 $\{T_{N_0} y_k\}$ 是 Cauchy 列, 因此存在 N, 使得 $l > N, m > N$ 时,

$$\|T_{N_0} y_l - T_{N_0} y_m\| < \frac{\varepsilon}{3},$$

因而当 $l, m > N$ 时, 有

$$\begin{aligned}
\|Ty_l - Ty_m\| &\leqslant \|Ty_l - T_{N_0} y_l\| + \|T_{N_0} y_l - T_{N_0} y_m\| + \|T_{N_0} y_m - Ty_m\| \\
&\leqslant \frac{\varepsilon}{3c} c + \frac{\varepsilon}{3} + \frac{\varepsilon}{3c} \cdot c = \varepsilon,
\end{aligned}$$

故 $\{Ty_k\}$ 为 Y 中 Cauchy 列. 由于 Y 是 Banach 空间, 因此 $\{Ty_k\}$ 为 Y 中的收敛列, 所以 T 是紧算子, 故 $K(X,Y)$ 为 Banach 空间.

定理 6.2.4　设 X, Y 为 Banach 空间, $T : X \to Y$ 是紧线性算子, $x_n, x \in X, x_n \xrightarrow{w} x$, 则 $Tx_n \to y \in Y$, 且 $y = Tx$.

证明　对于任意 $g^* \in Y^*$, 定义 f 为下面的表达式:

$$f(x) = g^*(Tx),$$

则 f 是线性的. 由于 T 是紧的, 因此 T 是有界线性算子, 因而 f 是 X 上的有界线性泛函. 故由 $x_n \xrightarrow{w} x$ 可知 $g^*(Tx_n) \to g^*(Tx)$, 即 $Tx_n \xrightarrow{w} Tx$.

由于 $\{x_n\}$ 弱收敛于 x, 因此 $\{x_n\}$ 有界, 因而存在收敛子列 $\{Tx_{n_k}\}$, 使得 $Tx_{n_k} \to y \in Y$. 因为 $Tx_n \xrightarrow{w} Tx$, 所以 $y = Tx$, 因而不难知道 $Tx_n \to y$, 且 $y = Tx$.

定理 6.2.5 设 X, Y 是 Banach 空间, $T : X \to Y$, 若 T 是紧算子, 则 T 的值域 $R(T)$ 是可分的.

证明 对于 $B_n = B(0, n) = \{x \in X | \ \|x\| \leqslant n\}$, 由于 T 是紧的, 因此 $\overline{T(B_n)}$ 是紧的, 故 $\overline{T(B_n)}$ 是可分的, 从而 $T(B_n)$ 也是可分的, 由 $X = \bigcup\limits_{n=1}^{\infty} B_n$ 可知, $R(T) = T(X) = \bigcup\limits_{n=1}^{\infty} T(B_n)$ 是可分的.

讨论了紧线性算子的性质, 下面将仔细地讨论紧线性算子的谱性质.

定理 6.2.6 Banach 空间 X 上的紧线性算子 $T : X \to X$ 的特征值全体是一个可数集, 且最多只有一个聚点 $\lambda = 0$.

证明 只需证明对任意实数 $k > 0$, $\{\lambda \in \sigma_p(T) | \ |\lambda| \geqslant k\}$ 只含有限个元.

用反证法. 假设存在某个 $k_0 > 0$, $\{\lambda \in \sigma_p(T) | \ |\lambda| \geqslant k_0\}$ 含有无限个元, 则存在 $\{\lambda_n\} \subset \{\lambda \in \sigma_p(T) | \ |\lambda| \geqslant k_0\}$. 设 $Tx_n = \lambda_n x_n$ 对某个 $x_n \in X, x_n \neq 0$, 则 $\{x_n\}$ 是线性无关集. 令 $M_n = \mathrm{span}\,\{x_1, \cdots, x_n\}$, 则任意 $x \in M_n$, 都有唯一表达式 $x = \alpha_1 x_1 + \cdots + \alpha_n x_n$, 故

$$
\begin{aligned}
(T - \lambda_n I)x &= \alpha_1 \left(T - \lambda_n I\right) x_1 + \cdots + \alpha_n (T - \lambda_n I) x_n \\
&= \alpha_1 (\lambda_1 - \lambda_n) x_1 + \cdots + a_{n-1}(\lambda_{n-1} - \lambda_n) x_{n-1},
\end{aligned}
$$

因而对任意 $x \in M_n$, 有 $(T - \lambda_n I)\, x \in M_{n-1}$.

由于 M_{n-1} 是 M_n 的闭真子空间, 因此由 Riesz 引理可知存在 $y_n \in M_n, \|y_n\| = 1$, 使得

$$
\|y_n - x\| \geqslant \frac{1}{2} \text{ 对任意 } x \in M_{n-1}.
$$

令 $\overline{x} = \lambda_n y_n - Ty_n + Ty_m$, 则 $Ty_n - Ty_m = \lambda_n y_n - \overline{x}$, 当 $m < n$ 时, 有 $m \leqslant n - 1$, 故

$$
y_m \in M_m \subset M_{n-1} = \mathrm{span}\,\{x_1, \cdots, x_{n-1}\}.
$$

由于 $Tx_i = \lambda_i x_i$, 因此 $Ty_m \in M_{n-1}$, 由 $(T - \lambda_n I)y_n \in M_{n-1}$ 可知

$$
\lambda_n y_n - Ty_n = -(T - \lambda_n I)y_n \in M_{n-1},
$$

因而 $\overline{x} \in M_{n-1}$, 从而 $\frac{1}{\lambda_n} \overline{x} \in M_{n-1}$. 故

$$
\begin{aligned}
\|Ty_n - Ty_m\| &= \|\lambda_n y_n - \overline{x}\| \\
&= |\lambda_n| \cdot \left\| y_n - \frac{1}{\lambda_n} \overline{x} \right\| \\
&\geqslant \frac{1}{2} \|\lambda_n\| \geqslant \frac{1}{2} k_0,
\end{aligned}
$$

因而, $\{Ty_n\}$ 没有任何收敛子列, 但这与 T 是紧算子及 $\{y_n\}$ 是有界序列矛盾. 因此, 由反证法原理可知不存在无限多个特征值 λ_n 满足 $|\lambda_n| \geqslant k_0$, 所以定理得证.

由上面定理可以看出, 紧线性算子的谱并不复杂, 其实, 紧性算子的谱理论几乎与有限矩阵的特征值理论一样简单.

定理 6.2.7　设 X 为 Banach 空间, $T : X \to X$ 为紧线性算子, 则对每个 $\lambda \neq 0$, $T_\lambda = T - \lambda I$ 的零空间 $N(T_\lambda)$ 是有限维的.

证明　设 $x_n \in N(T_\lambda), \|x_n\| \leqslant 1$, 则由于 T 是紧的, 因此 $\{Tx_n\}$ 有收敛子序列 $\{Tx_{n_k}\}$, 因为 $x_n \in N(T_\lambda)$, 所以 $T_\lambda x_n = Tx_n - \lambda x_n = 0$, 即 $x_n = \dfrac{1}{\lambda}Tx_n$. 因而 $\{x_{n_k}\} = \left\{\dfrac{1}{\lambda}Tx_{n_k}\right\}$ 也收敛, 故 $N(T_\lambda)$ 的闭单位球是紧的, 因此 $N(T_\lambda)$ 是有限维的.

由此可见, 紧线性算子的每一个非零特征值的特征空间是有限维的. 另外, 若 T 是紧线性算子, 则对每个 $\lambda \neq 0$, T_λ 的值域是闭的.

定理 6.2.8　设 X 为 Banach 空间, 若 $T : X \to X$ 为紧线性算子, 则对每个 $\lambda \neq 0$, $T_\lambda = T - \lambda I$ 的值域是闭的.

证明　用反证法. 假设 $T_\lambda(X)$ 不是闭的, 则存在 $y \in \overline{T_\lambda(X)}$, 并且 $y \notin T_\lambda(X)$, 以及 X 中的序列 $\{x_n\}$, 使

$$y_n = T_\lambda x_n \to y.$$

由于 $T_\lambda(X)$ 是线性子空间, 因此 $0 \in T_\lambda(X)$, 因而 $y \neq 0$, 故不妨设对一切 $n, y_n \neq 0$ 和 $x_n \notin N(T_\lambda)$.

由于 $N(T_\lambda)$ 是闭的, 因此

$$\delta_n = \inf_{z \in N(T_\lambda)} \|x_n - z\| > 0,$$

故存在 $z_n \in N(T_\lambda)$, 使

$$a_n = \|x_n - z_n\| < 2\delta_n,$$

因而 $a_n = \|x_n - z_n\| \to \infty$. 实际上, 若 a_n 不趋于 ∞, 则 $\{x_n - z_n\}$ 必有有界子序列, 由于 T 是紧算子, 因此 $\{T(x_n - z_n)\}$ 有收敛子序列. 由 $T_\lambda = T - \lambda I, \lambda \neq 0$, 可知 $I = \lambda^{-1}(T - T_\lambda)$, 因为 $z_n \in N(T_\lambda)$, 所以有

$$x_n - z_n = \frac{1}{\lambda}(T - T_\lambda)(x_n - z_n) = \frac{1}{\lambda}\left[T(x_n - z_n) - T_\lambda x_n\right].$$

故 $\{T(x_n - z_n)\}$ 有收敛子列, 不妨设 $x_{n_k} - z_{n_k} \to x_0$. 因为 T 是紧算子, 于是 T 是连续的, 因而 T_λ 也是连续的, 因此

$$T_\lambda(x_{n_k} - z_{n_k}) \to T_\lambda x_0.$$

由 $z_n \in N(T_\lambda)$ 可知 $T_\lambda z_{n_k} = 0$, 故由 $y_n = T_\lambda x_n \to y$ 可知

$$T_\lambda(x_{n_k} - z_{n_k}) = T_\lambda x_{n_k} \to y.$$

因此 $T_\lambda x_0 = y$, 故 $y \in T_\lambda(X)$, 但这与 $y \notin T_\lambda(X)$ 矛盾, 因而 $a_n = ||x_n - z_n|| \to \infty$.

令 $w_n = \dfrac{1}{a_n}(x_n - z_n)$, 则 $||w_n|| = 1$, 由于 $a_n \to \infty$, $T_\lambda z_n = 0$, $\{T_\lambda x_n\}$ 收敛. 因此

$$T_\lambda w_n = \frac{1}{a_n} T_\lambda(x_n) \to 0.$$

因为 $I = \lambda^{-1}(T - T_\lambda)$, 于是

$$w_n = \frac{1}{\lambda}(Tw_n - T_\lambda w_n).$$

由于 T 是紧的, $\{w_n\}$ 是有界的, 因此 $\{Tw_n\}$ 有收敛子序列. 由 $T_\lambda w_n = \dfrac{1}{a_n} T_\lambda(x_n) \to 0$ 可知 $\{T_\lambda w_n\}$ 收敛, 因而由 $w_n = \dfrac{1}{\lambda}(Tw_n - T_\lambda w_n)$ 可知 $\{w_n\}$ 有收敛子序列 $\{w_{n_i}\}$, 记 $w = \lim\limits_{i \to \infty} w_{n_i}$.

由 $T_\lambda w_n = \dfrac{1}{a_n} T_\lambda(x_n) \to 0$ 可知 $T_\lambda w = 0$, 因此 $w \in N(T_\lambda)$. 因为 $z_n \in N(T_\lambda)$. 所以有 $u_n \in N(T_\lambda)$, 这里 $u_n = z_n + a_n w$.

考虑 x_n 到 u_n 的距离, 有

$$||x_n - u_n|| \geqslant \delta_n,$$

于是

$$\delta_n \leqslant ||x_n - z_n - a_n w_n|| = ||a_n w_n - a_n w||$$
$$= a_n ||w_n - w|| < 2\delta_n ||w_n - w||,$$

因此 $\dfrac{1}{2} < ||w_n - w||$, 但这与 $w_{n_i} \to w$ 矛盾, 所以值域 $T_\lambda(X)$ 是闭的.

关于紧线性算子 T, 对 T_λ 的零空间和值域, 还有如下进一步的结果:

定理 6.2.9 设 X 是 Banach 空间, 若 $T : X \to X$ 是紧线性算子, $\lambda \neq 0$, 则存在最小整数 r(依赖于 λ), 使得

(1) $N(T_\lambda^r) = N(T_\lambda^{r+1}) = N(T_\lambda^{r+2}) = \cdots$;

(2) $T_\lambda^r(X) = T_\lambda^{r+1}(X) = T_\lambda^{r+2}(X) = \cdots$.

由这一定理, 可以得到 Banach 空间上紧线性算子谱的一个重要特征.

定理 6.2.10 设 X 为 Banach 空间, 若 $T : X \to X$ 为紧线性算子, 则 T 的每一个谱点 $\lambda \neq 0$(如果存在的话) 都是 T 的特征值.

证明　若 $N(T_\lambda) \neq \{0\}$, 则 λ 是 T 的特征值, 设 $N(T_\lambda) = \{0\}$(这里 $\lambda \neq 0$), 则 T_λ 是单射, 故 $T_\lambda^{-1} : T_\lambda(X) \to X$ 存在.

由于 $\{0\} = N(I) = N(T_\lambda^0) = N(T_\lambda)$, 因此由定理 6.2.9, 有 $r = 0$. 因而 $X = T_\lambda^0(X) = T_\lambda(X)$, 于是 T_λ 是双射, 故由逆算子定理知 T_λ^{-1} 有界, 于是 $\lambda \in \rho(T)$.

由于 X 是有限维 Banach 空间时, 任意 $T \in L(X, X)$ 都是紧线性算子, 因此有限维 Banach 空间上的有界线性算子的谱是非常简明的.

定理 6.2.11　若 X 是 n 维 Banach 空间, 则对任意 $T \in L(X, X)$, T 的每个谱值都是 T 的特征值, 且最多只有 n 个不同的特征值.

线性算子的谱和带参数的算子方程的可解性有着非常密切的联系, 早在 1903 年, Fredholm 就研究了线性积分方程, 提出了某些含紧线性算子的可解性理论, 下面将主要讨论含紧线性算子方程的可解性问题.

定理 6.2.12　设 $T : X \to X$ 为 Banach 空间 X 上的紧线性算子, $\lambda \neq 0$, 则方程 $Tx - \lambda x = y$ 有解 x 的充要条件为 y 对一切满足 $T^*f - \lambda f = 0$ 的 $f \in X^*$, 有 $f(y) = 0$. 这里 T^* 为 T 的共轭算子.

证明　设 $Tx - \lambda x = y$ 有解 $x = x_0$, f 是 $T^*f - \lambda f = 0$ 的任一解, 则

$$f(y) = f(Tx_0 - \lambda x_0) = f(Tx_0) - \lambda f(x_0).$$

由共轭算子的定义可知

$$f(Tx_0) = (T^*f)(x_0),$$

因此

$$f(y) = f(Tx_0) - \lambda f(x_0) = (T^*f)(x_0) - \lambda f(x_0) = 0.$$

反之, 设 $Tx - \lambda x = y$ 中的 y 满足定理中条件, 即对满足 $T^*f - \lambda f = 0$ 的所有 $f \in X^*$, 都有 $f(y) = 0$, 则 $Tx - \lambda x = y$ 必有解. 不然的话, 则没有 x 使 $y = Tx - \lambda x = T_\lambda x$, 因此 $y \notin T_\lambda(X)$. 由于 $T_\lambda(X)$ 是闭的, 因此存在 $g \in X^*$, 使 $g(y) > 0$, 且 $g(z) = 0$ 对任意 $z \in T_\lambda(X)$ 成立.

因为 $z \in T_\lambda(X)$, 于是存在某个 $x \in X$, 使 $z = T_\lambda x$, 故

$$0 = g(T_\lambda x) = g(Tx) - \lambda g(x) = (T^*g)(x) - \lambda g(x).$$

由 $z \in T_\lambda(X)$ 是任意的可知

$$(T^*g)(x) - \lambda g(x) = 0$$

对每个 $x \in X$ 成立, 因而 g 是 $T^*f - \lambda f = 0$ 的解, 故由假设可知 $g(y) = 0$, 但这与 $g(y) > 0$ 矛盾, 所以定理得证.

推论 6.2.2　设 $T : X \to X$ 是 Banach 空间 X 上的紧线性算子, $\lambda \neq 0$, 若 $T^*f - \lambda f = 0$ 仅有平凡解 $f = 0$, 则方程 $Tx - \lambda x = y$ 对任意 $y \in X$ 都有解.

推论 6.2.3 设 X 为有限维 Banach 空间, $T \in L(X,X)$, 若 $\lambda \neq 0$ 不是 T^* 的特征值, 则方程 $Tx - \lambda x = y$ 对任意 $y \in X$ 都有解.

定理 6.2.13 设 X 为 Banach 空间, 若 $T: X \to X$ 为紧线性算子, $\lambda \neq 0$, 则存在 $c > 0$('它与 $Tx - \lambda x = y$ 中的 y 无关), 使对每个使 $Tx - \lambda x = y$ 有解的 y, 在 $Tx - \lambda x = y$ 的解中至少有一个 $\bar{x}$, 使得 $\|\bar{x}\| \leqslant c\|y\|$.

证明 设 x_0 是方程 $Tx - \lambda x = y$ 的一个解, 若 x 是方程的另一解, 则 $z = x - x_0$ 是方程 $Tx - \lambda x = 0$ 的解, 因此 $Tx - \lambda x = y$ 的每一个解都可以表示成 $x = x_0 + z$, 这里 $z \in N(T_\lambda)$.

反之, 对每个 $z \in N(T_\lambda)$, $x_0 + z$ 是 $Tx - \lambda x = y$ 的一个解, 对于固定的 x_0, 令

$$k = \inf_{z \in N(T_\lambda)} \|x_0 + z\|,$$

则存在 $\{z_n\} \subset N(T_\lambda)$, 使

$$\|x_0 + z_n\| \to k \quad (n \to \infty),$$

故由

$$\|z_n\| = \|(x_0 + z_n) - x_0\| \leqslant \|x_0 + z_n\| + \|x_0\| \to k + \|x_0\|$$

可知 $\{z_n\}$ 是有界序列.

因为 T 是紧算子, 故 $\{Tz_n\}$ 有收敛子序列, 但 $z_n \in N(T_\lambda)$, 因此 $Tz_n = \lambda z_n$, 因而 $\{z_n\}$ 有收敛子列 $z_{n_k} \to z_0$. 由于 $N(T_\lambda)$ 是闭的, 故 $z_0 \in N(T_\lambda)$, 又因为 $\|x_0 + z_{n_k}\| \to \|x_0 + z_0\|$, 因此令 $\bar{x} = x_0 + z_0$, 则 $\bar{x}$ 是 $Tx - \lambda x = y$ 的解, 且范数

$$\|\bar{x}\| = \inf_{z \in N(T_\lambda)} \|x_0 + z\|.$$

现在已证明了若 $Tx - \lambda x = y$ 对 y 有解, 则在这些解中有一个范数最小的解 $\bar{x}$, 下面将证明存在一个 $c > 0$(不依赖于 y) 使 $\|\bar{x}\| \leqslant c\|y\|$, 这里 $\bar{x}$ 是使 $Tx - \lambda x = y$ 可解的任一 y 的最小范数解.

假设上面结论不成立, 则存在一个序列 $\{y_n\}$, 使得

$$\frac{\|\bar{x}_n\|}{\|y_n\|} \to \infty \quad (n \to \infty),$$

这里 $\bar{x}_n$ 是最小范数的解, 且 $y_n = T_\lambda \bar{x}_n$. 不失一般性, 不妨设 $\|\bar{x}_n\| = 1$, 由 $\frac{\|\bar{x}_n\|}{\|y_n\|} \to \infty$ 可知 $\|y_n\| \to 0$. 由于 T 是紧算子且 $\{\bar{x}_n\}$ 是有界的, 因此 $\{T\bar{x}_n\}$ 有收敛子列 $T\bar{x}_{n_i} \to \lambda \bar{x}_0$. 因为 $y_{n_i} = T_\lambda \bar{x}_{n_i} = T\bar{x}_{n_i} - \lambda \bar{x}_{n_i}$, 于是 $\lambda \bar{x}_{n_i} = T\bar{x}_{n_i} - y_{n_i}$, 故

$$\bar{x}_{n_i} = \frac{1}{\lambda}(T\bar{x}_{n_i} - y_{n_i}) \to \bar{x}_0.$$

因 T 是连续的, 故 $T\overline{x}_{n_i} \to T\overline{x}_0$, 因此 $T\overline{x}_0 = \lambda\overline{x}_0$, 因为 $T_\lambda\overline{x}_n = y_n$, 因而对 $x = \overline{x}_n - \overline{x}_0$ 有 $T_\lambda x = y_n$. 由于 $\overline{x}_n$ 是最小范数的解, 故 $\|x\| = \|\overline{x}_n - \overline{x}_0\| \geqslant \|\overline{x}_n\| = 1$, 但这与 $\overline{x}_{n_i} \to \overline{x}_0$ 矛盾, 这一矛盾说明

$$c = \sup_{y \in T_\lambda(X)} \frac{\|\overline{x}\|}{\|y\|} < \infty,$$

所以 $\|\overline{x}\| \leqslant c\|y\|$, 这里 $y = T_\lambda(\overline{x})$.

定理 6.2.14   设 X 是 Banach 空间, 若 $T : X \to X$ 是紧线性算子, $\lambda \neq 0$, 则 $T^*f - \lambda f = g$ 有解的充要条件是 g 对所有满足 $Tx - \lambda x = 0$ 的 $x \in X$, 有 $g(x) = 0$.

证明   若 $T^*f - \lambda f = g$ 有解, 并且 $Tx - \lambda x = 0$, 则

$$g(x) = (T^*f)(x) - \lambda f(x) = f(Tx - \lambda x) = f(0) = 0.$$

反之, 若对于 $Tx - \lambda x = 0$ 的每一个解 x, 有 $g(x) = 0$, 对于任意 $x \in X$, 令 $y = T_\lambda x$, 则 $y \in T_\lambda(X)$, 在 $T_\lambda(X)$ 上定义泛函 f_0 为

$$f_0(y) = f_0(T_\lambda x) = g(x).$$

实际上, 若 $T_\lambda x_1 = T_\lambda x_2$, 则 $T_\lambda(x_1 - x_2) = 0$, 故 $x_1 - x_2$ 是 $Tx - \lambda x = 0$ 的解, 因而 $g(x_1 - x_2) = 0$, 即 $g(x_1) = g(x_2)$, 所以 f_0 的定义是合理的.

由于 T_λ 和 g 都是线性的, 因此 f_0 是线性的. 由上面定理可知对每个 $y \in T_\lambda(X)$, 至少有一个 x 满足 $\|x\| \leqslant c\|y\|$. 这里 $y = T_\lambda x$, 且 c 不依赖于 y.

因为 $|f_0(y)| = |g(x)| \leqslant \|g\| \cdot \|x\| \leqslant c\|g\| \cdot \|y\|$, 于是 f_0 是有界线性泛函.

由 Hahn-Banach 保范延拓定理, f_0 可以延拓为 X 上的有界线性泛函 f.

$$f(Tx - \lambda x) = f(T_\lambda x) = f_0(T_\lambda x) = g(x),$$

故对一切 $x \in X$, 有

$$(T^*f)(x) - \lambda f(x) = f(Tx) - \lambda f(x) = f(Tx - \lambda x) = g(x),$$

因而 f 是 $T^*f - \lambda f = g$ 的解. 所以, 定理得证.

推论 6.2.4   设 X 为 Banach 空间, 若 $T : X \to X$ 是紧线性算子, $\lambda \neq 0$, 且 $Tx - \lambda x = 0$ 仅有平凡解 $x = 0$, 则对任意 $g \in X^*$, 方程 $T^*f - \lambda f = g$ 有解.

推论 6.2.5   设 X 为有限维 Banach 空间, $T \in L(X, X)$, 若 $\lambda \neq 0$ 不是 T 的特征值, 则对任意 $g \in X^*$, 方程 $T^*f - \lambda f = g$ 都有解.

6.3   Hilbert 空间上线性算子的谱理论

由于 Hilbert 空间上的线性算子在应用中特别重要, 因此其谱理论已得到了很好的发展. 下面将讨论自共轭算子的谱性质, 自共轭算子的谱都是实的, 并且位于

区间 $[m, M]$ 中, 这里 m 和 M 分别是 (Tx, x) 在一切范数为 1 的 x 的所取得的下确界和上确界, 并且不同特征值所对应的特征元是相互正交的.

定理 6.3.1 设 H 是复 Hilbert 空间, 若 $T : H \to H$ 是自共轭算子, 则

(1) T 的所有特征值 (如果存在的话) 都是实数;

(2) T 的不同特征值对应的特征元是正交的.

证明 (1) 设 λ 是 T 的特征值, 则存在 $x \in H$, $x \neq 0$, 使 $Tx = \lambda x$, 故

$$\lambda(x, x) = (\lambda x, x) = (Tx, x)$$
$$= (x, Tx) = (x, \lambda x) = \overline{\lambda}(x, x).$$

由于 $(x, x) = \|x\|^2$, 因此 $\lambda = \overline{\lambda}$, 所以 λ 一定是实数.

(2) 设 λ, μ 是 T 的特征值, 则存在 $x, y \in H$, $x \neq 0$, $y \neq 0$, 使 $Tx = \lambda x$ 和 $Ty = \mu y$, 故

$$\lambda(x, y) = (\lambda x, y) = (Tx, y)$$
$$= (x, Ty) = (x, \mu y) = \mu(x, y).$$

由于 $\lambda \neq \mu$, 因此 $(x, y) = 0$, 所以 x 与 y 正交.

定理 6.3.2 设 H 是复 Hilbert 空间, 若 $T : H \to H$ 为有界自共轭算子, 则 λ 为 T 的正则值的充要条件为存在常数 $c > 0$, 使得对任意 $x \in H$, 有

$$\|T_\lambda x\| \geqslant c\|x\|.$$

证明 若 $\lambda \in \rho(T)$, 则 $R_\lambda = T_\lambda^{-1} : H \to H$ 存在且有界. 由于 $R_\lambda \neq 0$, 因此 $k = \|R_\lambda\| > 0$, 又因为 $R_\lambda T_\lambda = I$, 故对任意 $x \in H$, 有

$$\|x\| = \|R_\lambda T_\lambda x\| \leqslant \|R_\lambda\| \cdot \|T_\lambda x\| = k\|T_\lambda x\|,$$

因而有 $c = \dfrac{1}{k} > 0$, 使

$$\|T_\lambda x\| \geqslant c\|x\|.$$

反之, 假设存在 $c > 0$, 使 $\|T_\lambda x\| \geqslant c\|x\|$ 对任意 $x \in H$ 成立. 若 $x_1, x_2 \in H$, $T_\lambda x_1 = T_\lambda x_2$, 则

$$0 = \|T_\lambda x_1 - T_\lambda x_2\| = \|T_\lambda(x_1 - x_2)\| \geqslant c\|x_1 - x_2\|,$$

故 $\|x_1 - x_2\| = 0$, 即 $x_1 = x_2$, 因而 $T_\lambda : H \to H$ 是双射.

若 $x_0 \perp \overline{T_\lambda(H)}$, 则 $x_0 \perp T_\lambda(H)$, 故对任意 $x \in H$, 有

$$0 = (T_\lambda x, x_0) = (Tx, x_0) - \lambda(x, x_0),$$

因此 $(Tx,x_0)=\lambda(x,x_0)$, 故 $(x,Tx_0)=(Tx,x_0)=(x,\overline{\lambda}x_0)$, 于是 $Tx_0=\overline{\lambda}x_0$, 因而 $x_0=0$(实际上, 若 $x_0\neq 0,Tx_0=\overline{\lambda}x_0$, 则 $\overline{\lambda}$ 是 T 的特征值, 因此 $\overline{\lambda}=\lambda$ 且 $Tx_0-\lambda x_0=T_\lambda x_0=0$, 故 $0=||T_\lambda x_0||\geqslant c||x_0||>0$, 矛盾). 所以, 如果 $x_0\perp\overline{T_\lambda(H)}$, 则必有 $x_0=0$, 因而 $\overline{T_\lambda(H)}=H$, 即 $T_\lambda H$ 在 H 中稠密.

设 $y\in\overline{T_\lambda(H)}$, 则有 $\{y_n\}\subset T_\lambda H$, 使 $y_n\to y$, 由于 $y_n\in T_\lambda(H)$, 因此有 $x_n\in H$, 使得 $y_n=T_\lambda x_n$, 故

$$||x_n-x_m||\leqslant\frac{1}{c}||T_\lambda(x_n-x_m)||=\frac{1}{c}||y_n-y_m||.$$

因为 $\{y_n\}$ 是 Cauchy 列, 故 $\{x_n\}$ 也是 Cauchy 列, 由于 H 是 Hilbert 空间, 因此 $x_n\to x$, 故 $y_n=T_\lambda x_n\to T_\lambda x$, 于是 $T_\lambda x=y$, 且 $T_\lambda x\in T_\lambda(H)$, 从而 $y\in T_\lambda(H)$, 即 $T_\lambda(H)$ 是闭的.

由前面的证明, 有

(1) T_λ 是双射;

(2) $T_\lambda(H)$ 在 H 中稠密;

(3) $T_\lambda(H)$ 在 H 中闭.

因此 $T_\lambda(H)=H$, 故由逆算子定理可知 $R_\lambda=T_\lambda^{-1}$ 是有界算子, 所以 $\lambda\in\rho(T)$.

由上面定理, 还可以得到有界自共轭算子的谱都是实的这一漂亮的结果.

定理 6.3.3　设 H 是复 Hilbert 空间, 若 $T:H\to H$ 是有界自共轭算子, 则 T 的谱 $\sigma(T)$ 是实的.

证明　设 $\lambda=a+\mathrm{i}\beta,\beta\neq 0$, 则由于 T 是自共轭算子, 因此对任意 $x\in H$, 有

$$(x,T_\lambda x)-(T_\lambda x,x)=(\lambda-\overline{\lambda})(x,x)=2\beta\mathrm{i}||x||^2,$$

因而

$$2|\beta|\,||x||^2\leqslant|(x,T_\lambda x)|+|(T_\lambda x,x)|\leqslant 2||x||\cdot||T_\lambda x||,$$

故对任意 $x\in H$, 有 $||T_\lambda x||\geqslant|\beta|\cdot||x||$, 由上面定理 6.3.2 可知 $\lambda\in\rho(T)$, 因而当 $\lambda\in\sigma(T)$ 时, 必有 $\beta=0$, 所以 $\sigma(T)\subset R$.

定理 6.3.4　设 H 是复 Hilbert 空间, 若 $T:H\to H$ 是有界自共轭算子, 则 $\sigma(T)\subset[m,M]$, 这里 $m=\inf\limits_{||x||=1}(Tx,x),M=\sup\limits_{||x||=1}(Tx,x)$.

证明　对任意 $\lambda>M$, 有 $c=\lambda-M>0$, 而对每个 $x\neq 0,x\in H$, 有

$$(T_\lambda x,x)=(Tx,x)-\lambda(x,x)\leqslant M||x||^2-\lambda||x||^2=-c||x||^2,$$

因此

$$||T_\lambda x||\cdot||x||\geqslant-(T_\lambda x,x)\geqslant c||x||^2,$$

故 $||T_\lambda x|| \geqslant c\,||x||$, 因此由前面定理 6.3.2 可知 $\lambda \in \rho(T)$.

类似地, 当 $\lambda < m$ 时, 有 $\lambda \in \rho(T)$, 所以 $\sigma(T) \subset [m, M]$.

上面定理中的 m 和 M 与 $||T||$ 有着密切的联系.

定理 6.3.5 设 H 是复 Hilbert 空间, 若 $T: H \to H$ 是有界自共轭算子, 则

$$||T|| = \max\{|m|, |M|\} = \sup_{||x||=1} |(Tx, x)|.$$

证明 由 $\sup\limits_{||x||=1} |(Tx, x)| \leqslant \sup\limits_{||x||=1} ||Tx|| \cdot ||x|| = ||T||$ 可知 $\sup\limits_{||x||=1} |(Tx, x)| \leqslant ||T||$.

另一方面, 对任意 $y \in H, y \neq 0$, 有

$$(Ty, y) \leqslant |(Ty, y)| = \left| \left(T \frac{y}{||y||}, \frac{y}{||y||} \right) \right| \cdot ||y||^2 \leqslant \sup_{||x||=1} |(Tx, x)| \cdot ||y||^2.$$

取 $z \in H$, 使 $Tz \neq 0$, 令

$$\lambda = \left(\frac{||Tz||}{||z||} \right)^{\frac{1}{2}}, \quad u = \frac{1}{\lambda} Tz,$$

则

$$\begin{aligned}
||Tz||^2 &= (Tz, Tz) = (T\lambda z, u) \\
&= \frac{1}{4} \{ (T(\lambda z + u), \lambda z + u) - (T(\lambda z - u), \lambda z - u) \} \\
&\leqslant \frac{1}{4} \sup_{||x||=1} |(Tx, x)| \cdot \{ ||\lambda z + u||^2 + ||\lambda z - u||^2 \} \\
&= \frac{1}{2} \sup_{||x||=1} |(Tx, x)| \cdot \{ ||\lambda z||^2 + ||u||^2 \} \\
&= \sup_{||x||=1} |(Tx, x)| \cdot ||Tz|| \cdot ||z||,
\end{aligned}$$

故

$$||Tz|| \leqslant \sup_{||x||=1} |(Tx, x)| \cdot ||z||,$$

因此

$$||T|| \leqslant \sup_{||x||=1} |(Tx, x)|,$$

所以

$$||T|| = \sup_{||x||=1} |(Tx, x)| = \max\{|m|, |M|\}.$$

定理 6.3.6 设 H 是复 Hilbert 空间, 若 $T: H \to H$ 是有界自共轭算子, 则 $m, M \in \sigma(T)$, 这里 $m = \inf\limits_{||x||=1} |(Tx, x)|$, $M = \sup\limits_{||x||=1} |(Tx, x)|$.

证明 不妨设 $0 \leqslant m \leqslant M$, 由于

$$||T|| = \sup_{||x||=1} |(Tx, x)| = M,$$

因此, 存在 $\{x_n\}$, 使

$$||x_n|| = 1, \quad (Tx_n, x_n) > M - \frac{1}{n},$$

从而

$$||Tx_n|| \leqslant ||T|| \cdot ||x_n|| = ||T|| = M.$$

又因为 T 是自共轭算子, 于是

$$
\begin{aligned}
||Tx_n - Mx_n||^2 &= (Tx_n - Mx_n, Tx_n - Mx_n) \\
&= ||Tx_n||^2 - 2M(Tx_n, x_n) + M^2||x_n||^2 \\
&\leqslant M^2 - 2M\left(M - \frac{1}{n}\right) + M^2 \\
&= 2M \cdot \frac{1}{n} \to 0,
\end{aligned}
$$

因此不存在 $c > 0$, 使

$$||T_M x_n|| = ||Tx_n - Mx_n|| \geqslant c||x_n|| = c > 0,$$

所以 $M \in \sigma(T)$.

类似地, 可以证明 $\lambda = m$ 时, 有 $m \in \sigma(T)$. 因此, $m, M \in \sigma(T)$.

习　题　六

6.1. 设 X 是 Banach 空间, I 为 X 到 X 的恒等映射, 试求 I 的特征值和特征向量空间.

6.2. 设 X 是 Hilbert 空间, T 为 X 到 X 的线性有界算子, 试证明 T 有特征值 λ 使得 $\lambda = ||T||$ 的充要条件为存在 $x \in X$, $||x|| = 1$, $|(Tx, x)| = ||T||$.

6.3. 设 E 是 Banach 空间 X 的子空间, T 是 X 到 X 的线性算子, 若 $T(E) = E$, 则称 E 为 T 的不变子空间, 试证明对于 T 的特征值 λ, λ 的特征向量空间 X_λ 是 T 的不变子空间.

6.4. 设 $l_2 = \left\{ (x_i) \Big| \sum_{i=1}^{\infty} |x_i|^2 < \infty \right\}$, T_n 为 l_2 到 l_2 的线性有界算子, $T_n x = (x_1, x_2, \cdots, x_n, 0, 0, \cdots)$, 试证明 T_n 是紧算子, 并且 T_n 强收敛到恒等算子 I, 但 I 不是紧算子.

6.5. 设 X 是 Banach 空间, T 是 X 到 X 的线性算子, 试证明 $N(T) = \{x \,|\, Tx = 0\}$ 和 $T(X)$ 都是 T 的不变子空间.

6.6. 设 X 是复 Hilbert 空间, T 为 X 到 X 的线性有界算子, T^* 为 T 的伴随算子, 试证明 $\sigma(T^*) = \{\overline{\lambda} \mid \lambda \in \sigma(T)\}$.

6.7. 设 X 为 Banach 空间, T 为 X 到 X 的线性有界算子, 试证明 $\lim\limits_{|\lambda| \to \infty} \|R_\lambda(T)\| = 0$.

6.8. 设 X 是复 Hilbert 空间, T 为 X 到 X 的正规算子, 试证明对应于不同特征值的特征向量是相互正交的.

6.9. 若 X 是 Banach 空间, $T \in L(X, X)$, 则 $r_\sigma(T) = \lim\limits_{n \to \infty} \|T^n\|^{\frac{1}{n}}$. 试证明 $T_1, T_2 \in L(X, X)$ 且 $T_1 T_2 = T_2 T_1$ 时, 有 $r_\sigma(T_1 T_2) \leqslant r_\sigma(T_1) \cdot r_\sigma(T_2)$.

6.10. 设 X 是复 Hilbert 空间, T 为 X 到 X 的正规算子, 若 $\sigma(T) = \{0\}$, 试证明 $T = 0$.

6.11. 设 X 为 Banach 空间, $T_1, T_2 \in L(X, X)$, 试证明对于任意 $\lambda \in \rho(T_1) \bigcap \rho(T_2)$, 有

$$R_\lambda(T_1) - R_\lambda(T_2) = R_\lambda(T_1)(T_2 - T_1)R_\lambda(T_2).$$

6.12. 设 X 为 Banach 空间, $x_0 \in X, f \in X^*$, 试证明 $Tx = f(x)x_0$ 是 X 到 X 的紧线性算子.

6.13. 设 X 为 Banach 空间, T 为 X 到 X 的紧线性算子, 试证明 T 的共轭算子 T^* 是紧算子.

6.14. 设 X 是复 Hilbert 空间, $T \in L(X, X)$ 是自共轭算子, $S \in L(X, X)$, 试证明 $S^* T S$ 是自共轭算子.

6.15. 设 M 是复 Hilbert 空间 X 的闭子空间, P_M 为 X 到 M 的投影算子, 证明 $\sigma(P_M)$ 是实的.

6.16. 设 X 是复 Hilbert 空间, $T \in L(X, X)$ 且对任意 $x \in X, (Tx, x)$ 都是实数, 试证明 T 的所有特征值都是实数.

6.17. 设 X 是复 Hilbert 空间, M 为 X 的闭子空间, $M \neq \{0\}$, 且 P_M 为投影算子, 试证明 $1 \in \sigma(P_M)$.

6.18. 设 M 是 Hilbert 空间 X 的闭子空间, 且 $M \neq \{0\}$, P_M 为 X 到 M 上的投影算子, 试证明 $r_\sigma(P_M) \leqslant 1$.

6.19. 设 X 是复 Hilbert 空间, $T \in L(X, X)$ 为紧线性算子, $S \in L(X, X)$, 试证明 TS 和 ST 都是紧线性算子.

6.20. 设 X 是无穷维的复 Hilbert 空间, $T \in L(X, X)$ 为紧线性算子, 试证明 T 不可能有有界逆算子.

6.21. 设 X 是复 Hilbert 空间, $T \in L(X, X)$ 为紧线性算子, 试证明对任意正整数 $n, N(T_\lambda^n)$ 是有限维的.

6.22. 设 X 是复 Hilbert 空间, $T \in L(X, X), |\lambda| > \|T\|$, 试证明

$$\frac{1}{|\lambda| + \|T\|} \leqslant \|(T - \lambda I)^{-1}\| \leqslant \frac{1}{|\lambda| - \|T\|}.$$

Krein(克赖因)

1907 年，Mark Grigorievich Krein 生于乌克兰基辅的犹太家庭，早年就已经显示数学才能，他 14 岁就参加了在 Kiev 的数学讨论班．不过他没有完成他的大学学习，因为他在 1924 年离开家去了 Odessa，虽然他大学没毕业，Odessa 大学的数学家 Nikolai Chebotaryov 还是看出他很有才华，并在 1926 年将他收为研究生，Chebotaryov 在 1928 年离开 Odessa，并成为 Kazan 大学的教授．Krein 于 1929 年在 Odess 毕业，并在 Odessa 大学留

Mark Krein(1907—1989)

校任教，1934 年升为教授．1941 年到 1944 年任古比雪夫工业学院 (Kuibyshev Industrial Institute) 理论力学教授．1944 年回到 Odessa，但很快被大学解聘，只兼任基辅乌克兰科学院数学研究所的泛函分析及代数研究室室主任，1952 年被解聘．1944 年到 1954 年任 Odessa 海洋工程学院理论力学教授．1954 年起任 Odessa 市政工程学院 (Odessa Civil Engineering Institute) 理论力学教授，晚年兼任乌克兰科学院物理化学研究所顾问．Krein 主要研究泛函分析．Krein 的主要研究为 Banach 空间几何、矩量问题、算子理论、核函数、算子扩张理论、积分方程理论、散射理论、泛函分析的应用等．Krein 在具有半序结构的线性空间和与凸集理论以及线性非自伴算子理论等方面的工作尤为著名．

David Milman, Mark Naimark, Izrail Glazman, Moshe Livshits 等著名数学家都是 Krein 的学生．

Krein 是美国科学院国外院士 (1979)，他得到过很多的荣誉，1982 年获得 Wolf 奖．

泛函分析中以他的名字命名的定理有 Krein-Rutman 定理和 Krein-Milman 定理，后者就是几乎每本泛函分析教科书都有的定理：在局部凸线性空间中 X，任意紧凸集 C 都是它的端点的闭凸包．

第 6 章学习指导

本章重点

1. Banach 空间上紧算子的谱理论．

2. Hilbert 空间上有界线性算子的谱理论.

基本要求

1. 理解特征值、特征向量和谱的定义.

2. 熟练掌握紧线性算子的性质.

3. 熟练掌握自共轭算子的性质.

释疑解难

1. Banach 空间的特征值和特征向量是线性代数中特征值和特征向量的推广. 在线性代数中, 考虑的都是有限维线性空间的线性变换, 但 Banach 空间不一定是有限维的.

2. 设 X 为复 Banach 空间, 线性算子 $T : D(T) \subset X \to X$, 对于 $T - \lambda I$, 有下面几种情形:

(1) $(T - \lambda I)^{-1}$ 不存在, 则 λ 是 T 的特征值.

(2) $(T - \lambda I)^{-1}$ 存在, $T - \lambda I$ 的值域是 X, 并且 $(T - \lambda I)^{-1}$ 连续, 则 λ 是 T 的正则点.

(3) $(T - \lambda I)^{-1}$ 存在, $T - \lambda I$ 的值域不是 X, 但 $T - \lambda I$ 的值域的闭包等于 X, 则称 λ 是 T 的连续谱.

(4) $(T - \lambda I)^{-1}$ 存在, $T - \lambda I$ 的值域的闭包不等于 X, 则称 λ 是 T 的剩余谱.

3. 在正则点的定义中, 算子 $T - \lambda I$ 的值域 $R(T - \lambda I) = (T - \lambda I)D(T)$ 在 X 中稠密与值域 $R(T - \lambda I) = (T - \lambda I)D(T) = X$ 在什么条件下是一样的?

如果 X 是 Banach 空间, X 到 X 的线性算子 T 是闭算子, $(\lambda I - T)^{-1}$ 存在并且连续, 则值域 $R(T - \lambda I) = (T - \lambda I)D(T)$ 是闭集, 因此它在 X 中稠密与值域 $R(T - \lambda I) = (T - \lambda I)D(T) = X$ 是一样的. 实际上, 若 $(T - \lambda I)^{-1}$ 存在并且连续, 则存在常数 $c > 0$, 使得 $\|(T - \lambda I)x\| \geqslant c\|x\|$ 对任意 $x \in D(T)$ 成立.

若 $y \in X$, 有 $x_n \in X$, 使得 $(T - \lambda I)x_n \to y$, 则 $\|x_m - x_n\| \leqslant c^{-1}\|(T - \lambda I)(x_m - x_n)\| \to 0$, 因此存在 $x \in X$, 使得 $x_n \to x$, 由于 $\lambda I - T$ 是闭算子, 并且 $(T - \lambda I)x_n \to y$, 因此 $y = (T - \lambda I)x$, 所以值域 $R(T - \lambda I) = (T - \lambda I)D(T)$ 是闭集, 因此值域 $R(T - \lambda I) = (T - \lambda I)D(T) = X$.

应该注意到在定义正则点时, 算子 T 不一定是连续的. 若 $D(T) = X$, 即 T 是 Banach 空间 X 到 X 的线性连续算子, 则 T 是闭算子, 因此由上面结论可知, 如果存在常数 $c > 0$, 使得 $\|(T - \lambda I)x\| \geqslant c\|x\|$ 对任意 $x \in X$ 成立, 那么值域 $R(T - \lambda I) = (T - \lambda I)X = X$.

4. 若 X 是 Banach 空间, T 是 X 到 Y 的线性连续算子, 则 $R(T)$ 一定是闭子空间吗?

不一定. 容易证明 T 是 X 到 Y 的线性连续算子时, $R(T)$ 一定是子空间. 但对于 $T: l_2 \to l_2, T(x_1, x_2, x_3, \cdots) = (x_1, \dfrac{x_2}{2}, \dfrac{x_3}{3}, \cdots)$, 则 $y_n = (1, \dfrac{1}{2}, \dfrac{3}{3}, \cdots, \dfrac{1}{n}, 0, \cdots) \in R(T)$, 但 $y = (1, \dfrac{1}{2}, \dfrac{3}{3}, \cdots, \dfrac{1}{n}, \dfrac{1}{n+1}, \cdots) \notin R(T)$, 所以 $R(T)$ 不是闭集.

5. 设 X 为复 Banach 空间, $T: D(T) \subset X \to X$, 由于 T 是线性算子, 因此 $D(T)$ 都是指 X 的线性子空间. 为了简明, 很多线性算子 X, 直接假设 $D(T) = X$.

6. 设 X 为复 Banach 空间, 有界线性算子 $T: X \to X$, 若 $(T - \lambda I)^{-1}$ 存在, 并且 $(T - \lambda I)X = X$, 则由逆算子定理可知 $(T - \lambda I)^{-1}$ 连续, 因此 λ 是 T 的正则点.

7. 若 X 为有限维复 Banach 空间, 则对于任意复数 λ, 有

λ 是 T 的特征值. 或者 $(T - \lambda I)^{-1}$ 存在, 并且连续.

8. 设 T 是复 Banach 空间 X 到 X 的线性有界算子, 则 T 的谱半径 $r_\sigma(T)$ 就是复平面上以原点为中心包含 $\sigma(T)$ 的最小闭圆的半径. 故当 $|\lambda| > r_\sigma(T)$ 时, λ 一定是 T 的正则点, 但 $|\lambda| \leqslant r_\sigma(T)$ 时, λ 就不一定属于 $\sigma(T)$.

9. 紧线性算子与连续线性算子有何关系?

Banach 空间 X 到 Banach 空间 Y 的紧线性算子一定是连续的. 但连续线性算子不一定是紧算子, 例如 X 是无穷维 Banach 空间, T 是 X 到 X 的恒等算子时, T 是连续的, 但不难证明 T 不是紧算子.

10. 紧算子一定是连续算子吗?

不一定. 如果紧算子不是线性的, 则 T 不一定是连续的. 例如, 在 $R = (-\infty, +\infty)$ 上, 当 x 为有理数时, 取 Tx 为 0; 当 x 为无理数时, 取 Tx 为 1, 则不难验证 T 是紧算子, 但明显地, T 不是连续的.

11. 若 T_n 是 Banach 空间 X 到 Banach 空间 Y 的紧线性算子, 并且 $\|T_n - T\| \to 0$, 则 T 一定是紧线性算子. 但若 T_n 强收敛于 T, 则 T 不一定是紧线性算子.

12. 紧线性算子的共轭算子也是紧线性算子吗?

是的.

13. 若 T^2 是紧线性算子, 则 T 是紧算子吗?

容易证明若 T 是紧线性算子, 则 T^2 是紧算子. 但 T^2 是紧线性算子, 则 T 不一定是紧算子.

实际上, 定义 $T: l_2 \to l_2$, 对任意 $x = (x_i) \in l_2$, $Tx = (0, x_1, 0, x_3, 0, x_5, \cdots)$, 则 T^2 是 0 算子, 因此 T^2 是紧线性算子, 但不难验证 T 不是紧线性算子.

14. 若线性算子 T 将弱收敛序列都映成强收敛序列, 则 T 是紧算子吗?

若线性算子 T 是紧算子, 则 T 是将弱收敛序列都映成强收敛序列. 但反过来就不一定成立. 实际上, 定义 $T: l_1 \to l_1$ 为恒等算子 $Tx = x$, 则线性算子 T 将弱收敛序列都映成强收敛序列, 但 T 不是紧算子.

解题技巧

1. 求算子的特征值和特征向量.

2. 求算子的谱和谱半径.

3. 证明具体算子 T 是紧线性算子.

(1) 一般来说, 检查 T 的值域是否有限维是很有用的方法.

(2) 可以构造紧线性算子 T_n, 使得 $\|T_n - T\| \to 0$, 则 T 是紧线性算子.

第7章　凸性与光滑性

在数学的领域中, 提出问题的艺术比解答问题的艺术更为重要.

Cantor (1845—1918, 德国数学家)

1936 年, Clarkson 在研究向量测度的 Radon-Nikodym 定理时, 引入了一致凸 Banach 空间的概念, 并证明取值于一致凸 Banach 空间的向量测度的 Radon-Nikodym 定理成立, 从而开创了从 Banach 空间单位球的几何结构来研究 Banach 空间性质的方法. 随后, 人们发现许多古典分析的定理只能在这些空间中成立, 并且凸性具有非常鲜明的几何直观意义, 因此凸性的研究吸引了无数的数学家. Milman(1958) 和 Pettis(1939) 分别独立地证明了一致凸 Banach 空间是自反的. Clarksom 和 Gkrein 独立地引进了严格凸 Banach 空间. 为了研究一致凸空间和严格凸空间之间的 Banach 空间的性质, 也为了对 Banach 空间进行凸性分类, 人们对一致凸 Banach 空间作了许多推广, 如局部一致凸和中点局部一致凸等, 并详细地讨论了各种凸性和它们在最佳逼近及不动点理论的应用. 光滑性一方面作为凸性的对偶性质而提出, 另一方面, 它与范数作为一种特殊的凸函数的各种可微性有着密切的联系, 因此得到了深入的研究. 经过几十年的发展, 凸性理论已经发展成为 Banach 空间理论的主要内容之一.

7.1　严格凸与光滑

定义 7.1.1　赋范空间 X 称为严格凸的, 若对任意 $x,y \in X, ||x|| = 1, ||y|| = 1, x \neq y$, 都有

$$\left\|\frac{x+y}{2}\right\| < 1.$$

定义 7.1.2　设 M 为线性空间 X 的凸子集, $x \in M$, 若不存在 $y, z \in M$, 使得 $x = \frac{y+z}{2}$, 则称 x 为 M 的端点.

不难证明, c_0 的闭单位球没有任何的端点.

定理 7.1.1　赋范空间 X 是严格凸的充要条件是任意 $x \in S_X$ 都是闭单位球 B_X 的端点.

定义 7.1.3　赋范空间 X 称为光滑的, 若对任意 $x \in X, ||x|| = 1$, 存在唯一的 $f \in X^*, ||f|| = 1$, 满足 $f(x) = 1$.

容易看出, c_0 和 l_∞ 都不是严格凸空间, 也不是光滑的赋范空间, 但 R^n 和 l_2 是严格凸和光滑的 Banach 空间.

定理 7.1.2　Hilbert 空间 X 是光滑的 Banach 空间.

证明　反证法. 假设存在 $x_0 \in X, ||x_0|| = 1$, 有 $f, g \in X^*, ||f|| = 1, ||g|| = 1, f \neq g$, 满足 $f(x_0) = 1, g(x_0) = 1$. 由 Riesz 表示定理, 有 $y, z \in X, ||y|| = 1, ||z|| = 1$, 使得

$$f(x) = (x, y), \quad g(x) = (x, z) \text{ 对任意的 } x \in X \text{ 成立}.$$

且 $f \neq g$, 故 $||y - z|| > 0$. 由

$$||y + z||^2 + ||y - z||^2 = 2||y||^2 + 2||z||^2$$

可知

$$\begin{aligned} ||y + z||^2 &= 2||y||^2 + 2||z||^2 - ||y - z||^2 \\ &= 4 - ||y - z||^2 < 4, \end{aligned}$$

但 $||y + z|| \geqslant |(y + z, x_0)| = 2$ 与 $||y + z|| < 2$ 矛盾, 所以由反证法原理可知 Hilbert 空间是光滑的.

严格凸性和光滑性是共轭概念, 它们之间具有如下的对偶关系:

定理 7.1.3　若 X^* 是严格凸的 Banach 空间, 则 X 是光滑的.

证明　反证法. 假设 X 不是光滑的, 则存在 $x \in S_X$ 和 $f, g \in S_{X^*}, f \neq g$, 使 $f(x) = g(x) = 1$. 由 $|f(x) + g(x)| = 2$ 可知 $||f + g|| = 2$, 但这与 X^* 是严格凸矛盾. 所以, 由反证法原理可知 X 一定是光滑的.

定理 7.1.4　若 X^* 是光滑的 Banach 空间, 则 X 是严格凸的.

证明　反证法. 假设 X 不是严格凸的, 则存在 $x, y \in S_X, x \neq y$, 使得 $||x + y|| = 2$. 由 Hahn-Banach 定理可知, 存在 $f \in X^*, ||f|| = 1$, 满足

$$f\left(\frac{x + y}{2}\right) = 1,$$

因此 $f(x) = f(y) = 1$, 故 $Jx(f) = Jy(f) = 1$, 且 $Jx \in S_{X^{**}}, Jy \in S_{X^{**}}$, 但这与 X^* 是光滑的矛盾. 所以, 由反证法原理可知 X 一定是严格凸的.

严格凸性保证了最佳逼近元的唯一性. 如果 X 是严格凸的 Banach 空间, M 是 X 的有限维子空间, 则对任意 $x \in X$, 在 M 中存在唯一的最佳逼近元.

7.2　一致凸与一致光滑

1936 年, Clarkson 引入的一致凸空间是一类性质很好的赋范空间.

定义 7.2.1　赋范空间 X 称为一致凸的, 若对任意 $\varepsilon > 0$, 存在 $\delta > 0$, 使得 $x, y \in S_X, ||(x+y)/2|| > 1 - \delta$ 时, 有 $||x-y|| < \varepsilon$.

不难证明, 赋范空间 X 是一致凸的当且仅当对任意 $x_m, x_n \in S_X$, $\left|\left|\dfrac{x_m+x_n}{2}\right|\right| \to 1$ 时, 一定有 $||x_m - x_n|| \to 0$.

定义 7.2.2　赋范空间 X 称为一致光滑的, 若对任何 $\varepsilon > 0$, 存在 $\delta > 0$, 使得 $x \in S_X, 0 < ||y|| < \delta$ 时, 有

$$\frac{||x+y|| + ||x-y|| - 2}{||y||} < \varepsilon.$$

Milman (1938) 和 Pettis (1939) 独立地证明了 Milman-Pettis 定理. Kakutani (1939) 给出了不同的证明, Ringrose 在 1959 给出了很短的证明.

定理 7.2.1 (Milman-Pettis 定理)　若 Banach 空间 X 是一致凸的, 则 X 是自反的.

证明　对于任意 $f \in X^*, ||f|| = 1$, 存在 $x_n \in X, ||x_n|| = 1$, 使得 $f(x_n) \to ||f||$. 由 $f\left(\dfrac{x_m+x_n}{2}\right) \to 1 (m, n \to \infty)$, 可知 $\left|\left|\dfrac{x_m+x_n}{2}\right|\right| \to 1$, 故 $||x_m - x_n|| \to 0$. 因此 $\{x_n\}$ 是 Cauchy 列, 由于 X 完备, 从而存在 $x_0 \in X$, 使 $x_n \to x_0$. 由 $f(x_n) \to f(x_0)$ 可知 $f(x_0) = ||f|| = 1$, 所以, X 是自反 Banach 空间.

需要注意的是, 若 X 是一致凸的赋范空间, 则 X 不一定是自反的. 如 X 为所有只有有限个坐标不为 0 的序列全体, 在范数 $||x|| = \left(\sum\limits_{i=1}^{\infty} |x_i|^2\right)^{1/2}$ 下是一致凸的赋范空间, 但 X 不是自反的.

若 X 是光滑的赋范空间, 则对任意 $x \in S_X, A_x = \{f \in X^* | \ ||f|| = 1, f(x) = 1\}$ 为单点集, 如果将 A_x 推广到任意赋范空间 X 和任意 $y \in X$, 则 $A_y = \{f_y \in X^* | f_y(y) = ||y||^2, ||f_y|| = ||y||\}$ 不一定是单点集, 称 $f \in A_x$ 为 x 的支撑泛函. 为了以后证明方便, 不妨先证明下面的两个引理.

引理 7.2.1　若 X 是光滑的赋范空间, $x, y \in S_X, f_x \in A_x, f_{x+\lambda y} \in A_{x+\lambda y}$, 则

$$f_x(y) \leqslant \frac{||x+\lambda y|| - ||x||}{\lambda} \leqslant \frac{1}{||x+\lambda y||} f_{x+\lambda y}(y).$$

证明　由于 $||x|| = 1$, 因此

$$\begin{aligned} f_x(y) &= \frac{1}{\lambda} f_x(\lambda y) \\ &= \frac{f_x(x) + f_x(\lambda y) - ||x||}{\lambda} \\ &\leqslant \frac{||f_x|| \cdot ||x + \lambda y|| - ||x||}{\lambda} \end{aligned}$$

$$= \frac{||x + \lambda y|| - ||x||}{\lambda}.$$

由

$$\begin{aligned}
\frac{||x + \lambda y|| - ||x||}{\lambda} &= \frac{||x + \lambda y||^2 - ||x|| \cdot ||x + \lambda y||}{\lambda ||x + \lambda y||} \\
&\leqslant \frac{||x + \lambda y||^2 - |f_{x+\lambda y}(x)|}{\lambda ||x + \lambda y||} \\
&= \frac{f_{x+\lambda y}(x + \lambda y) - |f_{x+\lambda y}(x)|}{\lambda ||x + \lambda y||} \\
&= \frac{f_{x+\lambda y}(x) + f_{x+\lambda y}(\lambda y) - |f_{x+\lambda y}(x)|}{\lambda ||x + \lambda y||} \\
&\leqslant \frac{f_{x+\lambda y}(\lambda y)}{\lambda ||x + \lambda y||}
\end{aligned}$$

可知

$$f_x(y) \leqslant \frac{||x + \lambda y|| - ||x||}{\lambda} \leqslant \frac{1}{||x + \lambda y||} f_{x+\lambda y}(y).$$

引理 7.2.2 若 $0 < |\lambda| < 1, ||x|| = 1, ||y|| = 1$, 则

$$\left| f_x(y) - \frac{1}{||x + \lambda y||} f_{x+\lambda y}(y) \right| \leqslant \frac{|\lambda|}{1 - |\lambda|} + \frac{1}{1 - |\lambda|} |f_x(y) - f_{x+\lambda y}(y)|.$$

证明 $\left| f_x(y) - \dfrac{1}{||x + \lambda y||} f_{x+\lambda y}(y) \right|$

$$\begin{aligned}
&\leqslant \left| f_x(y) - \frac{1}{||x + \lambda y||} f_x(y) \right| + \left| \frac{1}{||x + \lambda y||} f_x(y) - \frac{1}{||x + \lambda y||} f_{x+\lambda y}(y) \right| \\
&\leqslant |f_x(y)| \cdot \left| 1 - \frac{1}{||x + \lambda y||} \right| + \frac{1}{||x + \lambda y||} |f_x(y) - f_{x+\lambda y}(y)| \\
&\leqslant \left| 1 - \frac{1}{||x + \lambda y||} \right| + \frac{1}{||x + \lambda y||} |f_x(y) - f_{x+\lambda y}(y)|.
\end{aligned}$$

由于 $||x + \lambda y|| \geqslant ||x|| - |\lambda| ||y|| = 1 - |\lambda| > 0$, 因此

$$\frac{1}{||x + \lambda y||} < \frac{1}{1 - |\lambda|}.$$

当 $||x + \lambda y|| < 1$ 时, 有

$$\left| 1 - \frac{1}{||x + \lambda y||} \right| = \frac{1}{||x + \lambda y||} - 1 \leqslant \frac{1}{1 - |\lambda|} - 1 = \frac{|\lambda|}{1 - |\lambda|}.$$

当 $||x + \lambda y|| \geqslant 1$ 时, 有

$$\left| 1 - \frac{1}{||x + \lambda y||} \right| = 1 - \frac{1}{||x + \lambda y||} \leqslant 1 - \frac{1}{1 + |\lambda|} = \frac{|\lambda|}{1 + |\lambda|} \leqslant \frac{|\lambda|}{1 - |\lambda|},$$

所以

$$\left| f_x(y) - \frac{1}{||x + \lambda y||} f_{x+\lambda y}(y) \right|$$
$$\leqslant \frac{|\lambda|}{1 - |\lambda|} + \frac{1}{1 - |\lambda|} \left| f_x(y) - f_{x+\lambda y}(y) \right|.$$

利用上面引理, 可以证明一致凸和一致光滑是共轭的概念.

定理 7.2.2   若 X 是 Banach 空间, 则

(1) X^* 是一致凸的当且仅当 X 是一致光滑的;

(2) X^* 是一致光滑的当且仅当 X 是一致凸的.

证明   (1) 若 X 是一致光滑的, 则对任意 $\varepsilon > 0$, 存在 $\delta' > 0$, 使得 $x \in S_X, 0 < ||y|| < \delta'$ 时, 有

$$||x + y|| + ||x - y|| < 2 + \frac{\varepsilon}{2}||y||.$$

取 $\delta = \frac{\varepsilon}{8}\delta'$, 当 $f, g \in S_{X^*}, ||f - g|| \geqslant \varepsilon$ 时, 存在 $||z_0|| = 1$, 使 $(f - g)(z_0) > \frac{2}{3}\varepsilon$,

取 $y_0 = \frac{3\delta'}{4}z_0$, 则 $||y_0|| = \frac{3}{4}\delta'$, 且

$$(f - g)(y_0) \geqslant \frac{3\delta'}{4}\frac{2}{3}\varepsilon > \frac{\delta'}{2}\varepsilon,$$

故

$$
\begin{aligned}
||f + g|| &= \sup\{f(x) + g(x)| \ ||x|| = 1\} \\
&= \sup\{f(x + y_0) + g(x - y_0) - (f - g)(y_0)| \ ||x|| = 1\} \\
&\leqslant \sup\{||x + y_0|| + ||x - y_0|| - \frac{\delta'}{2}\varepsilon| \ ||x|| = 1\} \\
&\leqslant 2 + \frac{\varepsilon}{2}||y_0|| - \frac{\varepsilon}{2}\delta' = 2 - \frac{\varepsilon}{8}\delta' = 2 - \delta,
\end{aligned}
$$

所以, X^* 是一致凸的.

反过来, 对任意 $\varepsilon > 0$, 由于 X^* 是一致凸的, 因此存在 $\delta_2 > 0$, 使得当 $x, y \in S_X$, $f_x \in A_x, f_{x+\lambda y} \in A_{x+\lambda y}$, 且 $\left\| f_x + \frac{1}{||x + \lambda y||} f_{x+\lambda y} \right\| > 2 - \delta_2$ 时, 有

$$\left\| f_x - \frac{1}{||x + \lambda y||} f_{x+\lambda y} \right\| < \frac{\varepsilon}{12}.$$

取 $\delta_1 > 0$, 使 $|\lambda| < \delta_1$ 时, 有

$$\frac{|\lambda|}{1 - |\lambda|} < \frac{\varepsilon}{12}.$$

由于 $|\lambda| < \delta_1$ 时, $\|x - (x + \lambda y)\| < \delta_1$, 因此

$$\left\| f_x + \frac{1}{\|x + \lambda y\|} f_{x+\lambda y} \right\| + \|x - (x + \lambda y)\|$$

$$\geqslant \left(f_x + \frac{1}{\|x + \lambda y\|} f_{x+\lambda y} \right)(x) + \frac{1}{\|x + \lambda y\|} f_{x+\lambda y}((x + \lambda y) - x) = 2,$$

故

$$\left\| f_x + \frac{1}{\|x + \lambda y\|} f_{x+\lambda y} \right\| \geqslant 2 - |\lambda| \cdot \|y\| > 2 - \delta_2,$$

因而

$$\left\| f_x - \frac{1}{\|x + \lambda y\|} f_{x+\lambda y} \right\| < \frac{\varepsilon}{12},$$

故

$$\|f_x - f_{x+\lambda y}\|$$

$$\leqslant \left\| f_x - \frac{1}{\|x + \lambda y\|} f_{x+\lambda y} \right\| + \left\| \left(1 - \frac{1}{\|x + \lambda y\|} \right) f_{x+\lambda y} \right\|$$

$$< \frac{\varepsilon}{12} + \frac{|\lambda|}{1 - |\lambda|} < \frac{\varepsilon}{12} + \frac{\varepsilon}{12}$$

$$= \frac{\varepsilon}{6}.$$

令 $\delta = \min \left\{ \delta_1, \delta_2, \dfrac{1}{2} \right\}$, 则由引理 7.2.2 可知 $|\lambda| < \delta$ 时, 有

$$\left| \frac{\|x + \lambda y\| - \|x\|}{\lambda} - f_x(y) \right|$$

$$\leqslant \frac{|\lambda|}{1 - |\lambda|} + \frac{1}{1 - |\lambda|} |f_x(y) - f_{x+\lambda y}(y)|$$

$$< \frac{\varepsilon}{6} + 2 \cdot \frac{\varepsilon}{6} = \frac{\varepsilon}{2},$$

因此对 $0 < \lambda < \delta$, 有

$$\frac{\|x + \lambda y\| - \|x\|}{\lambda} - f_x(y) < \frac{\varepsilon}{2},$$

$$\frac{\|x + \lambda y\| - \|x\|}{\lambda} - f_x(y) > -\frac{\varepsilon}{2},$$

故 $\|x + \lambda y\| + \|x - \lambda y\| < \varepsilon |\lambda| + 2\|x\|$, 即对任意 $x, y \in S_X$, 有

$$\frac{\|x + \lambda y\| + \|x - \lambda y\| - 2}{\|\lambda y\|} < \varepsilon,$$

所以, X 是一致光滑的.

(2) 若 X 是一致凸的, 则 X 是自反的, 因此 X^{**} 是一致凸的, 所以 X^* 是一致光滑的. 反之, 若 X^* 是一致光滑的, 则 X^{**} 是一致凸的, 因此 X 是自反的, 所以 X 是一致凸的.

赋范空间 X 的范数的 Gâteaux 可微性和 Fréchet 可微与赋范空间 X 的光滑性有着密切的联系.

定义 7.2.3　赋范空间 X 的范数称为 Gâteaux 可微的, 若对任意 $x_0 \in S_X$ 和 $y \in S_X$ 及 $\varepsilon > 0$, 存在 $\delta = \delta(\varepsilon, x_0, y) > 0$ 和数 $\rho(x_0, y)$, 使当 $|\lambda| < \delta$ 时, 有

$$\left| \frac{||x_0 + \lambda y|| - ||x_0||}{\lambda} - \rho(x_0, y) \right| < \varepsilon.$$

定义 7.2.4　赋范空间 X 的范数称为 Fréchet 可微的, 若对任意 $x_0 \in S_X$ 及 $\varepsilon > 0$, 存在 $\delta = \delta(\varepsilon, x_0) > 0$ 及实值函数 $\rho(x_0, y)$, 其中 $y \in S_X$, 使得 $|\lambda| < \delta$ 时, 有

$$\sup \left\{ \left| \frac{||x_0 + \lambda y|| - ||x_0||}{\lambda} - \rho(x_0, y) \right| \mid ||y|| = 1 \right\} < \varepsilon.$$

定义 7.2.5　赋范空间 X 的范数称为一致 Fréchet 可微的, 若对任意 $\varepsilon > 0$, 存在 $\delta > 0$, 及二元实值函数 $\rho(x, y)$, 其中 $x, y \in S_X$, 使得 $|\lambda| < \delta$ 时, 有

$$\sup \left\{ \left| \frac{||x + \lambda y|| - ||x||}{\lambda} - \rho(x, y) \right| \mid ||x|| = 1, ||y|| = 1 \right\} < \varepsilon.$$

与赋范空间范数 X 的可微性有密切联系的光滑性质还有强光滑.

定义 7.2.6　赋范空间 X 称为强光滑的, 若对任意 $x \in X, ||x|| = 1$, 当 $f_n \in S_{X^*}, f_n(x) \to 1$ 时, 有某个 $f \in S_{X^*}$, 使得 $||f_n - f|| \to 0$.

赋范空间强光滑的对偶性质就是强凸性.

定义 7.2.7　赋范空间 X 称为强凸的, 若对于任意 $x \in S_X, f_x \in A_x$ 和任意 $\varepsilon > 0$, 存在 $\delta > 0$, 使得当 $y \in S_X$ 且 $\left| f_x \left(\frac{x+y}{2} \right) \right| > 1 - \delta$ 时, 有 $||x - y|| < \varepsilon$.

明显地, 赋范空间 X 是强凸的当且仅当对于任意 $x \in S_X$, 若 $x_n \in S_X$, 且对某个 $f_x \in A_x$, 有 $f_x(x_n) \to 1$, 则 $||x_n - x|| \to 0$.

定理 7.2.3　若 X^* 是强光滑的, 则赋范空间 X 是强凸的.

证明　若 $x \in S_X, x_n \in S_X$, 且对某个 $f_x \in A_x$, 有 $f_x(x_n) \to 1$, 则 $x_n(f_x) = f_x(x_n) \to 1$. 由于 X^* 是强光滑的, 因此有某个 $F \in S_{X^{**}}$, 使 $||x_n - F|| \to 0$, 故 $F(f_x) = \lim_{n \to \infty} x_n(f_x) = \lim_{n \to \infty} f_x(x_n) = 1$, 由 X^* 是强光滑的可知 X^* 是光滑的, 因而 $x = F$, 故 $||x_n - x|| \to 0$, 所以, 赋范空间 X 是强凸的.

定理 7.2.4　若 X^* 是强凸的, 则赋范空间 X 是强光滑的.

证明 若 $x \in S_X, f_n \in S_{X^*}$, 且 $f_n(x) \to 1$, 则由 Hahn-Banach 定理可知, 存在 $f \in S_{X^*}$, 使 $f(x) = 1$, 故 $x \in A_f \subset X^{**}$. 由于 X^* 是强凸的, 且 $x(f_n) \to 1$, 因此 $\|f_n - f\| \to 0$. 所以, 赋范空间 X 是强光滑的.

赋范空间的光滑性与范数 Gâteaux 可微性有着密切的联系.

定理 7.2.5 赋范空间 X 是光滑的充要条件为 X 的范数是 Gâteaux 可微的.

证明 (充分性) 若 X 的范数是 Gâteaux 可微的, $x_0 \in X, y \in X, \|x_0\| = 1, \|y\| = 1, f \in A_{x_0} = \{f \in S_{X^*} \mid f(x_0) = 1\}$, 则由于

$$f(\lambda y) = f(x_0 + \lambda y) - \|x_0\| \leqslant \|x_0 + \lambda y\| - \|x_0\|,$$

因此, 当 $\lambda > 0$ 时, 有

$$f(y) \leqslant \frac{\|x_0 + \lambda y\| - \|x_0\|}{\lambda},$$

当 $\lambda < 0$ 时, 有

$$f(y) \geqslant \frac{\|x_0 + \lambda y\| - \|x_0\|}{\lambda}.$$

令 $\lambda \to 0$, 则有 $f(y) = \rho(x_0, y)$. 因此, 对于每个 $x_0 \in S_X, A_{x_0}$ 只含有一个元. 所以, 赋范空间 X 是光滑的.

(必要性) 若赋范空间 X 是光滑的, 对于任意 $\varepsilon > 0$, 取 δ_1, 使 $|\lambda| < \delta_1$ 时, 有

$$\frac{|\lambda|}{1 - |\lambda|} < \frac{\varepsilon}{12}.$$

由于 X 是光滑的, 因此对 $x_0 \in S_X$ 及任意 ε 和 $y \in S_X$, 存在 $\delta_2 = \delta(\varepsilon, x_0, y)$, 使得 $|\lambda| < \delta_2$ 时, 有

$$\left| f_{x_0}(y) - \frac{1}{\|x_0 + \lambda y\|} f_{x_0 + \lambda y}(y) \right| < \frac{\varepsilon}{6}$$

(若不然, 则对 $x_0 \in S_X$, 存在 $\varepsilon_0 > 0$ 及 $y_0 \in S_X$, 使得对任意 $\delta_n = \frac{1}{n}(n = 1, 2, \cdots)$, 都有 $|\lambda_n| < \frac{1}{n}$, 使

$$\left| f_{x_0}(y_0) - \frac{1}{\|x_0 + \lambda_n y_0\|} f_{x_0 + \lambda_n y_0}(y_0) \right| \geqslant \varepsilon_0,$$

但 $\dfrac{1}{\|x_0 + \lambda_n y_0\|} f_{x_0 + \lambda_n y_0} \in S_{X^*}$, 而 X^* 的闭单位球是紧的, 因此一定有定向子列 $\{g_\alpha\} \subset \left\{ \dfrac{1}{\|x_0 + \lambda_n y_0\|} f_{x_0 + \lambda_n y_0} \right\}$, 使得 $g_\alpha \xrightarrow{w^*} g$, 故 $\|g\| \leqslant 1$, 且

$$|g(x_0) - 1| = |g(x_0) - g_\alpha(x_\alpha)|$$
$$\leqslant |g(x_0) - g_\alpha(x_0)| + |g_\alpha(x_0) - g_\alpha(x_\alpha)|$$

$$\leqslant |(g - g_\alpha)(x_0)| + \|g_\alpha\| \cdot \|x_0 - x_\alpha\|,$$

这里 $x_\alpha \in \{x_0 + \lambda_n y_0 \,|\, n = 1, 2, \cdots\}$ 且使 $g_\alpha(x_\alpha) = 1$. 故 $g(x_0) = 1$, 由于 X 是光滑的, 因此 $g = f_{x_0}$, 即

$$g_a \xrightarrow{w^*} f_{x_0},$$

但这与前面的

$$\left| f_{x_0}(y_0) - \frac{1}{\|x_0 + \lambda_n y_0\|} f_{x_0 + \lambda_n y_0}(y_0) \right| \geqslant \varepsilon_0$$

矛盾). 故

$$\|f_{x_0} - f_{x_0 + \lambda y}\| \leqslant \left\| f_{x_0} - \frac{1}{\|x_0 + \lambda y\|} f_{x_0 + \lambda y} \right\| + \left\| \left(1 - \frac{1}{\|x_0 + \lambda y\|} \right) f_{x_0 + \lambda y} \right\|$$

$$< \frac{\varepsilon}{6} + \frac{|\lambda|}{1 - |\lambda|} \|x_0 + \lambda y\|$$

$$< \frac{\varepsilon}{6} + \frac{\varepsilon}{12} \cdot 2 = \frac{\varepsilon}{3}.$$

由前面引理可知, 当 $|\lambda| < \min \left\{ \delta_1, \delta_2, \dfrac{1}{2} \right\}$ 时, 有

$$\left| \frac{\|x_0 + \lambda y\| - \|x_0\|}{\lambda} - f_{x_0}(y) \right|$$

$$< \frac{|\lambda|}{1 - |\lambda|} + \frac{1}{1 - |\lambda|} |f_{x_0}(y) - f_{x_0 + \lambda y}(y)|$$

$$< \frac{|\lambda|}{1 - |\lambda|} + \frac{1}{1 - |\lambda|} \cdot \frac{\varepsilon}{3}$$

$$< \frac{\varepsilon}{3} + 2 \cdot \frac{\varepsilon}{3} = \varepsilon.$$

所以, X 的范数是 Gâteaux 可微的.

定理 7.2.6   赋范空间 X 是强光滑的当且仅当 X 的范数是 Fréchet 可微的.

证明   (充分性) 若范数在 $x_0 \in S_X$ 是 Fréchet 可微的, 则明显地范数在点 x_0 是 Gâteaux 可微的, 因此存在唯一的 $f_{x_0} \in S_{X^*}$, 使 $f_{x_0}(x_0) = 1$.

设 $f_n \in S_{X^*}, f_n(x_0) \to 1$. 不妨设 $f_n(x_0) < f_{x_0}(x_0) = 1$. 假设 $\|f_n - f_{x_0}\| \to 0$ 不成立, 则一定存在 $\{f_n\}$ 的子列, 不妨仍记为 $\{f_n\}$, 使得 $\|f_n - f_{x_0}\| \geqslant 3\lambda > 0$ 对某个常数 λ 成立. 因此, 存在 $x_n \in S_X$, 使得

$$f_n(x_n) - f_{x_0}(x_n) \geqslant 2\lambda > 0.$$

故

$$f_{x_0}(x_0) - f_n(x_0)$$

$$\leqslant [f_{x_0}(x_0) - f_n(x_0)] \left\{ \frac{1}{\lambda}[f_n(x_n) - f_{x_0}(x_n)] - 1 \right\}$$

$$= \frac{1}{\lambda}[f_n(x_0) - f_{x_0}(x_0)] \cdot [f_{x_0}(x_n) - f_n(x_n)] + [f_n(x_0) - f_{x_0}(x_0)]$$

$$= (f_n - f_{x_0}) \left(x_0 + \frac{1}{\lambda}(f_{x_0}(x_0) - f_n(x_0))x_n \right)$$

$$= f_n \left(x_0 + \frac{1}{\lambda}(f_{x_0}(x_0) - f_n(x_0))x_n \right) - f_{x_0}(x_0) - f_{x_0} \left(\frac{1}{\lambda}(f_{x_0}(x_0) - f_n(x_0))x_n \right)$$

$$\leqslant \|x_0 + \frac{1}{\lambda}(f_{x_0}(x_0) - f_n(x_0))x_n)\| - \|x_0\| - f_{x_0} \left(\frac{1}{\lambda}(f_{x_0}(x_0) - f_n(x_0))x_n \right).$$

令 $y_n = \frac{1}{\lambda}(f_{x_0}(x_0) - f_n(x_0))x_n$, 则

$$\|y_n\| = \frac{1}{\lambda} |f_{x_0}(x_0) - f_n(x_0)|,$$

因此 $f_{x_0}(x_0) - f_n(x_0) \leqslant \|x_0 + y_n\| - \|x_0\| - f_{x_0}(y_n)$, 故

$$\frac{\|x_0 + y_n\| - \|x_0\|}{\|y_n\|} - f_{x_0} \left(\frac{y_n}{\|y_n\|} \right) \geqslant \frac{f_{x_0}(x_0) - f_n(x_0)}{\|y_n\|}$$

$$= \frac{f_{x_0}(x_0) - f_n(x_0)}{\frac{1}{\lambda}(f_{x_0}(x_0) - f_n(x_0))} = \lambda > 0.$$

由于 $n \to \infty$ 时 $y_n \to 0$, 并且范数是 Fréchet 可微的, 因此

$$\frac{\|x_0 + y_n\| - \|x_0\|}{\|y_n\|} - f_{x_0} \left(\frac{y_n}{\|y_n\|} \right) \to 0,$$

这与 $\lambda > 0$ 矛盾. 所以赋范空间 X 是强光滑的.

(必要性) 对于任意 $\varepsilon > 0, y \in S_X$, 存在 $\delta_1 > 0$, 使当 $|\lambda| < \delta_1$ 时, 有

$$\left\| f_{x_0} - \frac{1}{\|x_0 + \lambda y\|} f_{x_0 + \lambda n y} \right\| < \frac{\varepsilon}{6}.$$

若不然, 必有 $\varepsilon_0 > 0$ 和 $y_0 \in S_X$, 使得对任意 $\delta_n = \frac{1}{n}$, 存在 $|\lambda_n| < \frac{1}{n}$, 使

$$\left\| f_{x_0} - \frac{1}{\|x_0 + \lambda_n y_0\|} f_{x_0 + \lambda y_0} \right\| \geqslant \varepsilon_0.$$

由于 $\|x_0 + \lambda_n y_0\| \to \|x_0\| = 1$, 因此

$$\frac{1}{\|x_0 + \lambda_n y_0\|} f_{x_0 + \lambda_n y_0}(x_0) + \frac{1}{\|x_0 + \lambda_n y_0\|} f_{x_0 + \lambda_n y_0}(\lambda_n y_0)$$

$$= \frac{1}{||x_0 + \lambda_n y_0||} f_{x_0 + \lambda_n y_0} (x_0 + \lambda_n y_0) \to 1.$$

由于 X 是强光滑的, 因此

$$\frac{1}{||x_0 + \lambda_n y_0||} f_{x_0 + \lambda_n y_0} \to f_{x_0},$$

但这与前面的

$$\left\| f_{x_0} - \frac{1}{||x_0 + \lambda_n y_0||} f_{x_0 + \lambda_n y_0} \right\| \geqslant \varepsilon_0$$

矛盾.

再取 $\delta_2 > 0$, 使得 $|\lambda| < \delta_2$ 时, 有

$$\frac{|\lambda|}{1 - |\lambda|} < \frac{\varepsilon}{12},$$

则

$$||f_{x_0} - f_{x_0 + \lambda y}||$$
$$\leqslant \left\| f_{x_0} - \frac{1}{||x_0 + \lambda y||} f_{x_0 + \lambda y} \right\| + \left\| \left(1 - \frac{1}{||x_0 + \lambda y||} \right) f_{x_0 + \lambda y} \right\|$$
$$< \frac{\varepsilon}{6} + \frac{|\lambda|}{1 - |\lambda|} ||x_0 + \lambda y||$$
$$< \frac{\varepsilon}{6} + \frac{\varepsilon}{12} \times 2 < \frac{\varepsilon}{3}.$$

令 $\delta = \min \left\{ \delta_1, \delta_2, \frac{1}{2} \right\}$, 则 $|\lambda| < \delta$, 有

$$\left| \frac{||x_0 + \lambda y|| - ||x_0||}{\lambda} - f_{x_0}(y) \right| \leqslant \frac{|\lambda|}{1 - |\lambda|} + \frac{1}{1 - |\lambda|} ||f_{x_0} - f_{x_0 + \lambda y}||$$
$$< \frac{\varepsilon}{12} + 2 \cdot \frac{\varepsilon}{3} < \varepsilon.$$

所以, X 的范数是 Fréchet 可微的.

定理 7.2.7 若 X 是 Banach 空间, 则 X 是一致光滑的当且仅当 X 的范数是一致 Fréchet 可微的.

证明 (充分性) 若 Banach 空间 X 的范数是一致 Fréchet 可微的, 则存在 $\rho(x, y)$, 使对任意 $\varepsilon > 0$, 存在 $\delta > 0$, 使得 $x, y \in S_X, |\lambda| < \delta$ 时, 有

$$\left| \frac{||x + \lambda y|| - ||x||}{\lambda} - \rho(x, y) \right| < \varepsilon,$$

故当 $0 < \lambda < \delta$ 时, 有

$$\frac{||x + \lambda y|| - ||x|| - \lambda \rho(x, y)}{\lambda} < \varepsilon,$$

且

$$\frac{\|x - \lambda y\| - \|x\| + \lambda \rho(x, y)}{\lambda} < \varepsilon,$$

因此

$$\frac{\|x + \lambda y\| + \|x - \lambda y\| - 2\|x\|}{\lambda} < 2\varepsilon,$$

即对任意 $\varepsilon > 0$, 存在 $\delta > 0$, 使得 $|\lambda| < \delta$ 时, 有

$$\|x + \lambda y\| + \|x - \lambda y\| \leqslant 2 + 2\varepsilon\|\lambda y\|,$$

所以 Banach 空间 X 是一致光滑的.

(必要性) 对任意 $\varepsilon > 0$, 存在 $\delta_1 > 0$, 使得 $x, y \in S_X, |\lambda| < \delta_1$ 时, 有

$$\|f_x - f_{x+\lambda y}\| < \frac{\varepsilon}{3}.$$

若不然, 一定存在 $\varepsilon_0 > 0$, 使得对 $\delta_n = \frac{1}{n}$, 存在 $|\lambda_n| < \frac{1}{n}$ 和 $x_0, y_0 \in S_X$, 使得

$$\|f_{x_0} - f_{x_0 + \lambda_n y_0}\| \geqslant \varepsilon,$$

但由于 X 是一致光滑, X^* 是一致凸的. 因此存在 $\delta > 0$, 使得 $f, g \in S_{X^*}, \|f + g\| > 2 - \delta$ 时, 有 $\|f - g\| < \frac{\varepsilon_0}{3}$.

由于 $\lambda_n \to 0$, 因而存在 N_1, 使得 $n > N_1$ 时, 有

$$\frac{|\lambda_n|}{1 - |\lambda_n|} < \frac{\varepsilon_0}{3},$$

也存在 N_2, 使 $n > N_2$ 时, 有

$$\|x_0 - (x_0 - \lambda_n y_0)\| < \delta.$$

取 $N = \max\{N_1, N_2\}$, 则 $n > N$ 时, 有

$$\left\| f_{x_0} + \frac{1}{\|x_0 + \lambda_n y_0\|} f_{x_0 + \lambda_n y_0} \right\| + \|\lambda_n y_0\|$$

$$\geqslant f_{x_0}(x_0) + \frac{1}{\|x_0 + \lambda_n y_0\|} f_{x_0 + \lambda_n y_0}(x_0)$$

$$+ \frac{1}{\|x_0 + \lambda_n y_0\|} f_{x_0 + \lambda_n y_0}(x_0 + \lambda_n y_0)$$

$$- \frac{1}{\|x_0 + \lambda_n y_0\|} f_{x_0 + \lambda_n y_0}(x_0) > 2 - \delta,$$

故

$$\left\| f_{x_0} - \frac{1}{\|x_0 + \lambda_n y_0\|} f_{x_0 + \lambda_n y_0} \right\| < \frac{\varepsilon_0}{3},$$

因而

$$\|f_{x_0} - f_{x_0+\lambda_n y_0}\|$$
$$\leqslant \left\|f_{x_0} - \frac{1}{\|x_0 + \lambda_n y_0\|}f_{x_0+\lambda_n y_0}\right\| + \left\|\left(1 - \frac{1}{\|x_0+\lambda_n y_0\|}\right)f_{x_0+\lambda_n y_0}\right\|$$
$$\leqslant \frac{\varepsilon_0}{3} + \frac{|\lambda_n|}{1-|\lambda_n|}\|x_0 + \lambda_n y_0\|$$
$$< \frac{\varepsilon_0}{3} + \frac{\varepsilon_0}{3}\cdot 2 = \varepsilon_0,$$

但这与前面的 $\|f_{x_0} - f_{x_0+\lambda_n y_0}\| \geqslant \varepsilon_0$ 矛盾.

只需再取 $\delta_2 > 0$, 使 $|\lambda| < \delta_2$ 时, 有

$$\frac{|\lambda|}{1-|\lambda|} < \frac{\varepsilon}{3}.$$

令 $\delta = \min\left\{\delta_1, \delta_2, \frac{1}{2}\right\}$, 则当 $|\lambda| < \delta$ 时, 有

$$\left|\frac{\|x+\lambda y\| - \|x\|}{\lambda} - f_x(y)\right| \leqslant \frac{|\lambda|}{1-|\lambda|} + \frac{1}{1-|\lambda|}\|f_x - f_{x+\lambda y}\|$$
$$< \frac{\varepsilon}{3} + \frac{\varepsilon}{3}\cdot 2 = \varepsilon,$$

所以, X 的范数是一致 Fréchet 可微的.

强光滑性是一种很强的性质, 当 X^* 是强光滑时, Banach 空间 X 具有很多很好的性质.

定理 7.2.8　设 X 是 Banach 空间, 若 X^* 是强光滑的, 则 X 是自反 Banach 空间.

证明　对任意 $f \in S_{X^*}$, 存在 $x_n \in S_X$, 使 $f(x_n) \to \|f\|$, 故 $Jx_n(f) \to 1, Jx_n \in X^{**}, \|Jx_n\| = 1$.

由于 X^* 是强光滑的, 因此有某个 $x \in X^{**}$, 使 $\|Jx_n - x\| \to 0$. 但 X 是 Banach 空间, 因而 $x \in X$, 故对任意 $f \in S_{X^*}$, 存在 $x \in S_X$, 使 $f(x) = \|f\| = 1$. 所以, X 是自反 Banach 空间.

7.3　凸性与再赋范问题

许多空间, 如 c_0, l_1, l_∞ 等都不是严格凸和光滑的. 但严格凸和光滑的 Banach 空间都具有许多很好的性质. 比如在严格凸空间中, 每个紧凸集都有唯一的范数最小元. 因此, 一般是通过对 Banach 空间 X 赋以等价范数, 使 X 在新的范数下是

严格凸或光滑的, 从而具有较好的性质, 这种工作是 Clarkson 在 1936 年最先做的, 他证明了任何可分的 Banach 空间都可以赋以等价范数, 使之成为严格凸的空间.

定理 7.3.1 若 X 是 Banach 空间, 则 X 可以赋以等价范数 $\|\cdot\|_1$, 使 $(X, \|\cdot\|_1)$ 是严格凸的当且仅当存在严格凸 Banach 空间 Y 及从 X 到 Y 的线性续算子 T, 并且 T 是单射.

证明 (必要性) 明显地, 若 X 可以赋以等价范数 $\|\cdot\|_1$, 使 $(X, \|\cdot\|_1)$ 是严格凸的, 则只需取恒等算子 $I : (X, \|\cdot\|) \to (X, \|\cdot\|_1)$, $Ix = x$ 即可.

(充分性) 定义 $\|x\|_1 = \|x\| + \|Tx\|$, 则 $\|x\| \leqslant \|x\|_1 \leqslant (1 + \|T\|)\|x\|$. 故 $\|\cdot\|_1$ 为 $\|\cdot\|$ 的等价范数, 且 $(X, \|\cdot\|_1)$ 是严格凸的.

假设 $(X, \|\cdot\|_1)$ 不是严格凸的, 则存在 $x, y \in X, x \neq y, \|x\|_1 = 1, \|y\|_1 = 1$ 且 $\|x + y\|_1 = 2$. 故

$$
\begin{aligned}
2 &= \|x + y\| + \|Tx + Ty\| \\
&\leqslant \|x\| + \|y\| + \|Tx\| + \|Ty\| \\
&\leqslant (\|x\| + \|Tx\|) + (\|y\| + \|Ty\|) = 2,
\end{aligned}
$$

因此 $\|Tx + Ty\| = \|Tx\| + \|Ty\|$ 且 $\|x + y\| = \|x\| + \|y\|$, 因而存在 $f \in Y^*, \|f\| = 1$, 使

$$
f\left(\frac{Tx + Ty}{\|Tx + Ty\|}\right) = 1.
$$

由于

$$
\begin{aligned}
1 &= f\left(\frac{Tx + Ty}{\|Tx + Ty\|}\right) \\
&= f\left(\frac{\|Tx\|}{\|Tx + Ty\|} \cdot \frac{Tx}{\|Tx\|} + \frac{\|Ty\|}{\|Tx + Ty\|} \cdot \frac{Ty}{\|Ty\|}\right) \\
&= \frac{\|Tx\|}{\|Tx + Ty\|} \cdot f\left(\frac{Tx}{\|Tx\|}\right) + \frac{\|Ty\|}{\|Tx + Ty\|} \cdot f\left(\frac{Ty}{\|Ty\|}\right) = 1,
\end{aligned}
$$

因此 $f\left(\dfrac{Ty}{\|Ty\|}\right) = f\left(\dfrac{Ty}{\|Ty\|}\right) = 1$, 从而

$$
2 \geqslant \left\|\frac{Tx}{\|Tx\|} + \frac{Ty}{\|Ty\|}\right\| \geqslant f\left(\frac{Tx}{\|Tx\|} + \frac{Ty}{\|Ty\|}\right) = 2,
$$

即

$$
\left\|\frac{Tx}{\|Tx\|} + \frac{Ty}{\|Ty\|}\right\| = 2.
$$

由 Y 的严格凸性可知 $\dfrac{Tx}{\|Tx\|} = \dfrac{Ty}{\|Ty\|}$. 因为 T 是单射, 因此有 $x = \dfrac{\|Tx\|}{\|Ty\|}y$. 但

$||x||_1 = ||y||_1 = 1$, 因而 $x = y$. 可这与 $x \neq y$ 的假设矛盾, 所以 $(X, ||\cdot||_1)$ 是严格凸的.

　　由这一定理容易知道, 所有可分 Banach 空间 X 都可以再赋范, 使之成为严格凸空间.

　　定理 7.3.2　若 X 是可分 Banach 空间, 则 X 可以再赋以等价范数 $||\cdot||_1$, 使 $(X, ||\cdot||_1)$ 是严格凸空间.

　　证明　由于 X 是可分的, 因此存在序列 $\{f_n\} \subset X^*, ||f_n|| \leqslant 1$, 使得 $\{f_n\}$ 在闭单位球 B_{X^*} 是 w^* 稠密的, 即 $\overline{\{f_n\}}^{w^*} \supset B_{X^*}$.

　　定义

$$T : X \to l_2,$$

$$Tx = \left(2^{-\frac{n}{2}} f_n(x)\right),$$

则明显地, T 是线性算子, 且 $||Tx|| \leqslant ||x||$.

　　不难看出, 若 $Tx = Ty$, 则 $f_n(x) = f_n(y)$ 对任意 n 都成立. 由于 $\{f_n\}$ 在 B_{X^*} 是 w^* 稠密的, 因此有 $x = y$. 由此可知, T 是线性连续算子, 并且 T 是单的. 由于 l_2 是严格凸空间, 因而, 由上面定理可知 X 可以再赋范, 使之在新范数下是严格凸的.

　　推论 7.3.1　若 Banach 空间具有 Schauder 基, 则 X 可以再赋范, 使之在新范数下是严格凸的 Banach 空间.

　　对于自反 Banach 空间, 一样可以再赋范使之成为严格凸 Banach 空间.

　　定理 7.3.3　若 Banach 空间 X 是自反的, 则 X 可以再赋范, 使之在新范数下是严格凸的 Banach 空间.

　　对于一般的 Banach 空间 X, 是否一定可以再赋范, 使之在新等价范数下是严格凸的 Banach 空间呢? 有意思的是 Day(1955) 证明这个问题的答案是否定的.

　　定理 7.3.4　若 Banach 空间 X 是可分的, 则 X 可以再赋以等价范数 $||\cdot||_1$, 使 $(X, ||\cdot||_1)$ 是光滑的.

　　对于可分和自反的 Banach 空间, 还有性质更强的等价范数.

　　定理 7.3.5　若 X 是可分 Banach 空间, 则可以再赋以等价范数 $||\cdot||_1$, 使 $(X, ||\cdot||_1)$ 是严格凸且光滑的.

　　定理 7.3.6　若 X 是自反 Banach 空间, 则存在等价范数 $||\cdot||_1$, 使 $(X, ||\cdot||_1)$ 是严格凸且强光滑的.

　　Banach 空间的凸性与光滑性还可以用来刻画几类重要的 Banach 空间.

　　对于 Banach 空间 X 和 Y, 若对 Y 的任意 n 维子空间 Y_n 和 $\varepsilon > 0$, 存在 X 的 n 维子空间 X_n, 及 $T : Y_n \to X_n$, 使 T 是 Y_n 到 X_n 的一个线性同胚, 且 $||T|| \cdot ||T^{-1}|| < 1 + \varepsilon$, 则称 Y 在 X 中有有限表示.

定义 7.3.1 Banach 空间 X 称为超自反的, 若每个在 X 中有有限表示的 Banach 空间 Y 都是自反的.

明显地, 超自反的 Banach 空间一定自反, 一致凸性刻画了 Banach 空间的超自反性.

定理 7.3.7 Banach 空间 X 是超自反的当且仅当存在等价范数 $\|\cdot\|_1$, 使 $(X, \|\cdot\|_1)$ 是一致凸的.

Banach 空间的自反性可以用几乎一致凸性刻画.

定义 7.3.2 Banach 空间 X 称为几乎一致凸的, 若对任意 $\varepsilon > 0$ 和 $f \in X^*, \|f\| = 1$, 存在 $\delta(\varepsilon, f)$, 使得 $x, y \in X, \|x\| = 1, \|y\| = 1, \left| f\left(\dfrac{x+y}{2}\right) \right| > 1 - \delta$ 时, 有 $\|x - y\| < \varepsilon$.

定理 7.3.8 Banach 空间 X 是自反的当且仅当存在等价范数 $\|\cdot\|_1$, 使 $(X, \|\cdot\|_1)$ 是几乎一致凸的.

还可以利用超一致凸性刻画有限 Banach 空间的特征.

定义 7.3.3 Banach 空间 X 称为超一致凸的, 若 $x_n, y_n \in S_X$ 且 $\|x_n + y_n\| \to 2$, 则存在 $\{x_{n_k}\} \subset \{x_n\}, \{y_{n_k}\} \subset \{y_n\}$ 及 $x \in S_X$, 使 $\|x_{n_k} - x\| \to 0, \|y_{n_k} - y\| \to 0$.

定理 7.3.9 Banach 空间 X 是有限维的当且仅当存在等价范数 $\|\cdot\|_1$, 使 $(X, \|\cdot\|_1)$ 是超一致凸的.

习 题 七

7.1. 试证明 Hilbert 空间 X 一定是一致凸的.

7.2. 试证明赋范空间 X 是光滑的当且仅当对任意 $x \in S_X$, $f_x \in A_x$ 都是闭单位球 B_{X^*} 的端点.

7.3. 若对任意 $x \in S_X$, 当 $f_n \in S_{X^*}, f_n(x) \to 1$ 时, 有某个 $f \in S_{X^*}$, 使 $f_n \xrightarrow{w} f$, 则称 Banach 空间 X 为非常光滑的, 试证明若 X^* 是非常光滑的, 则 X 一定自反.

7.4. 设 X 是严格凸的赋范空间, 试证明任意 $f \in X^*$ 最多只能在单位球面 S_X 上的一点达到它的范数.

7.5. 若对任意 $x \in S_X, \varepsilon > 0$, 存在 $\delta = \delta(\varepsilon, x) > 0$, 使得当 $x_1, x_2 \in S_X$, $\left\| x - \dfrac{x_1 + x_2}{2} \right\| < \delta$ 时, 有 $\|x_1 - x_2\| < \varepsilon$, 则称赋范空间 X 是中点局部一致凸的. 试证明中点局部一致凸的赋范空间一定是严格凸的.

7.6. 证明 l_2 存在等价范数 $\|\cdot\|_1$, 使 $(l_2, \|\cdot\|_1)$ 不是严格凸的.

7.7. 设 Banach 空间 X 是一致凸的, 证明 $\|x_n\| \to \|x\|$, 且 $x_n \xrightarrow{w} x$ 时, 有 $\|x_n - x\| \to 0$.

7.8. 试证明 l_∞ 的范数不是 Gâteaux 可微的.

7.9. 若对任意 $x \in S_X$, $x_n \in S_X$, 当 $\lim\limits_{n\to\infty} \|x + x_n\| = 2$ 时, $\{x_n\}$ 弱收敛于 x, 则称赋范空间 X 是弱局部一致凸的. 试证明弱局部一致凸的赋范空间一定是严格凸的.

7.10. 试证明 c_0 不是光滑的.

7.11. 试证明赋范空间 X 是严格凸的当且仅当 X 的每个二维子空间都是严格凸的.

7.12. 若 $x_0 \in X$, x_0 只有唯一的支撑泛函, 则称 x_0 为 X 的光滑点, 试证明如果 $x_0 \in l_1$, x_0 的某个分量等于 0, 则 x_0 一定不是光滑点.

7.13. 设 X 是一致凸的, 试证明对于任意的 $\varepsilon > 0$, 存在 $\delta > 0$, 使得 $\|x\| \leqslant 1, \|y\| \leqslant 1$, 并且 $\|x - y\| > \varepsilon$ 时, 都有

$$\left\|\frac{x+y}{2}\right\|^3 < (1 - \delta)\left(\frac{\|x\|^2 + \|y\|^2}{2}\right).$$

Hausdorff(豪斯道夫)

Felix Hausdorff 于 1868 年 11 月 8 日生于布列斯劳 (今波兰弗拉茨瓦夫).

Hausdorff 在莱比锡大学 (Leipzig) 学习数学,1891 年毕业于莱比锡大学, 获得博士学位, 然后在那里任教, 直到 1910 年获聘往 Bonn 大学任数学教授. Hausdorff 的工作涉及天文学、光学、概率论及几何学等. 他是拓扑学的创始人之一, 给出了拓扑空间的公理化定义,Hausdorff 空间就是以他的名字命名的. 他定义和研究偏序集, 第一个给出了康托尔的连续统假设的一般描述, 还提出了广义连续统假设.

Felix Hausdorff(1868—1942)

他对集合论和泛函分析也贡献不少. 1919 年, 他引入了 Hausdorff 测度和 Hausdorff 维数, 现在已经成为分形理论的重要概念. 1914 年, 他还证明 Hausdorff 极大值原理. Hausdorff 也以笔名 Paul Mongré 出版哲学和文学作品.

部分习题解答

意义深刻的数学问题从来不是一找出解答就完事了, 好像遵循着歌德的格言, 每一代的数学家都重新思考并重新改造他们前辈所发现的解答, 并把这解答纳入当代流行的概念和符号体系之中.

Bers (1914—1993, 美国数学家)

习　题　一

1.2 证明: (1) 只需按度量定义验证即可知道 $d(x,y)$ 和 $\rho(x,y)$ 为 l_1 上的两个度量.

(2) 取 $x_n = \left(\dfrac{1}{n}, \dfrac{1}{n}, \cdots, \dfrac{1}{n}, 0, \cdots\right)$, 即当 $i \leqslant n$ 时, $x_i^{(n)} = \dfrac{1}{n}$; 当 $i > n$ 时, $x_i^{(n)} = 0$, 则 $x_n \in l_1$ 且 $\rho(x_n, 0) = \sup|x_i^{(n)} - 0| = \dfrac{1}{n} \to 0$, 但 $d(x_n, 0) = \sum\limits_{i=1}^{\infty}|x_i^{(n)} - 0| = \sum\limits_{i=1}^{n}\dfrac{1}{n} = 1$. 因此 $\rho(x_n, 0) \to 0$, 但 $d(x_n, x_0)$ 不收敛于 0.

1.4 证明: 在 R^2 上取离散度量 $d(x,y) = \begin{cases} 0, & \text{当 } x = y \text{ 时} \\ 1, & \text{当 } x \neq y \text{ 时} \end{cases}$, 则对于 $x \neq y$, 有 $d(x,y) = 1$, 但不存在 $z \notin R^2$, 使得 $d(x,z) = d(y,z) = \dfrac{1}{2}d(x,y)$.

1.6 证明: 由 $d(x,y) = \sup|x_i - y_i|$ 可知, 对任意 $x, y \in l_\infty$, 有 $d(x,y) = d(x-y, 0)$, 若 G 是开集, 则对于任意 $x \in F, y \in G$, 有开球 $U(y,r) \subset G$. 故 $x + U(y,r) \subset x + G$, 因而 $U(x+y, r) \subset x + G$, 从而对任意 $x \in F, x + G$ 是开集, 由 $F + G = \bigcup\limits_{x \in F}(x + G)$ 可知 $F + G$ 是开集.

1.8 证明: 取 $x_n = (x_i^{(n)})$, 当 $i > n$ 时, $x_i^{(n)} = 0$; 当 $i \leqslant n$ 时, $x_i^{(n)} = \dfrac{1}{i}$, 则 $x_n \in M$, 且 $\lim\limits_{n \to \infty} x_n = x$, 这里 $x = \left(1, \dfrac{1}{2}, \cdots, \dfrac{1}{n}, \cdots\right)$, 但 $x \notin M$, 因此 M 不是闭集, 所以 M 不是紧集.

1.10 证明: 对于任意 $x \in F^0$, 有 $U(x,r) \subset F^0$, 故 $U(x,r) \bigcap \overline{F^C} = \varnothing$, 因而 $x \in (\overline{F^C})^C$, 从而 $F^0 \subset (\overline{F^C})^C$. 对于任意 $x \in (\overline{F^C})^C$, 有 $x \notin (\overline{F^C})$, 因而存在 $U(x,r) \bigcap F^C = \varnothing$, 故 $U(x,r) \subset F$, 从而 $x \in F^0$, 故 $(\overline{F^C})^C \subset F^0$. 所以 $(\overline{F^C})^C \subset F^0$.

1.12 证明: 对于任意 $x, z \in X$, 有

$$d(x, F) = \inf\{d(x, y) | y \in F\} \leqslant \inf\{d(x, z) + d(y, z) | y \in F\}$$
$$= d(x, z) + \inf\{d(y, z) | y \in F\} = d(x, z) + d(z, F),$$

故

$$d(x, F) - d(z, F) \leqslant d(x, z).$$

类似地, 有

$$d(z, F) - d(x, F) \leqslant d(z, x),$$

因此

$$|d(x, F) - d(z, F)| \leqslant d(x, z),$$

所以, 当 $x_n \to x_0$ 时, 必有 $d(x_n, F) \to d(x_0, F)$, 即 $d(x, F)$ 是连续函数.

1.14 证明: 由于 F 是闭集, 因此 $F = \{x | d(x, F) = 0\}$, 又因为 $d(x, F)$ 是连续的, 所以对任意 n, $\left\{x \Big| d(x, F) < \dfrac{1}{n}\right\}$ 是开集, 从而对于开集 $G_n = \left\{x \Big| d(x, F) < \dfrac{1}{n}\right\}$, 有 $F = \{x | d(x, F) = 0\} = \bigcap\limits_{n=1}^{\infty} \{x | d(x, F) < 1/n\}$, 所以 $F = \bigcap\limits_{n=1}^{\infty} G_n$.

1.16 证明: 设 $\{x_n\}$ 为 l_∞ 的 Cauchy 列, 则对于任意 $\varepsilon > 0$, 存在 N, 使得 $n > N$ 时, 有 $d(x_{n+p}, x_n) = \sup |x_i^{(n+p)} - x_i^{(n)}| < \varepsilon$. 故对每个固定的 i, 有

$$|x_i^{(n+p)} - x_i^{(n)}| < \varepsilon \quad (n > N, p > 1).$$

因此 $\{x_i^{(n)}\}$ 是 Cauchy 列. 因而存在 x_i, 使得 $\lim\limits_{n \to \infty} x_i^{(n)} = x_i$, 令 $x = (x_i)$, 则

$$|x_i - x_i^{(N+1)}| \leqslant \varepsilon,$$

故

$$|x_i| \leqslant \varepsilon + |x_i^{(N+1)}|.$$

由于 $x_{N+1} = (x_i^{(N+1)}) \in l_\infty$, 因此存在常数 M_{N+1} 使得 $\sup |x_i^{N+1}| \leqslant M_{N+1} < +\infty$. 又由 $|x_i^{(n+p)} - x_i^{(n)}| < \varepsilon$ 可知 $|x_i - x_i^{(n)}| < \varepsilon$ 对任意 i 及 $n > N$ 成立. 故

$$d(x, x_n) = \sup |x_i - x_i^{(n)}| < \varepsilon,$$

所以, $x_n \to x$, 即 l_∞ 是完备的度量空间.

1.18 证明: 令 $M = \{(x_i) | |x_i| \leqslant 1\}$, 则 M 是 c_0 的有界闭集, 但 M 是不紧集.

1.20 证明: 容易验证 $d(x, y) = |1/x - 1/y|$ 是 (X, d) 的度量. 取 $x_n \in X$, $x_n = n \in [1, +\infty)$, 则 $\{x_n\}$ 为 X 的 Cauchy 列, 但 $\{x_n\}$ 没有极限点, 因此 $\{x_n\}$ 不是收敛列, 所以 X 不是完备的.

1.22 证明: 若度量空间 (X, d) 上的函数 f 是连续的, 则明显地, 对于任意 $\varepsilon \in R$, $\{x | f(x) \leqslant \varepsilon\}$ 和 $\{x | f(x) \geqslant \varepsilon\}$ 都是 (X, d) 的闭集.

如果对于任意 $\varepsilon \in R$, $\{x | f(x) \leqslant \varepsilon\}$ 和 $\{x | f(x) \geqslant \varepsilon\}$ 都是 (X, d) 的闭集, 则对任意 $\varepsilon_1, \varepsilon_2 \in R$, 容易知道 $\{x | \varepsilon_1 < f(x) < \varepsilon_2\} = X \backslash (\{x | f(x) \leqslant \varepsilon_1\} \cup \{x | f(x) \geqslant \varepsilon_2\})$ 是开集.

对于 R 上的开集 G, 有 G 的构成区间 (α_n, β_n), 使得 $G = \cup (\alpha_n, \beta_n)$, 因而 $f^{-1}(G)$ 是开集, 所以 f 是连续的

1.24 证明: (1) 设 R 为实数全体, $T: R \to R, Tx = \dfrac{\pi}{2} + x - \arctan x$ 则对任意 $x, y \in R, x \neq y$, 由 $f(x) - f(y) = f'(\xi)(x - y)$ 可知

$$|f(x) - f(y)| = \frac{\xi^2}{1 + \xi^2} |x - y| < |x - y|,$$

但 $f(x)$ 没有不动点. 实际上, 若 $x = f(x)$, 则 $\arctan x = \dfrac{\pi}{2}$, 因而矛盾.

(2) 设 $X = [1, +\infty), T: X \to X, Tx = x + \dfrac{1}{1 + x}$, 则对任意 $x, y \in R, x \neq y$, 由 $f(x) - f(y) = f'(\xi)(x - y)$ 可知

$$|f(x) - f(y)| = \left[1 - \frac{1}{(1 + \xi)^2} \right] |x - y| < |x - y|,$$

但 $f(x)$ 没有不动点. 实际上, 若 $x = f(x)$, 则 $\dfrac{1}{1 + x} = 0$, 矛盾, 所以 $f(x)$ 没有不动点.

1.25 提示: 定义 $T: C[a, b] \to C[a, b]$ 为

$$T\varphi = \varphi - \frac{1}{M} f(x, \varphi),$$

证明 T 为压缩算子, 然后利用 Banach 不动点定理.

1.26 证明: 反证法. 假设 A 有两个不动点 x_1, x_2, 使得 $Ax_1 = x_1, Ax_2 = x_2$, 则 $d(x_1, x_2) = d(Ax_1, Ax_2) < d(x_1, x_2)$, 但这与 $x_1 \neq x_2$ 矛盾, 所以 A 只有唯一的不动点.

1.27 证明思路: 构造 X 上的连续泛函 $f(x) = d(Tx, x)$, 利用紧集上的连续泛函都可以达到它的下确界, 证明存在 $x_0 \in X$, 使得 $f(x_0) = \inf\{f(x) | x \in X\}$, x_0 就是 T 的不动点.

1.28 证明: 定义 $T: (x_1, x_2) \to (x_2, 0)$, 则 T 不是压缩算子, 但 $T^2: (x_1, x_2) \to (0, 0)$ 是压缩算子.

1.30 证明: 由 $Tx = x/3 + 1/x$ 可知 $|Tx - Ty| = |x/3 + 1/x - y/3 - 1/y|$ $= \left| \dfrac{1}{3} - \dfrac{1}{\xi^2} \right| |x - y| \leqslant \dfrac{2}{3} d(x, y)$, 所以 T 是压缩算子.

习 题 二

2.2 证明: 由度量的定义可知 d 是 X 上的度量. 假设存在 X 上的范数 $||\cdot||_1$, 使得 $d(x,y) = ||x-y||_1$, 则对于 $\lambda \in K, x \in X$, 一定有 $||\lambda x||_1 = |\lambda| \cdot ||x||_1$.

如果取 $\lambda = \dfrac{1}{2}, x_0 \in X, ||x_0|| = 1$, 则

$$||\lambda_0 x_0||_1 = ||\lambda_0 x_0|| + 1 = |\lambda_0| \cdot ||x_0|| + 1 = \frac{1}{2} + 1 = \frac{3}{2},$$

但是 $|\lambda_0| ||x_0||_1 = |\lambda_0|(||x_0|| + 1) = \dfrac{1}{2}(1+1) = 1$, 因此 $||\lambda x||_1 = |\lambda| \cdot ||x||_1$ 不成立, 所以一定不存在 X 上的范数 $||\cdot||_1$, 使得 $d(x,y) = ||x-y||_1$.

2.4 证明: 由于 M 是线性子空间, 因此 $0 \in M$. 由 M 是开集可知存在 $U(0, \varepsilon) = \{x | ||x|| < \varepsilon\} \subset M$. 因而对于任意 $x \in X, x \neq 0$, 有 $\dfrac{\varepsilon x}{2||x||} \in U(0, \varepsilon)$, 从而 $\dfrac{\varepsilon x}{2||x||} \in M$, 因为 M 是线性子空间, 所以 $x \in M$, 即 $M = X$.

2.6 证明: 由 $x_n \to x$ 可知存在 $M > 0$, 使得 $||x|| \leqslant M$, 故

$$||\lambda_n x_n - \lambda x|| \leqslant ||\lambda_n x_n - \lambda x_n|| + ||\lambda x_n - \lambda x||$$
$$\leqslant |\lambda_n - \lambda| \cdot ||x_n|| + |\lambda| \cdot ||x_n - x||$$
$$\leqslant M|\lambda_n - \lambda| + |\lambda| \cdot ||x_n - x|| \to 0,$$

所以 $\lambda_n x_n \to \lambda x$.

2.8 证明: 只需依基的定义验证即可.

2.10 证明: 明显地 M 是线性子空间, 取 $x_n = \left(1, \dfrac{1}{2}, \cdots, \dfrac{1}{n}, 0, \cdots, 0\right)$, 则 $x_n \in M$ 且 $x_n \to x_0$, 但 $x_0 = \left(1, \dfrac{1}{2}, \cdots, \dfrac{1}{n}, \dfrac{1}{n+1}, \cdots\right) \notin M$, 所以 M 不是闭的子空间.

2.12 证明: 由 $f(x+y) = f(x) + f(y)$ 可知, $f(nx) = nf(x)$ 对所有正整数 $n \in N$ 都成立. 并且 $f(x) = f\left(\dfrac{x}{m} + \dfrac{x}{m} + \cdots + \dfrac{x}{m}\right) = mf\left(\dfrac{x}{m}\right)$, 故 $f\left(\dfrac{x}{m}\right) = \dfrac{1}{m}f(x)$ 对所有正整数 $m \in N$ 都成立. 因此所有正有理数 $q \in Q$ 都有 $f(qx) = qf(x)$ 成立, 由 $f(x+(-x)) = f(x) + f(-x)$ 和 $f(0) = f(0) + f(0)$ 可知 $f(0) = 0$ 并且 $f(-x) = -f(x)$, 因而 $f(qx) = qf(x)$ 对所有有理数 $q \in Q$ 都成立. 由于 f 在 R 上连续, 因此, 对于任意 $\alpha \in R$, 有 $q_n \in Q$, 使得 $q_n \to \alpha$, 从而 $f(\alpha x) = \lim\limits_{n \to \infty} f(q_n x) = \lim\limits_{n \to \infty} q_n f(x) = \alpha f(x)$, 所以 f 是线性的.

2.14 证明: 令 $M_i = \text{span}\{x_j | i \neq j\}$, 则 M_i 是 $n-1$ 维的闭子空间, 且 $x_i \notin M_i$, 由 Hahn-Banach 定理可知存在 $g_i \in X^*, ||g_i|| = 1$, 使得 $g_i(x_i) = d(x_i, M_i)$, 且 $g(x) = 0$ 对任意 $x \in M_i$ 成立, 令 $f_i = \dfrac{g_i}{d(x_i, M_i)}$, 则 $f_i \in X^*$, 且 $f_i(x_i) = 1, f_i(x_j) = 0$ 对任意 $i \neq j$ 成立.

2.16 证明: 由 M 是闭线性子空间, $x_0 \in X \backslash M$, 因此 $d(x_0, M) > 0$, 故存在 $g \in X^*, \|g\| = 1$, 使得 $g(x_0) = d(x_0, M)$, 且 $g(x) = 0$ 对于任意 $x \in M$ 成立. 令 $f = \dfrac{g}{d(x_0, M)}$, 则 $f(x_0) = 1, \|f\| = \dfrac{\|g\|}{d(x_0, M)} = \dfrac{1}{d(x_0, M)}$, 且 $f(x) = 0$ 对任意 $x \in M$ 成立.

2.18 证明: 假设存在 x_0, y_0, 使得 $\|x_0 + y_0\| = \|x_0\| + \|y_0\|$, 但 $x_0 \neq \lambda y_0$, 对任意 $\lambda > 0$ 成立, 则 $\dfrac{x_0}{\|x_0\|} \neq \dfrac{y_0}{\|y_0\|}$, 故有 $\left\| \dfrac{\|x_0\|}{\|x_0\| + \|y_0\|} \cdot \dfrac{x_0}{\|x_0\|} + \dfrac{\|y_0\|}{\|x_0\| + \|y_0\|} \cdot \dfrac{y_0}{\|y_0\|} \right\| < 1$. 因而

$$\left\| \frac{x_0 + y_0}{\|x_0\| + \|y_0\|} \right\| < 1,$$

但这与 $\|x_0 + y_0\| = \|x_0\| + \|y_0\|$ 矛盾, 所以 $\|x + y\| = \|x\| + \|y\|$ 时, 有 $y = \lambda x$ 对某个 $\lambda > 0$ 成立.

2.20 证明: 在 l_1 中, 取 $x = \left(\dfrac{1}{2}, 0, \dfrac{1}{2}, 0, 0, \cdots, 0 \right), y = \left(0, \dfrac{1}{2}, 0, \dfrac{1}{2}, 0, \cdots, 0 \right)$, 则 $\|x\| = 1, \|y\| = 1$, 且 $x \neq y$, 但 $\|x + y\| = 2$, 因而 l_1 不是严格凸的. 类似地, 在 l_∞ 中, 取 $x = (1, 0, 1, 0, 0, \cdots, 0), y = (1, 1, 0, \cdots, 0)$, 则 $\|x\| = 1, \|y\| = 1$, 且 $x \neq y$, 但 $\|x + y\| = 2$, 所以 l_∞ 不是严格凸的.

2.22 证明: 令 $X = \{(x_i) | x_i \in R,$ 存在某个 N, 使得 $i > N$ 时, 有 $x_i = 0\}$, 定义 $\|x\| = \|(x_i)\| = \displaystyle\sum_{i=1}^{\infty} |x_i|$, 则 $(X, \|\cdot\|)$ 是赋范空间, 取 $x_n = \left(0, \cdots, 0, \dfrac{1}{2^n}, 0, \cdots, 0 \right)$, 则 $\displaystyle\sum_{n=1}^{\infty} \|x_n\| = \sum_{n=1}^{\infty} \dfrac{1}{2^n}$, 因此 $\displaystyle\sum_{n=1}^{\infty} x_n$ 绝对收敛, 但级数 $\displaystyle\sum_{n=1}^{\infty} x_n$ 不收敛.

2.24 证明: 由 $x_n \to x$ 可知, $\|x_n\| \to \|x\|$, 因而, $\dfrac{x_n}{\|x_n\|} \to \dfrac{x}{\|x\|}$, 所以, $\left| f\left(\dfrac{x_n}{\|x_n\|} \right) - f\left(\dfrac{x}{\|x\|} \right) \right| \leqslant \|f\| \left\| \dfrac{x_n}{\|x_n\|} - \dfrac{x}{\|x\|} \right\| \to 0$.

2.26 证明: 容易验证 M 是 $C[0, 1]$ 的线性子空间. 由于 $C[0, 1]$ 是完备赋范线性空间, M 是 $C[0, 1]$ 的闭子空间, 因此 M 是 $C[0, 1]$ 的完备线性子空间.

2.28 证明: 由于 $d(x_0, M) = \inf\{\|x_0 - y\| \mid y \in M\} = \inf\{\|(x_1, 1)\| \mid x_1 \in R\} \geqslant 1$, 并对于 $y_0 = (0, 0) \in M$, 有 $\|x_0 - y_0\| = \|(0, 1)\| = 1$, 所以 $d(x_0, M) = 1$, 且 $\|x_0 - y_0\| = d(x_0, M)$.

习　题　三

3.2 证明: 由 T 的定义可知 T 是线性算子, 且 $\|Tx\| = \left\| \left(\dfrac{x_i}{3^i} \right) \right\| \leqslant \dfrac{1}{3} \displaystyle\sum_{i=1}^{\infty} |x_i| =$

$\frac{1}{3}||x||$, 因此 $||T|| \leqslant \frac{1}{3}$, 从而 T 是线性有界算子. 取 $x_0 = (1, 0, \cdots, 0)$, 则 $x_0 \in l_1$, 且 $||x_0|| = 1$, 故 $||T|| \geqslant ||Tx_0|| = \frac{1}{3}$, 所以 $||T|| = \frac{1}{3}$.

3.4 证明: 由于 $\sup\limits_{||x|| < 1} ||Tx|| \leqslant \sup\limits_{||x|| < 1} \dfrac{||Tx||}{||x||} \leqslant \sup\limits_{||x|| \neq 0} \dfrac{||Tx||}{||x||} = ||T||$, 因此 $||T|| \geqslant$

$\sup\limits_{||x|| < 1} ||Tx||$. 对于任意 $\dfrac{1}{n} > 0$, 由 $||T|| = \sup\limits_{||x|| \neq 0} \dfrac{||Tx||}{||x||} = \sup\limits_{||x|| \neq 0} \left\| T \dfrac{x}{||x||} \right\| = \sup\limits_{||x|| = 1} ||Tx||$

可知存在 $||x_n|| = 1$, 使得 $||Tx_n|| \geqslant ||T|| - \dfrac{1}{n}$, 故 $\left\| T \left(1 - \dfrac{1}{n}\right) x_n \right\| \geqslant \left(1 - \dfrac{1}{n}\right) \left(||T|| - \dfrac{1}{n}\right)$, 因而

$$\sup\limits_{||x|| < 1} ||Tx|| \geqslant \left\| T \left(1 - \dfrac{1}{n}\right) x_n \right\| \geqslant \left(1 - \dfrac{1}{n}\right) \left(||T|| - \dfrac{1}{n}\right)$$

对任意 n 成立, 从而 $||T|| \leqslant \sup\limits_{||x|| < 1} ||Tx||$, 所以 $||T|| = \sup\limits_{||x|| < 1} ||Tx||$.

3.6 证明: 在 c 上定义, $f_n(x) = \sum\limits_{i=1}^{n} \alpha_i x_i$, 则明显地, f_n 为 c 上的线性泛函, 并且

$$|f_n(x)| = \left| \sum\limits_{i=1}^{n} \alpha_i x_i \right| \leqslant \left(\sum\limits_{i=1}^{n} |\alpha_i| \right) \sup|x_i| = \left(\sum\limits_{i=1}^{n} |\alpha_i| \right) ||x||.$$

因此 f_n 为 c 上的线性连续泛函, 且 $||f_n|| \leqslant \sum\limits_{i=1}^{n} |\alpha_i|$, 容易进一步证明 $||f_n|| = \sum\limits_{i=1}^{n} |\alpha_i|$.

对于任意 $x \in c$, 由于数列 $\{f_n(x)\}$ 收敛到 $f(x)$, 因此, $\{f_n(x)\}$ 是有界数列, 故 $\{f_n\}$ 在 Banach 空间 c 上点点有界. 由一致有界原理可知 $\{f_n\}$ 在 c 上一致有界, 因而存在 $M > 0$, 使得 $||f_n|| \leqslant M < \infty$. 因此 $\sum\limits_{i=1}^{n} |\alpha_i| = ||f_n|| \leqslant M$, 故 $\sum\limits_{i=1}^{\infty} |\alpha_i| < \infty$, 所以 f 为 c 上的线性连续泛函, 且 $||f|| \leqslant \sum\limits_{i=1}^{\infty} |\alpha_i|$, 不难进一步证明 $||f|| = \sum\limits_{i=1}^{\infty} |\alpha_i|$.

3.7 证明思路: 明显地, 只需证明 $L(X, Y)$ 是 Banach 空间时, Y 是 Banach 空间. 由于 $X \neq \{0\}$, 因此有 $x_0 \in X, ||x_0|| = 1$, 故由 Hahn-Banach 定理存在 $||f|| = 1$, 使得 $f(x_0) = ||x_0|| = 1$. 若 $\{y_n\} \in Y$ 是 Cauchy 列, 定义算子列 $T_n \in L(X, Y)$ 为 $T_n x = f(x) y_n$, 则 $T_n \in L(X, Y)$, 并且 $||T_m - T_n|| = ||y_m - y_n||$, 因而 $\{T_n\}$ 为 $L(X, Y)$ 的 Cauchy 列, 所以存在 $T \in L(X, Y)$, 使得 $T_n \to T$. 不难证明 $y_n \to Tx_0$, 从而 Y 是 Banach 空间.

3.8 证明: 由于 $\lim\limits_{n \to \infty} f_n(x) = f(x)$, 因此 $\sup\{|f_n(x)|\} < \infty$ 对任意 x 成立, 由 X 是 Banach 空间可知

$$\sup\{||f_n||\} < M < \infty,$$

因而 $|f_n(x)| \leqslant ||f_n|| \cdot ||x|| < M||x||$, 所以 $|f(x)| \leqslant M||x||$, 即 f 是 X 的线性连续泛函.

3.10 证明: 由 $||Tx|| \geqslant M||x||$ 可知 T 是单射, 因而 T^{-1} 存在, 且对于任意 $y \in Y$, 由 T 满射可知存在 $x \in X$, 使得 $y = Tx$, 容易验证 T^{-1} 是线性算子, 故

$$||T^{-1}y|| = ||T^{-1}Tx|| = ||x|| \leqslant \frac{1}{M}||Tx|| = \frac{1}{M}||y||,$$

所以, T^{-1} 连续, 且 $||T^{-1}|| \leqslant \dfrac{1}{M}$.

3.12 证明: 由 $f \neq 0$ 可知存在 $x_0 \neq 0$, 使得 $f(x_0) = 1$, 故对于 X 的开集 G 及任意 $\alpha \in f(G)$, 必有 $x \in G$, 使得 $f(x) = \alpha$, 由于 G 是开集, 故有 $\varepsilon > 0$, 使 $U(x, \varepsilon) \subset G$, 因此对 $x + \lambda x_0, |\lambda| < \varepsilon/||x_0||$, 有 $x + \lambda x_0 \in G$, 因而 $f(x + \lambda x_0) \in f(G)$, 但 $f(x + \lambda x_0) = f(x) + \lambda f(x_0) = \alpha + \lambda$, 故 $(\alpha - \varepsilon/||x_0||, \alpha + \varepsilon/||x_0||) \subset f(G)$, 即 α 为 $f(G)$ 的内点, 所以 $f(G)$ 为开集, 即 f 一定开映射.

3.13 证明思路: 先证 S 为闭算子, 从而 S 是线性连续算子, 然后利用 Hahn-Banach 定理的推论可知, 当 $Tx \neq 0$ 时, 存在 $f \in X^*, ||f|| = 1$, 使得 $f(Tx) = ||Tx||$, 不难进一步证明 T 是线性连续算子.

3.14 证明: 若 $y_n \in T(F)$, 且 $y_n \to y_0$, 则存在 $x_n \in F$ 使得 $y_n = Tx_n$, 由于 F 是紧集, 因此存在 x_{n_k}, 使得 $x_{n_k} \to x_0$ 且 $x_0 \in F$. 由 $Tx_{n_k} \to y_0$ 及 T 是闭线性算子可知 $y_0 = Tx_0$, 所以 $y_0 \in T(F)$, 即 $T(F)$ 是闭集.

3.15 证明思路: 由于 T 的定义域为 X, 因此, 明显地, 只需证明 T 为闭线性算子. 设有点列 $\{x_n\} \subset X, x, y \in X$, 当 $n \to \infty$ 时, $x_n \to x$, $Tx_n \to y$. 由 $R(T)$ 是闭的, $Tx_n \in R(T)$ 可知必有 $x_0 \in X$, 使得 $y = Tx_0$.

由于 $T^2 = T$, 因此 $T(Tx_n - x_n) = T^2 x_n - Tx_n = 0$, 即 $Tx_n - x_n \in N(T)$. 由 $N(T)$ 是闭的, 可得 $y - x = \lim\limits_{n \to \infty}(Tx_n - x_n) \in N(T)$, 从而 $T(y - x) = 0$. 因此 $Tx = Ty = T(Tx_0) = Tx_0 = y$, 所以 T 为闭线性算子. 由闭图像定理可知 $T \in L(X, X)$.

3.16 证明: 由于 T_n 强收敛于 T, 因此对任意 $x \in X$, 有 $||T_n x - Tx|| \to 0$, 故对于任意 $f \in Y^*$, 有 $|f(T_n x) - f(Tx)| = |f(T_n x - Tx)| \leqslant ||f|| \cdot ||T_n x - Tx|| \to 0$, 所以 T_n 弱收敛于 T.

习　题　四

4.2 证明: 对于任意 $x \in l_1$, 有 $x = \sum\limits_{i=1}^{\infty} x_i e_i = \lim\limits_{n \to \infty} \sum\limits_{i=1}^{n} x_i e_i$, 故对于任意 $f \in l_1^*$, 有

$$f(x) = \lim_{n \to \infty} f\left(\sum_{i=1}^{n} x_i e_i\right) = \lim_{n \to \infty} \sum_{i=1}^{n} x_i f(e_i).$$

由于
$$\sum_{i=1}^{n} |x_i f(e_i)| \leqslant \sum_{i=1}^{n} |x_i||f(e_i)| \leqslant \sum_{i=1}^{n} |x_i| \cdot ||f|| \cdot ||e_i|| = \sum_{i=1}^{n} |x_i| \cdot ||f||,$$

因此, 由 $x = (x_i) \in l_1$ 可知 $\sum_{i=1}^{\infty} |x_i|$ 收敛, 从而 $\sum_{i=1}^{\infty} x_i f(e_i)$ 绝对收敛, 由于 $|f(e_i)| \leqslant ||f|| \cdot ||e_i|| = ||f||$, 因此 $\sup |f(e_i)| \leqslant ||f||$, 故

$$|f(x)| = \left| \sum_{i=1}^{\infty} x_i f(e_i) \right| \leqslant \sup |f(e_i)| \sum_{i=1}^{\infty} |x_i| = \sup |f(e_i)| \cdot ||x||.$$

令 $y = (\alpha_i) = (f(e_i))$, 则 $y \in l_\infty$, 并且对于任意 $x = (x_i) \in l_1$, 都有 $f(x) = \sum_{i=1}^{\infty} \alpha_i x_i$ 且 $||f|| = ||y||$.

反过来, 对于任意 $y = (\alpha_i) \in l_\infty$, 则定义 f 为 $f(x) = \sum_{i=1}^{\infty} \alpha_i x_i$, 这里 $x = (x_i) \in l_1$, 则 f 是 l_1 上的线性连续泛函, 且 $||f|| = \sup |\alpha_i| = ||y||$, 所以 $l_1^* = l_\infty$

4.4 证明: 用反证法. 假设 $l_\infty^* = l_1$, 则由于 l_1 是可分的, 因此是 l_∞ 可分的, 但这与 l_∞ 不可分矛盾, 所以 $l_\infty^* \neq l_1$.

4.6 证明: 若 $x_n = (x_i^{(n)}) \in l_2, x_0 = (x_i^{(0)}) \in l_2$, 且 $x_n \to x_0$, 则

$$\left(\sum_{i=1}^{\infty} |x_i^{(n)} - x_i^{(0)}|^2 \right)^{1/2} \to 0,$$

因此, 对于任意 i 有

$$|x_i^{(n)} - x_i^{(0)}| \leqslant \left(\sum_{i=1}^{\infty} |x_i^{(n)} - x_i^{(0)}|^2 \right)^{1/2},$$

从而 $x_i^{(n)} \to x_i^{(0)}$, 所以强收敛比按坐标收敛强.

4.7 证明思路: 对于任意的自然数 n, 由于 X 是无穷维的赋范空间, 因此存在 n 个线性无关的 $e_1, e_2, \cdots, e_n \in X$, 由 Hahn-Banach 定理, 不难证明存在 $f_1, f_2, \cdots, f_n \in X^*$, 使得 $f_i(e_i) = 1$, 并且 $f_i(e_j) = 0$, 对任意 $i \neq j$ 都成立, 从而只需证明 $f_1, f_2, \cdots, f_n$ 是线性无关的, 则 $\dim X^* \geqslant n$, 所以 X^* 一定也是无穷维的赋范空间.

4.8 证明: 由于 $\{x_n\}$ 是相对紧的, 因此存在子列 $\{x_{n_k}\}$ 收敛于 y, 但 x_n 弱收敛于 x, 因此对于任意 $f \in X^*$, 有 $f(x_{n_k}) \to f(x)$. 由 $\{x_{n_k}\}$ 收敛于 y 可知 $|f(x_{n_k}) - f(y)| \leqslant ||f|| \cdot ||x_{n_k} - y|| \to 0$, 从而 $f(x) = f(y)$, 对任意 $f \in X^*$ 成立. 因而 $x = y$. 故 $x_{n_k} \to x$, 所以 $x_n \to x$.

4.10 证明: 对于任意 $g \in Y^*$, 定义 X 上的泛函 $f(x) = g(Tx)$, 则由 $|f(x)| = |g(Tx)| \leqslant \|g\| \cdot \|T\| \cdot \|x\|$ 可知, f 是 X 上的线性连续泛函, 由于 x_n 弱收敛 x, 因此 $f(x_n) \to f(x)$, 因而 $g(Tx_n) \to g(Tx)$, 所以 Tx_n 弱收敛 Tx.

4.12 证明: 由于 x_n 弱收敛于 x 时, 有 $M > 0$, 使得 $\|x_n\| \leqslant M < \infty$, 因此

$$|f_n(x_n) - f(x)| \leqslant |f_n(x_n) - f(x_n)| + |f(x_n) - f(x)|$$
$$\leqslant \|f_n - f\| \cdot \|x_n\| + |f(x_n) - f(x)|$$
$$\leqslant M\|f_n - f\| + |f(x_n) - f(x)|,$$

所以, 当 x_n 弱收敛于 x, 且 f_n 收敛于 f 时, 有 $f_n(x_n) \to f(x)$.

4.14 证明: 由 $T^*(T^{-1})^* = (T^{-1}T)^* = I$ 及 $(T^{-1})^*T^* = (TT^{-1})^* = I$ 可知 $(T^*)^{-1}$ 存在, 并且 $(T^*)^{-1} = (T^{-1})^*$.

4.16 证明: 反证法. 假设 $x_0 \notin M$, 则由于 M 是闭子空间, 因此 $d(x_0, M) > 0$, 故由 Hahn-Banach 定理可知存在 $f \in X^*$, 使得 $f(x_0) = d(x_0, M)$ 且对于任意 $x \in M, f(x) = 0$, 所以 $f(x_n) = 0, f(x_0) = d(x_0, M) > 0$, 但这与 x_n 弱收敛于 x_0 矛盾, 因而 x_n 弱收敛 x_0 时, 一定有 $x_0 \in M$.

习 题 五

5.2 证明: 由 $f(x) = (x, y)$ 可知 f 为线性泛函, 且 $|f(x)| = |(x, y)| \leqslant \|x\| \cdot \|y\|$, 因此 f 是 X 上的线性连续泛函, 并且 $\|f\| \leqslant \|y\|$, 取 $x = \dfrac{y}{\|y\|}$, 则 $\|x\| = 1, |f(x)| = |(x, y)| = \left(\dfrac{y}{\|y\|}, y\right) = \|y\|$, 所以 $\|f\| = \|y\|$.

5.4 证明: 若 $e_1, e_2, \cdots, e_n \in X$, 且 $(e_i, e_j) = \begin{cases} 0, & i \neq j, \\ 1, & i = j. \end{cases}$ 则对于 $\alpha_i \in K$, 当 $\displaystyle\sum_{i=1}^{n} \alpha_i e_i = 0$ 时, 有 $\alpha_i = \displaystyle\sum_{j=1}^{n}(\alpha_j e_j, e_i) = 0$. 因此 $\alpha_1 = \alpha_2 = \cdots = \alpha_n = 0$, 所以 $e_1, e_2, \cdots, e_n$ 线性无关.

5.6 证明: 由 M 是 X 的真子空间, 因而对 $x \in X \backslash M$, 存在 $x_0 \in M, y \in M^\perp$, 使得 $x = x_0 + y$, 由 $x \notin M$ 及 $x_0 \in M$ 可知 $x - x_0 \neq 0$, 所以 $y \neq 0$, 且 $y \in M^\perp$, 即 $M^\perp$ 含有非零元.

5.8 证明: 由于 $M \subset M^{\perp\perp}$, 因此只需证 $M^{\perp\perp} \subset M$. 对于任意 $x \in M^{\perp\perp}$, 有 $y \in M^\perp$ 使得 $x = x_0 + y$, 由 $M \subset M^{\perp\perp}$ 可知 $x_0 \in M^{\perp\perp}$, 故 $x - x_0 \in M^{\perp\perp}$, 因此 $y = x - x_0 \in M^{\perp\perp}$, 所以 $y \perp y$, 因而 $y = 0$, 从而 $M^{\perp\perp} \subset M$.

5.9 解答: 取 $y \in R^3, y = (1, 2, 3)$, 则一定有 $f(x) = x_1 + 2x_2 + 3x_3$.

5.10 证明：由 $M^{\perp\perp\perp} = (M^\perp)^{\perp\perp}$ 可知，$M^\perp \subset M^{\perp\perp\perp}$. 反过来，对任意 $x \in M^{\perp\perp\perp}$，及 $y \in M \subset M^{\perp\perp}$，可知 $(x, y) = 0$，因而 $x \perp y$ 对于任意 $y \in M$ 成立，故 $x \in M^\perp$ 因此 $M^{\perp\perp\perp} \subset M^\perp$，所以 $M^{\perp\perp\perp} = M^\perp$.

5.12 证明：明显地 $M + N$ 是 X 的线性子空间，因此只需证 $M + N$ 在 X 中是闭的，若 $x_n + y_n \in M + N, x_n \in M, y_n \in N$，且 $x_n + y_n \to z$，则由于 X 是 Hilbert 空间，M 是闭子空间，因此 $z = x + y, x \in M, y \in M^\perp$，故 $x_n - x \in M, y_n - y \in M^\perp$. 因而

$$||x_n - x||^2 + ||y_n - y||^2 = ||x_n - x + y_n - y||^2$$
$$= ||x_n + y_n - (x + y)||^2 = ||x_n + y_n - z||^2 \to 0,$$

所以 $x_n \to x, y_n \to y$，故 $z = x + y, x \in M, y \in N$，即 $M + N$ 是 X 的闭子空间.

5.14 证明：若 $x \perp y$，则对任意 $\alpha \in K$，有

$$||x + \alpha y||^2 = (x + \alpha y, x + \alpha y)$$
$$= (x, x) + (x, \alpha y) + (\alpha y, x) + (\alpha y, \alpha y)$$
$$= ||x||^2 + |\alpha|^2 ||y||^2,$$

且 $||x - \alpha y||^2 = ||x||^2 + |\alpha|^2 ||y||^2$，因此 $||x + \alpha y|| = ||x - \alpha y||$.

反过来，若 $\alpha \in K$，有 $||x + \alpha y|| = ||x - \alpha y||$，则由

$$(x + \alpha y, x + \alpha y) = (x, x) + (x, \alpha y) + (\alpha y, x) + (\alpha y, \alpha y)$$

和

$$(x - \alpha y, x - \alpha y) = (x, x) - (x, \alpha y) - (\alpha y, x) + (\alpha y, \alpha y)$$

可知 $\overline{2\alpha}(x, y) + 2\alpha(y, x) = 0$. 令 $\alpha = (x, y)$，则 $|(x, y)|^2 + |(x, y)|^2 = 0$，因而 $(x, y) = 0$，所以 $x \perp y$.

5.16 证明：若 $x \perp y$，则对任意 $\alpha \in K$，有 $x \perp \alpha y$，因此

$$||x + \alpha y||^2 = ||x||^2 + |\alpha|^2 ||y||^2 \geqslant ||x||^2,$$

所以 $||x + \alpha y|| \geqslant ||x||$. 反过来，若对任意 $\alpha \in K$，有 $||x + \alpha y|| \geqslant ||x||$，则令 $\alpha = -\dfrac{(x, y)}{||y||^2}$，由 $||x + \alpha y||^2 - ||x||^2 \geqslant 0$，得

$$(x + \alpha y, x + \alpha y) - (x, x)$$
$$= (x, x) + (x, \alpha y) + (\alpha y, x) + (\alpha y, \alpha y) - (x, x)$$
$$= \overline{\alpha}(x, y) + \alpha(y, x) + |\alpha|^2 (y, y)$$

$$= -\frac{|(x,y)|^2}{\|y\|^2} - \frac{|(x,y)|^2}{\|y\|^2} + \frac{|(x,y)|^2}{\|y\|^4}(y,y)$$

$$= -\frac{|(x,y)|^2}{\|y\|^2} \geqslant 0,$$

因此 $(x,y) = 0$, 所以 $x \perp y$.

5.17 证明: 由于 $\{e_i | i \in N\}$ 是 X 的正交规范集, 因此对任意 $x, y \in X$, 有

$$\sum_{i=1}^{\infty} |(x, e_i)|^2 \leqslant \|x\|^2, \quad \sum_{i=1}^{\infty} |(y, e_i)|^2 \leqslant \|y\|^2,$$

故

$$\sum_{i=1}^{\infty} |(x, e_i)(y, e_i)| \leqslant \left[\sum_{i=1}^{\infty} |(x, e_i)|^2\right]^{1/2} \left[\sum_{i=1}^{\infty} |(y, e_i)|^2\right]^{1/2} \leqslant \|x\| \cdot \|y\|.$$

5.18 证明: 若 $x \in M$, 则由于 $\{e_i\}$ 是正交规范集, 因此 $\sum_{i=1}^{\infty} |(x, e_i)|^2 \leqslant \|x\|^2$.

因为 X 是完备的, 所以由 $\left\|\sum_{i=n}^{n+p}(x, e_i)e_i\right\|^2 = \sum_{i=n}^{n+p} |(x, e_i)|^2 \to 0$ 可知 $\sum_{i=1}^{\infty}(x, e_i)e_i$ 是

收敛级数. 记 $y = \sum_{i=1}^{\infty}(x, e_i)e_i$, 则

$$(x - y, e_j) = \left(x - \sum_{i=1}^{\infty}(x, e_i)e_i, e_j\right) = (x, e_j) - (x, e_j) = 0,$$

故 $x - y \perp M$, 由 $x, y \in M$, 可知 $x - y \in M$, 因而 $x - y \perp x - y$, 所以 $x - y = 0$, 即 $x = \sum_{i=1}^{\infty}(x, e_i)e_i$.

5.19 证明: 若 $\sum_{i=1}^{\infty} x_i$ 弱收敛, 则存在 $M > 0$, 使得 $\left\|\sum_{i=1}^{n} x_i\right\| \leqslant M$ 对任意 n 成

立, 故由 $\{x_i\}$ 是正交集可知 $\sum_{i=1}^{\infty} \|x_i\|^2 = \left\|\sum_{i=1}^{\infty} x_i\right\|^2 \leqslant M^2$, 所以 $\sum_{i=1}^{\infty} \|x_i\|^2 < \infty$.

反之, 若 $\sum_{i=1}^{\infty} \|x_i\|^2 < \infty$, 则由 $\left\|\sum_{i=n+1}^{n+p} x_i\right\|^2 = \sum_{i=n+1}^{n+p} \|x_i\|^2 \to 0$ 可知 $\left\{\sum_{i=1}^{\infty} x_i\right\}$

是 X 的 Cauchy 列, 所以 $\sum_{i=1}^{\infty} x_i$ 在 Hilbert 空间 X 中收敛, 因而 $\sum_{i=1}^{\infty} x_i$ 弱收敛.

5.20 证明: 若 Λ 是有限集, 则明显地, 有 $\sum_{\alpha \in \Lambda} |(x, e_i)|^2 \leqslant \|x\|^2$. 若 Λ 不是有限

集, 则对于任意 $m \in N$, $S_m = \left\{e_\alpha \big| |(x, e_\alpha)| \geqslant \dfrac{1}{m}\right\}$ 只能是有限集, 因而 $S' = \bigcup_{m=1}^{\infty} S_m$

是可数集, 且对任意 $e_\alpha \in S \backslash S'$, 有 $(x, e_\alpha) = 0$, 故 $\sum\limits_{\alpha \in \wedge} |(x, \ e_\alpha)|^2 \leqslant ||x||^2$.

5.21 证明: 由于 X 是 Hilbert 空间, 且 $T^{-1} \in L(X, \ X)$, 因此 $(T^{-1})^*$ 存在. 对于任意 $x, y \in X$, 有

$$(x, y) = (T^{-1}Tx, y) = (Tx, (T^{-1})^*y) = (x, T^*(T^{-1})^*y).$$

又因为 $(x, y) = (TT^{-1}x, y) = (T^{-1}x, T^*y) = (x, (T^{-1})^*T^*y)$, 所以, $T^*(T^{-1})^* = (T^{-1})^*T^*$, 因而 $(T^*)^{-1} = (T^{-1})^*$.

5.22 证明: 由 $(T_n - T)^* = T_n^* - T^*$ 及 $||(T_n - T)^*|| = ||T_n - T||$ 可知, 当 $T_n \to T$ 时, 有 $||T_n^* - T^*|| = ||T_n - T|| \to 0$, 因此 $T_n^* \to T^*$.

5.24 证明: 由于 S, T 是自伴算子, 因此 $S = S^*$, 且 $T = T^*$, 所以对于 $\alpha, \ \beta \in R$,

$$(\alpha S + \beta T)^* = \bar{\alpha}S^* + \bar{\beta}T^* = \alpha S + \beta T.$$

5.25 证明: 由于 $T^* = T$, 因此 $(T^n)^* = (T \cdot T \cdots T)^* = (T^*)^n = T^n$, 所以 T^n 是自伴的.

5.26 证明: 令 $T_1 = \dfrac{1}{2}(T + T^*), T_2 = \dfrac{1}{2\mathrm{i}}(T - T^*)$, 则 $T_1, \ T_2 \in L(X, \ X)$, 且 $T = T_1 + \mathrm{i}T_2, T^* = T_1 - \mathrm{i}T_2$, 由于

$$T_1^* = \left[\frac{1}{2}(T + T^*)\right]^* = \frac{1}{2}(T^* + T^{**}) = T_1,$$

$$T_2^* = \left[\frac{1}{2\mathrm{i}}(T - T^*)\right]^* = -\frac{1}{2\mathrm{i}}(T^* - T^{**}) = \frac{1}{2\mathrm{i}}(T - T^*) = T_2,$$

因此 T_1 和 T_2 都是自伴算子.

假设存在自伴算子 $S_1, \ S_2 \in L(X, \ X)$, 使得 $T = S_1 + \mathrm{i}S_2$, 则 $S_1 + \mathrm{i}S_2 = T_1 + \mathrm{i}T_2$ 且 $S_1 - \mathrm{i}S_2 = (S_1 + \mathrm{i}S_2)^* = (T_1 + \mathrm{i}T_2)^* = T_1 - \mathrm{i}T_2$, 因此 $S_1 = T_1, S_2 = T_2$. 所以, 存在唯一的自伴算子 $T_1, T_2 \in L(X, \ X)$, 使得 $T = T_1 + \mathrm{i}T_2, T^* = T_1 - \mathrm{i}T_2$.

5.27 证明: 由于 T_n 是正规的, 因此 $T_n^*T_n = T_nT_n^*$, 故

$$||T^*T - TT^*|| \leqslant ||TT^* - T_nT_n^*|| + ||T_nT_n^* - T_n^*T_n|| + ||TT^* - T_n^*T_n||$$

$$= ||TT^* - T_nT_n^*|| + ||TT^* - T_n^*T_n||$$

$$\leqslant ||TT^* - TT_n^*|| + ||TT_n^* - T_nT_n^*|| + ||T^*T - T^*T_n|| + ||T^*T_n - T_n^*T_n||$$

$$\leqslant ||T|| \cdot ||T^* - T_n^*|| + ||T_n^*|| \cdot ||T - T_n||$$

$$+ ||T^*|| \cdot ||T - T_n|| + ||T_n|| \cdot ||T^* - T_n^*||.$$

由 $T_n \to T$ 可知 $T_n^* \to T^*$, 所以 $||T^*T - TT^*|| = 0$, 即 T 是正规算子.

5.28 证明: 若 T 是正规算子, 则 $T^*T = TT^*$, 因此对于任意 $x \in X$, 有 $((T^*T - TT^*)x, x) = 0$, 故 $(T^*Tx, x) = (TT^*x, x)$, 因此 $(Tx, Tx) = (T^*x, T^*x)$, 所以 $\|T^*x\| = \|Tx\|$ 对任意 $x \in X$ 成立. 反之, 若对任意 $x \in X$, 有 $\|T^*x\| = \|Tx\|$, 则 $(Tx, Tx) = (T^*x, T^*x)$, 故 $(T^*Tx, x) = (TT^*x, x)$. 因而 $((T^*T - TT^*)x, x) = 0$ 对任意 $x \in X$ 成立. 所以 $TT^* - T^*T = 0$, 即是 T 正规算子.

5.29 证明: 由于 $D(T) = X$, 因此只需证 T 是闭线性算子, 若 $x_n \to x_0, Tx_n \to y_0$, 则对于任意 $y \in X$, 有

$$(y_0, y) = \lim_{n \to \infty}(Tx_n, y) = \lim_{n \to \infty}(x_n, Ty) = (x_0, Ty) = (Tx_0, y),$$

故 $(y_0, y) = (Tx_0, y)$ 对任意 $y \in X$ 成立, 因此 $Tx_0 = y_0$, 因而 T 是闭线性算子, 所以由闭图像定理可知 T 是连续的.

习　题　六

6.2 证明: (必要性) 若 T 有特征值 λ 使得 $\lambda = \|T\|$, 则存在 $x \in X, \|x\| = 1, Tx = \lambda x$. 故

$$(Tx, x) = (\lambda x, x) = \lambda(x, x) = \lambda,$$

因而

$$|(Tx, x)| = |\lambda| = \|T\|.$$

(充分性) 若存在 $x \in X, \|x\| = 1$, 使得 $|(Tx, x)| = \|T\|$, 取 $\lambda = (Tx, x)$, 则

$$(Tx - \lambda x, Tx - \lambda x) = (Tx, Tx) - (Tx, \lambda x) - (\lambda x, Tx) + (\lambda x, \lambda x),$$

故

$$\begin{aligned}
\|Tx - \lambda x\|^2 &= \|Tx\|^2 - \bar{\lambda}\lambda - \lambda\bar{\lambda} + |\lambda|^2 \\
&= \|Tx\|^2 - |\lambda|^2 \\
&\leqslant \|T\|^2 \cdot \|x\|^2 - \|T\|^2 \\
&= 0,
\end{aligned}$$

所以 $Tx = \lambda x$, λ 为 T 的特征值.

6.4 证明: 由于 $\dim T_n(l_2) = n$, 因此 T_n 是紧算子. 对于恒等算子 I 和任意的 $x = (x_i) \in l_2$, 有 $\|T_n x - Ix\| = \left(\sum_{i=n+1}^{\infty}|x_i|^2\right)^{1/2} \to 0$, 故 T_n 强收敛到恒等算子 I. 明显地, I 不是紧算子.

6.6 证明: 对 $\lambda \in C$, 算子 $T - \lambda I$ 可逆的充要条件为存在线性有界算子 S, 使得

$$(T - \lambda I)S = I = S(T - \lambda I),$$

从而等价于

$$S^*(T^* - \overline{\lambda}I) = (T^* - \lambda I)S^*,$$

因此 $T - \lambda I$ 可逆当且仅当 $T^* - \overline{\lambda}I$ 可逆. 所以 $\sigma(T^*) = \{\overline{\lambda}|\lambda \in \sigma(T)\}$.

    6.8 证明: 设 $\lambda_1, \lambda_2 \in C$ 为 T 不同的特征值, $x_1, x_2 \in X$ 为相应的特征向量, 则

$$Tx_1 = \lambda_1 x_1, \quad Tx_2 = \lambda_2 x_2,$$

从而

$$T^* x_2 = \overline{\lambda_2} x_2,$$

因此

$$\lambda_1(x_1, x_2) = (\lambda_1 x_1, x_2) = (Tx_1, x_2) = (x_1, T^* x_2) = (x_1, \overline{\lambda_2} x_2) = \lambda_2(x_1, x_2).$$

由 $\lambda_1 \neq \lambda_2$ 可知 $(x_1, x_2) = 0$. 所以, 特征向量 x_1 和 x_2 是相互正交的.

    6.10 证明: 由于 X 是复 Hilbert 空间, 因此

$$\lim_{n \to \infty} ||T^n||^{1/n} = \sup\{|\lambda| \mid \lambda \in \sigma(T)\}.$$

由 T 为 X 到 X 的正规算子可知 $||T^2|| = ||T||^2$, 故 $||T^n||^{1/n} = ||T||$, 对 $n = 2^k, k = 1, 2, \cdots$ 都成立. 因而 $||T|| = \lim\limits_{n \to \infty} ||T^n||^{1/n} = \sup\{|\lambda| \mid \lambda \in \sigma(T)\} = 0$, 所以 $T = 0$.

    6.12 证明: 对 X 的任意有界序列 $\{x_n\}$, $f(x_n)$ 为数域 K 的有界数列, 因此存在收敛子列 $f(x_{n_k})$, 故 $\{Tx_{n_k}\}$ 为 X 的收敛子序列, 所以 T 是 X 到 X 的紧线性算子.

    6.14 证明: 只需验证 $(S^*TS)^* = S^*TS$.

    6.16 证明: 设 $\lambda \in C$ 为 T 的特征值, $x \in X$ 为相应的特征向量, 则 $Tx = \lambda x$, 故 $\lambda(x, x) = (Tx, x) = \overline{(Tx, x)} = (x, Tx) = (x, \lambda x) = \overline{\lambda}(x, x)$, 因此 $\lambda = \overline{\lambda}$, 所以 T 的所有特征值都是实数.

    6.18 证明: 若 P_M 为 X 到 M 上的投影算子, 则不难证明 $||P_M|| \leqslant 1$, 所以, P_M 的谱半径 $r_\sigma(P_M) \leqslant ||P_M|| \leqslant 1$.

    6.20 证明: T 有有界逆算子 S, 则 $I = TS$ 必为紧线性算子, 但这与 X 是无穷维的复 Hilbert 空间矛盾.

    6.22 证明: 由于

$$(T - \lambda I)^{-1} = -\frac{1}{\lambda} \sum_{n=0}^{\infty} \left(\frac{T}{\lambda}\right)^n = -\sum_{n=0}^{\infty} \frac{T^n}{\lambda^{n+1}},$$

因此

$$||(T - \lambda I)^{-1}|| = \left\| -\frac{1}{\lambda} \sum_{n=0}^{\infty} \left(\frac{T}{\lambda}\right)^n \right\|$$

$$\leqslant \sum_{n=0}^{\infty} \frac{||T||^n}{|\lambda|^{n+1}} \leqslant \frac{1}{|\lambda| - ||T||}.$$

由

$$(T - \lambda I)(T - \lambda I)^{-1} = I$$

可得

$$1 = ||I|| = ||(T - \lambda I)(T - \lambda I)^{-1}||$$

$$\leqslant ||T - \lambda I|| \cdot ||(T - \lambda I)^{-1}||$$

$$\leqslant (||T|| + |\lambda|) \cdot ||(T - \lambda I)^{-1}||,$$

所以

$$\frac{1}{|\lambda| + ||T||} \leqslant ||(T - \lambda I)^{-1}|| \leqslant \frac{1}{|\lambda| - ||T||}.$$

习 题 七

7.2 证明: 若赋范空间 X 是光滑的, 则对任意 $x \in S_X, f_x \in A_x$, 如果存在 $g, h \in B_{X^*}$, 使得 $f_x = \frac{g+h}{2}$, 那么 $1 = f_x(x) = \frac{g(x) + h(x)}{2}$, 从而 $g(x) = 1, h(x) = 1$, 故 $g, h \in A_x$, 因而 $f_x = g = h$. 所以, $f_x \in A_x$ 都是闭单位球 B_{X^*} 的端点.

反过来, 若任意 $x \in S_X, f_x \in A_x$ 都是闭单位球 B_{X^*} 的端点, 但 $x \in S_X$ 有两个不同的支撑泛函 $f_x, g_x \in A_x$, 那么 $h = \frac{f_x + g_x}{2} \in A_x$ 不是闭单位球 B_{X^*} 的端点, 矛盾. 所以, 赋范空间 X 是光滑的.

7.4 证明: 若 $f \in X^*$ 最多只能在单位球面 S_X 上的两个不同的点 x 和 y 达到它的范数, 则 $\frac{f}{||f||}(x) = 1, \frac{f}{||f||}(y) = 1$, 从而 $\frac{f}{||f||}\left(\frac{x+y}{2}\right) = 1$, 故 $\left\|\frac{x+y}{2}\right\| = 1$. 但这与 X 是严格凸的赋范空间矛盾. 所以, 任意 $f \in X^*$ 最多只能在单位球面 S_X 上的一点达到它的范数.

7.6 证明: 在 l_2 上, 定义 $||x||_1 = |x_1| + |x_2| + \left(\sum_{i=1}^{\infty} |x_i|^2\right)^{1/2}$, 则 $||\cdot||_1$ 为 l_2 的等价范数, 但 $(l_2, ||\cdot||_1)$ 不是严格凸的.

7.8 证明: 取 $x_0 = (1, 1, 0, \cdots) \in l_\infty$, 则 $||x_0|| = 1$, 并且对于 $y = (1, 0, 0, \cdots) \in l_\infty$, 当 $\lambda > 0$ 时, 有

$$\frac{||x_0 + \lambda y|| - ||x_0||}{\lambda} = 1,$$

当 $\lambda < 0$ 时, 有

$$\frac{||x_0 + \lambda y|| - ||x_0||}{\lambda} = 0,$$

因此 $\lim\limits_{\lambda\to 0}\dfrac{||x_0+\lambda y||-||x_0||}{\lambda}$ 不存在, 所以, l_∞ 在 x_0 点的范数不是 Gâteaux 可微的.

7.10 证明: 对 $x=(1,1,0,\cdots,0)\in c_0, ||x||=1$, 有不同的支撑泛函 $f=(1,0,0,\cdots),g=(0,1,0,0,\cdots)\in l_1$, 使得 $f(x)=1,g(x)=1$, 因此 c_0 不是光滑的.

7.12 证明: 若 $x_0=(x_i^{(0)})$ 的某个分量 $x_n^{(0)}$ 等于 0, 则对于 $e_n=(0,0,\cdots,1,0,\cdots,0)$, 有

$$\frac{||x_0+\lambda e_n||-||e_n||}{\lambda}=\frac{|\lambda|}{\lambda},$$

因此范数在 x_0 不是 Gâteaux 可微的, 所以, x_0 一定不是光滑点.

7.13 提示: 利用不等式, 当 $t\geqslant 0$ 时, 有

$$\left(\frac{1+t}{2}\right)^2\leqslant\frac{1+t^2}{2},$$

并且当 $0\leqslant t<1$ 时, 严格不等号成立.

参 考 文 献

[1] 夏道行, 吴卓人, 严绍宗, 舒五昌. 实变函数论与泛函分析 (下册). 北京: 高等教育出版社, 1984.

[2] 张恭庆, 林源渠. 泛函分析讲义 (上册). 北京: 北京大学出版社, 1987.

[3] Krishnan V K. 泛函分析习题集及解答. 步尚全, 方宜译. 北京: 清华大学出版社, 2008.

[4] 孙清华, 孙昊. 泛函分析疑难分析与解题方法. 武汉: 华中科技大学出版社, 2009.

[5] 林源渠. 泛函分析学习指南. 北京: 北京大学出版社, 2009.

[6] 宋国柱. 实变函数论与泛函分析习题精解. 北京: 科学出版社, 2004.

[7] 定光桂. 泛函分析新讲. 北京: 科学出版社, 2007.

[8] 刘培德. 泛函分析. 北京: 科学出版社, 2010.

[9] 汪林. 泛函分析中的反例. 北京: 高等教育出版社, 1994.

[10] Walter Rudin. 泛函分析. 刘培德译. 北京: 机械工业出版社, 2004.

[11] John B Conway. A Course in Functional Analysis. 北京: 世界图书出版公司, 2003.

[12] 俞鑫泰. Banach 空间几何理论. 上海: 华东师范大学出版社, 1986.

[13] 克莱因. 古今数学思想 (第四册). 北京大学数学系数学史翻译组译. 上海: 上海科学技术出版社, 1981.

索　引